物理解題金戰力 — 金

目 錄

序

　　學士後西醫從 106 年度開始恢復物理考科，迄今(110年度)已有五年的時間。由於考試試題的數量比早期的考試還多，加上可作答時間相對有限的情況下，讓許多有志報考學士後西醫的同學感到莫大的壓力。物理的學習，當然首重基本觀念的理解，但是面對目前學士後西醫的物理考試方式，熟記公式以及快速演算能力也非常重要。

　　任何考試，考古題的複習都是相當重要的一環，因為會考的重點觀念題型就是會經常出現。因此，本書首先將普通物理的重點內容分章節整理，然後將106-110年考古題分別節錄至各章重點中，這當中也加入較早期的考古題，以裨考生快速掌握重點題型。最後提供精選的練習題目，考生可多加練習，強化解題能力。

　　本書的順利出版，要非常感謝高元智庫的工作同仁們大力協助。雖然內容經過多次校對與審閱，恐仍有遺漏、疏失與誤植之處，敬請讀者包涵並不吝給予糾正與指教。在此，預祝大家都能實現願望，金榜題名。

歷年統計

類別\年度	106	107	108	109	110	平均
力學	42%	38%	40%	36%	49%	41%
波動	7%	7%	7%	11%	7%	8%
熱力學	7%	7%	11%	11%	13%	10%
電磁學	31%	27%	29%	22%	20%	26%
光學	11%	9%	11%	16%	7%	11%
近代物理	2%	13%	2%	4%	4%	5%

各章節出題數量

章別\年度	106	107	108	109	110	合計
單位與測量					3	3
運動學	1	1			1	3
力與運動定律	4	1	3	1	4	13
能量	1	3	1	2	1	8
動量	1	2	2	4	2	11
轉動	5	4	3	2	1	15
萬有引力			1	1	2	4
平衡與彈性		2	2		3	7
流體力學	5	4	4	4	4	21
振盪	2		2	2	1	7
波動			1	3	2	6
聲音	3	4	2	2	1	11
溫度與熱	1	1	1	1	1	5
氣體動力論						
熱力學	2	2	4	4	5	17
靜電力及電場	1	1	3	2	3	10
電位與電容	3	1	3	3	2	12
電流與電阻	2		1			3
直流電路	1	1	1	1		4
磁力與磁場	3	5	4	2	3	17
電磁感應	2	2		1	1	6
電感與交流電路	3	2	2	1		5
電磁波				1		1
幾何光學	3	3	5	4	3	18
物理光學	2	1		3		6
相對論		1				1
量子論	1	1		2	1	5
量子力學		1	1		1	3
半導體						
核物理		3				3

前言

　　學士後西醫從 106 年度開始恢復物理考科，迄今(110 年度)已有五年的時間。由於考試試題的數量比早期的考試還多，加上可作答時間相對有限的情況下，讓許多有志報考學士後西醫的同學感到莫大的壓力。物理的學習，當然首重基本觀念的理解，但是面對目前學士後西醫的物理考試方式，熟記公式以及快速演算能力也非常重要。

　　任何考試，考古題的複習都是相當重要的一環，因為會考的重點觀念題型就是會經常出現。因此，本書首先將普通物理的重點內容分章節整理，然後將 106-110 年考古題分別節錄至各章重點中，這當中也加入較早期的考古題，以裨考生快速掌握重點題型。最後提供精選的練習題目，考生可多加練習，強化解題能力。

　　本書的順利出版，要非常感謝高元智庫的工作同仁們大力協助。雖然內容經過多次校對與審閱，恐仍有遺漏、疏失與誤植之處，敬請讀者包涵並不吝給予糾正與指教。在此，預祝大家都能實現願望，金榜題名。

金戰（林建豪）

2021. 11. 26

第零章 單位與測量

重點一　物理量和單位

1. 物理量(physical quantity)：測量時以數值描述測量結果的數量。

2. 基本物理量(fundamental physical quantity)

   ◎ 只能以操作型定義(operational definition)，即描述如何測量它們的方式而得到的物理量。

   例如：以直尺測量長度；以碼表測量間隔時間。

3. 導出物理量(derivative physical quantity)：利用已經測量到的物理量來計算而得出結果的物理量。

   例如：測量物體在一定間隔時間內的移動距離，可以透過距離除以間隔時間來得出物體的平均速率。

4. 單位(unit)：測量時，將被測物與一個參考標準(reference standard)做比較。這個參考標準定義為 1 單位的物理量。

   例如：測量長度時，將該長度與以 1m 為標準的單位比較，若長度為 1m 的 4.5 倍，那麼此長度的測量結果為 4.5m。

5. 國際單位系統(International System，SI)：目前科學家普遍使用的公制或米制(metric system)單位系統。

6. 基本單位：如表 1-1 所示，共有七項。

表 1-1. 基本單位(2018)

基本物理量	名稱	符號	定義
長度(length)	公尺、米 (meter)	m	光在真空中於$\frac{1}{299,792,458}$秒內行進的距離。
質量(mass)	公斤 (kilogram)	kg	由精確的普朗克常數$h = 6.62607015 \times 10^{-34}$ kg·m²/s、公尺和秒定義。
時間(time)	秒(second)	s	銫(Cs-133)原子在基態下的兩個超精細能級之間躍遷所對應的輻射的 9,192,631,770 個週期的時間。
電流(electric current)	安培 (ampere)	A	由基本電荷$e = 1.602176634 \times 10^{-19}$C 和秒定義。
溫度 (thermodynamic temperature)	克氏度 (Kelvin)	K	由波茲曼常數$k_B = 1.380649 \times 10^{-23}$ J·K^{-1}和公斤、公尺和秒定義。
物質數量 (amount of substance)	莫耳(mole)	mol	包含亞佛加厥常數$N_A = 6.02214076 \times 10^{23}$個基本實體的數量。
發光強度 (luminous intensity)	燭光 (candela)	cd	頻率 5.4×10^{14} Hz 的單色光源在特定方向的輻射強度為$\frac{1}{683}$瓦每立體角(球面度)時的發光強度。

7. 單位字首(prefix)：在基本單位之前加上字首符號來表示更大或更小的單位。如表 1-2 所示。

例如：1 mm = 10^{-3} m，1 mg = 10^{-6} kg 等。

表 1-2. 常用單位字首

10 的次方數	字首	縮寫
10^3	kilo-	k
10^6	mega-	M
10^9	giga-	G
10^{12}	tera-	T
10^{15}	peta-	P

10 的次方數	字首	縮寫
10^{-1}	deci-	d
10^{2}	centi-	c
10^{-3}	milli-	m
10^{-6}	micro-	μ
10^{-9}	nano-	n
10^{-12}	pico-	p
10^{-15}	femto-	f
10^{-18}	atto	a

1. Select the correct expression.
   (A) 1 pg = 10^{-15} g (B) 1 fg = 10^{-18} g (C) 1 ag = 10^{-12} g
   (D) 1 ng = 10^{-6} mg (E) 1 mg = 10^{-4} g

   (92 高醫)

答案：(D)。

解說：(A) 1pg = 10^{-12} g。

(B) 1 fg = 10^{-15} g。

(C) 1 ag = 10^{-18} g。

(D) 1 ng = 10^{-9} g = 10^{-6} mg。

(E) 1 mg = 10^{-3} g。

2. Which of the following metric relationships is incorrect?
   (A) 1 microliter = 10^{-6} liters
   (B) 1 gram = 10^{3} kilograms
   (C) 10^{3} milliliters = 1 liter
   (D) 1 gram = 10^{2} centigrams
   (E) 10 decimeters = 1 meter

   (95 高醫)

答案：(B)。

解說：請參見表 1-2。

(B) 1 gram = 10^{-3} kilograms

3. Since 2019, the magnitudes of all SI units have been defined by declaring exact numerical values for *defining constants* when expressed in terms of their SI units. Which one of the following constants is not included?
(A) the speed of light in vacuum, c
(B) the Planck constant, h
(C) the Coulomb constant, k_e (or $1/4\pi\varepsilon_0$)
(D) the Boltzmann constant, k (or k_B)
(E) the Avogadro constant, N_A

(110高醫)

答案：(C)。

解說：(A)與公尺的定義有關。

(B)與公斤的定義有關

(D)與絕對溫度(K)的定義有關

(E)與莫耳(mole)的定義有關。

重點二 因次分析與單位轉換

1. 因次(dimension)：物理量的屬性。

   例如：距離的屬性為長度，其因次表示為 L。

   質量的因次表示為 M，時間的因次表示 T。

   面積的因次為 L^2，速度的因次為 LT^{-1}。

2. 合理的方程式必須具備因次一致性(dimensional consistency)

   例如：距離表示為速度與時間的乘積，$d = vt$。

   從物理量的屬性來看：

   距離的因次為 L，我們記做 $[d] = L$，

   速度因次為 $[v] = LT^{-1}$，

   時間因次為 $[t] = T$，

   $[vt] = (LT^{-1})(T) = L$。

   方程式兩邊的因次相同，滿足因次一致性。

3. 因次分析可以協助建構合理的模型假設

   例如：一條質量 m，長度 l 的繩子受到張力 F 作用而產生繩波，若繩波波速
   只和這些物理量有關，那麼其關係式為何呢？

   假設波速可以表示為 $v = F^a m^b l^c$。

   從因次來看：$[v] = LT^{-1}$，$[F] = MLT^{-2}$，$[m] = M$，$[l] = L$。

   根據因次一致性，我們可以得到

   $LT^{-1} = (MLT^{-2})^a (M)^b (L)^c = M^{a+b} L^{a+c} T^{-2a}$。

   因此有 $a = \frac{1}{2}$，$b = -\frac{1}{2}$，$c = \frac{1}{2}$。

   所以波速的假設為 $v = F^{1/2} m^{-1/2} l^{1/2} = \sqrt{\frac{Fl}{m}} = \sqrt{\frac{F}{m/l}} = \sqrt{\frac{F}{\mu}}$，

   其中 $\mu = \frac{m}{l}$ 是繩子的質量線密度。

   當然，這樣的假設必須透過實驗來證明。

重點三 單位轉換(converting factor)

1. 轉換因子：由不同單位之間具有等價值的物理量構成。

   例如：1 m 與 100 cm 為等價的長度，所以轉換因子為 $\frac{1m}{100cm}$ 或 $\frac{100cm}{1m}$。

   25 cm 相當於多少公尺可以如下轉換：

   $25cm = 25cm \times \frac{1m}{100cm} = 0.25m$。

重點四 有效數字(significant figures)

1. 誤差(error)：進行測量時，測量值與真值(true value)之間的差異。

2. 誤差來源：儀器的品質、實驗者的技術、測量的方法或次數等。

3. 誤差的表示

    ◎ 絕對誤差(absolute errors)：以(±誤差值)表示。

    例如：175 cm ± 0.5 cm，有時也寫成 175(.5) cm。

    ◎ 相對誤差(fractional error)或百分誤差(percent error)：以(±百分比)表示。

    例如：175 cm ± 0.1%。

4. 有效數字：以(準確值＋1位估計值)的形式表示，其中準確值和估計值的位數(number of digits)就是有效數字的位數。

    例如：在使用最小刻度為 cm 的直尺測量某物體的長度，結果記為 8.6 cm，其中 8cm 是準確值，0.6 cm 是估計值，因此這次測量結果的有效數字為 2 位。

    若改用最小刻度為 mm 的直尺測量，測量結果記成 8.53 cm，8.5 cm 是準確值，0.03 cm 是估計值，有效數字 3 位。

5. 有效數字的乘除

    當兩個測量值進行乘除運算時，最後結果的有效數字不能超過原先各測量值的最少有效數字。

    例如：計算 0.863×2.8 時，各測量值的最少有效數字為 2，計算結果只能有 2 位的有效數字，所以 $0.863 \times 2.8 = 2.4$。

6. 有效數字的加減

    當兩個測量值進行加減運算時，有效數字由具有最大絕對誤差的量來決定，也就是最大數位的估計值來決定。

    例如：計算 $27.153 + 138.2 - 11.74$ 時，最大絕對誤差的量為 138.2 中的 0.2，也就是小數點後第一位為最大數位，所以計算結果只能寫到小數點後第一位，所以 $27.153 + 138.2 - 11.74 = 153.6$。

---

1. Select the answer with the correct number of decimal places for the following sum:

    13.914 cm + 243.1 cm + 12.00460 cm =

    (A) 269.01860 cm (B) 269.0186 cm (C) 269.019 cm
    (D) 269.02 cm (E) 269.0 cm

    (106 高醫)

答案：(E)。

解說：因為 243.1 cm 具有最大絕對誤差的量 0.1 cm，所以計算結果只能寫到小

　　　數點後第一位，因此結果為 269.0 cm。

---

2. Using the rules of significant figures, calculate the following: 0.102 × 00821 × 273/1.01
    (A) 2.2635 (B) 2.264 (C) 2.26 (D) 2.3 (E) 2.66351

    (108 高醫)

答案：(C)。

解說：各數值中最少有效數字為 3，所以計算結果也只有 3 位有效數字，因此

　　　看出選項(C)符合。

重點五 準確度(accuracy)和精密度(precision)

1. 準確度：測量值與真值(true value)的接近程度。

2. 精密度：測量值之間的接近程度。

3. 下圖表示準確度與精密度的意義。

   假設靶心為真值所在，測量值越接近靶心代表準確度越高，測量值越遠離靶心代表準確度越低。

   彼此非常接近的不同測量值代表測量的精密度很高，而彼此相互遠離的不同測量值代表測量的精密度很低。

| High Accuracy | Low Accuracy | High Accuracy | Low Accuracy |
| High Precision | High Precision | Low Precision | Low Precision |

※歷屆試題集錦※

1. The difference between a student's experimental measurement of the density of sodium chloride and the known density of this compound reflects the _____ of the student's result.
   (A) accuracy
   (B) precision
   (C) random error
   (D) systematic error
   (E) indeterminate error

   (106 高醫)

答案：(A)。

解說：測量值與真值(true value)的接近程度稱為準確度(accuracy)。

重點六 科學記號、估計與數量級

1. 科學記號：$a \times 10^b$，$1 \leq a < 10$，$b \in \mathbb{Z}$(整數集合)。

   例如：真空中光速為 299,792,458 m/s，其科學記號的表示為

   2.99792458×10^8 m/s$\cong 3 \times 10^8$ m/s。

2. 估計(estimate)

   ◎ 有時候我們知道如何去計算某特定物理量，但是需要使用的數據沒有實際測量，此時需要猜測一下合理的數據，以便進行該特定物理量的估計。

   例如：估計人一天心跳總共幾次。

   　　　實際測量是測量 24 小時內的心跳總次數。也可以測量一分鐘的心跳次數，再乘上一天的 1440 分鐘。但是同樣的一分鐘，會因為人的活動情形不同而有不同的心跳次數，所以也可以透過先前的各種測量結果猜測一個合理的數據，比如 1 分鐘心跳 90.0 次。那麼一天心跳次數大約為

   　　　$1440 \times 90.0 = 1.30 \times 10^5$ 次。

   ◎ 有可能需要計算的數據非常複雜，不容易準確計算，這時也可以作近似的計算來估計。

   例如：計算$\frac{6.63 \times 10^{-34} \times 3 \times 10^8}{500 \times 10^{-9}}$時，$6.63 \times 10^{-34} \sim 10^{-33}$、$3 \times 10^8 \sim 10^8$、$500 \times 10^{-9} \sim 10^{-6}$，所以估計結果大約為$10^{-19}$。

   　　　也可以$\frac{6.63 \times 10^{-34} \times 3 \times 10^8}{500 \times 10^{-9}} \approx \frac{7 \times 10^{-34} \times 3 \times 10^8}{500 \times 10^{-9}} = 4.2 \times 10^{-19}$。

   　　　實際計算結果為3.98×10^{-19}。

3. 數量級(order of magnitude)：以 10 的次方數來描述物理量的大小程度。

   ◎ 若$|a| \geq 10^{0.5} \cong 3.16$，則$a \times 10^b \cong 10^{b+1}$。

   ◎ 若$|a| < 10^{0.5} \cong 3.16$，則$a \times 10^b \cong 10^b$。

   ◎ 數量級容易比較兩個數量之間的差距。

   例如：兩個數量之間相差 4 個數量級，意思是指其中一個數量是另一個數量的$10^4 = 10000$倍。

---

1. If the diameter of the hydrogen atom is scaling up to the 400 m track playground, what would the size of its nucleus be? Hint: Radius of hydrogen is 0.053 nano meter. Radius of its nucleus is 0.85 femto meter.
   (A) a few-mm sand grain (B) a ping-pong ball (C) a base ball
   (D) a bowling ball (E) a basketball

   (110 高醫)

答案：(A)。

解說：按照比例放大。

假設400m跑道是圓形的，其半徑為$\frac{400}{2\pi}$m。

若以l為核子被放大之後的半徑大小，則有

$\frac{0.85 \times 10^{-15}}{0.053 \times 10^{-9}} = \frac{l}{\frac{400}{2\pi}} \rightarrow l = 1.02 \times 10^{-3}$(m)，相當於1.02 mm。

---

2. Based on an order-of-magnitude estimate, what is the radius of the Earth in the unit of kilometer (km)? Hint: The meter was originally defined in 1793 as one ten-millionth of the distance from the equator to the North Pole along a great circle.
   (A) 2 (B) 4 (C) 6 (D) 8 (E) 10

   (110高醫)

答案：(B)。

解說：從赤道沿著大圓到北極的距離為大圓周長的四分之一，所以有$l = 2\pi r$，

其中l為大圓周長。

$r = \frac{l}{2\pi} = \frac{4 \times 10 \times 10^6}{2\pi} = 6.37 \times 10^6(m)= 6.37 \times 10^3(km)\approx 10^4$(km)。

因此，數量級為4。

第一章 運動學

重點一 位置、位移、速度與加速度

1. 位置(position)

   ◎ 座標表示：$P(x, y, z)$。

   ◎ 向量表示：$\vec{r} = x\hat{i} + y\hat{j} + z\hat{k}$，其中 $\hat{i}$、$\hat{j}$、$\hat{k}$ 分別是 +x 軸、+y 軸、+z 軸的單位向量。

2. 位移(displacement)——物體位置的變化量。

   ◎ 假設物體位置由 $P_1(x_1, y_1, z_1)$ 變化到 $P_2(x_2, y_2, z_2)$，則位移表示為

   $$\vec{d} = \Delta\vec{r} = (x_2 - x_1)\hat{i} + (y_2 - y_1)\hat{j} + (z_2 - z_1)\hat{k}。$$

   ◎ 位移不考慮物體在位置變化過程中的實際路徑。

3. 速度(velocity)：位移對時間的變化率。

   ◎ 假設物體在時間 t_1 的位置在 $\vec{r}_1 = x_1\hat{i} + y_1\hat{j} + z_1\hat{k}$，在時間 t_2 時的位置為 $\vec{r}_2 = x_2\hat{i} + y_2\hat{j} + z_2\hat{k}$，則物體在這段時間內的平均速度(average velocity 為 $\vec{v}_{ave} = \frac{\Delta\vec{r}}{\Delta t} = \frac{\Delta x}{\Delta t}\hat{i} + \frac{\Delta y}{\Delta t}\hat{j} + \frac{\Delta z}{\Delta t}\hat{k} = \frac{x_2-x_1}{t_2-t_1}\hat{i} + \frac{y_2-y_1}{t_2-t_1}\hat{j} + \frac{z_2-z_1}{t_2-t_1}\hat{k}$。

   ◎ 物體在某時刻的瞬時速度(instantaneous velocity)，也就是平均速度在時間間隔 Δt 趨近於 0 的極限值 $\vec{v} = \lim_{\Delta t \to 0} \frac{\Delta\vec{r}}{\Delta t} = \frac{d\vec{r}}{dt} = \frac{dx}{dt}\hat{i} + \frac{dy}{dt}\hat{j} + \frac{dz}{dt}\hat{k}$。

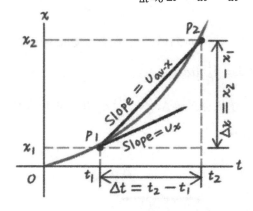

4. 加速度(acceleration)

◎ 假設物體在時間 t_1 的速度為 $\vec{v}_1 = v_{1x}\hat{i} + v_{1y}\hat{j} + v_{1z}\hat{k}$，在時間 t_2 時的位置為 $\vec{v}_2 = v_{2x}\hat{i} + v_{2y}\hat{j} + v_{2z}\hat{k}$，則物體在這段時間內的平均加速度(average acceleration)為

$$\vec{a}_{ave} = \frac{\Delta\vec{v}}{\Delta t} = \frac{\Delta v_x}{\Delta t}\hat{i} + \frac{\Delta v_y}{\Delta t}\hat{j} + \frac{\Delta v_z}{\Delta t}\hat{k} = \frac{v_{2x}-v_{1x}}{t_2-t_1}\hat{i} + \frac{v_{2y}-v_{1y}}{t_2-t_1}\hat{j} + \frac{v_{2z}-v_{1z}}{t_2-t_1}\hat{k} \text{。}$$

◎ 物體在某時刻的瞬時加速度(instantaneous acceleration)，也就是平均加速度在時間間隔 Δt 趨近於 0 的極限值

$$\vec{a} = \lim_{\Delta t \to 0} \frac{\Delta\vec{v}}{\Delta t} = \frac{d\vec{v}}{dt} = \frac{dv_x}{dt}\hat{i} + \frac{dv_y}{dt}\hat{j} + \frac{dv_z}{dt}\hat{k} \text{。}$$

◎ 由 $\vec{v} = \frac{d\vec{r}}{dt}$ 可得瞬時加速度與位置的關係為 $\vec{a} = \frac{d\vec{v}}{dt} = \frac{d^2\vec{r}}{dt^2}$。

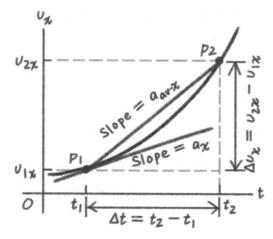

5. 速度變化量：物體從時間 t_0 到時間 t_1 的速度變化量可以透過加速度對時間作積分而得，即 $\Delta\vec{v} = \int_{t_0}^{t_1} \vec{a}\,dt$。

例如 x 方向的速度變化分量為 $\Delta v_x = \int_{t_0}^{t_1} a_x\,dt$，其相當於 a-t 圖中函數曲線與時間軸之間的面積。

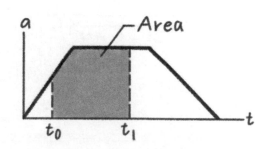

6. 位置變化量(位移)：物體從時間 t_1 到時間 t_2 的位置變化量(位移)可以透過速度對時間作積分而得，$\Delta \vec{r} = \int_{t_0}^{t_1} \vec{v} dt$。

例如 x 方向的位置變化分量為 $\Delta x = \int_{t_0}^{t_1} v_x dt$，其相當於 v-t 圖中函數曲線與時間軸之間的面積。

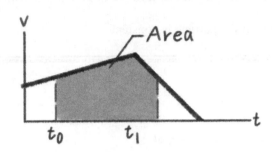

※歷屆試題集錦※

1. Each of four particles move along an x axis. Their coordinates (in meters) as functions of time (in seconds) are given by
   Particle 1: $x(t) = 2.5 - 3.0t^3$.
   Particle 2: $x(t) = 2.5 + 3.0t^3$.
   Particle 3: $x(t) = 2.5 + 3.0t^2$.
   Particle 4: $x(t) = 2.5 - 1.5t - 3.0t^2$.
   Which of these particles have (has) constant acceleration?
   (A) Only 1 and 2 (B) Only 2 and 3 (C) Only 1 and 3
   (D) Only 3 and 4 (E) Only 4.

   (92 高醫)

答案：(D)。

解說：加速度與位置的關係—$a_x = \frac{d^2 x}{dt^2}$。

因為加速度為定值，所以位置函數的次方數不大於 2 次。

Particles 3 和 4 滿足要求。

2. The position of a particle moving on x-axis is given by $x = 3.0 + 2.5t - 1.0t^3$, with x in meters and t in seconds. Which statement in the following is correct?
   (A) The particle is moving in the positive direction of x with a speed of 1.5 m/s at $t = 1.0$ s.
   (B) The acceleration of the particle at $t = 1.0$ s is –0.50 m/s^2.
   (C) The acceleration of the particle is constant.
   (D) The particle is moving in the negative direction of x with a speed of 0.5 m/s at $t = 1.0$ s.
   (E) The velocity of the particle is constant.

(106 高醫)

答案：(D)。

解說：速度、加速度與位置的關係—$v_x = \frac{dx}{dt}$、$a_x = \frac{d^2x}{dt^2}$。

$v_x = \frac{dx}{dt} = 2.5 - 3t^2$ 且 $a_x = -6t$。

(A)(D) $v_{x,t=1} = 2.5 - 3 \times 1^2 = -0.5(\text{m/s})$，

負號代表粒子往(-x)方向運動。

(B) $a_{x,t=1} = -6 \times 1 = -6(\text{m/s}^2)$。

(C) 加速度隨時間變化。

(E) 速度隨時間變化。

重點二 等加速度運動

1. 一維等加速度運動：物體的加速度 a 為常數。

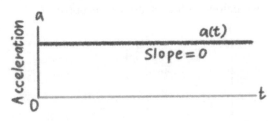

　若物體在時間 t_0 時的位置在 x_0 並且速度為 v_0，則物體在任意時間 t 的

◎ 速度：$v_t = v_0 + at$。

◎ 位移：$\Delta x = v_0 t + \frac{1}{2}at^2 = \frac{v_0 + v_t}{2}t$。

◎ 位置：$x_t = x_0 + v_0 t + \frac{1}{2}at^2$。

◎ $v_t^2 - v_0^2 = 2a\Delta x$。

2. 自由落體(free-falling body)運動

◎ 重力加速度：$\vec{a} = -g\hat{j}$，其中 $\hat{j}$ 為方向向上的單位向量，$g = 9.80 \text{ m/s}^2$

　（常以 10.0 m/s^2 估算）

　若物體靜止($v_0 = 0$)下落，則下落距離為 h 時物體的

◎ 下落速度大小：$v_t = gt = \sqrt{2gh}$。

◎ 下落距離：$h = \frac{1}{2}gt^2$。

◎ 下落時間：$t = \sqrt{\frac{2h}{g}}$。

3. 拋體運動：假設拋體初始位置在原點，並且以與正 x 軸夾 α 角度的初始速度 $\vec{v}_0$ 拋出。若不考慮空氣阻力的影響，則水平方向為等速度運動，鉛直方向為等加速度運動(加速度為 $-g$，向上為正)。

◎ 水平方向：$v_x = v_0 \cos\alpha$、$\Delta x = v_x t = (v_0 \cos\alpha)t$。

◎ 鉛直方向：$v_y = v_0 \sin\alpha - gt$、$\Delta y = (v_0 \sin\alpha)t - \frac{1}{2}gt^2$。

◎ 最高點的花費時間：$t_H = \frac{v_0 \sin\alpha}{g}$。

◎ 最大高度：$H = \frac{1}{2}gt_H^2 = \frac{v_0^2 \sin^2\alpha}{2g}$。

◎ 水平射程：$R = 2v_x t_H = \frac{v_0^2 \sin 2\alpha}{g}$。

◎ 軌跡方程式：$y = (\tan\alpha)x - \frac{g}{2v_0^2 \cos^2\alpha}x^2$。

※歷居試題集錦※

1. Two balls, projected at different times so they don't collide, have trajectories A and B, as shown below. Which statement is correct?

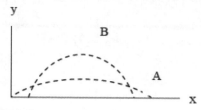

(A) v_{0B} must be greater than v_{0A}.
(B) Ball B is in the air for a longer time than ball A.
(C) Ball A is in the air for a longer time than ball B.
(D) Ball B has a greater acceleration than ball A.
(E) Ball A has a greater acceleration than ball B.

(94 高醫)

答案：(B)。

解說：拋體軌跡。

(A) 因為有不同的拋射角，所以從最大高度($H = \frac{v_0^2 \sin^2 \alpha}{2g}$)或水平射程

($R = \frac{v_0^2 \sin 2\alpha}{g}$)的比較，看不出來誰的初速度比較大。

(B)(C) 由 $t_H = \sqrt{\frac{2H}{g}}$ 知，B 的最大高度大於 A 的最大高度，所以 B 在空中

的停留時間較長。

(D)(E) 拋體具有相同的加速度($-g$)。

2. As the figure shows, a stone was thrown on the roof of height $h = 10$ m from the throw. After 6 seconds, the stone fell on the roof at a horizontal distanced from the throw. The angle between the final flight path of the stone and the roof is $\theta = 60°$. Then, the horizontal distance d it travels is:

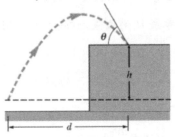

(A) 166.5 m (B) 333.0 m (C) 144.2 m (D) 288.4 m (E) 55.5 m.

(107高醫)

答案：無答案。

解說：拋體運動在以落地時的運動速度反向拋射時可沿原路徑返回起始點。

令物體由屋頂以初速為v，反向仰角60°拋射，則鉛直位移為

$\Delta y = (v_0 \sin \alpha)t - \frac{1}{2}gt^2 \rightarrow -10 = v \times \sin 60^o \times 6 - \frac{1}{2} \times 9.8 \times 6^2$

$\rightarrow v = \frac{176.4-10}{3\sqrt{3}} = \frac{166.4}{3\sqrt{3}}$。

水平位移：$\Delta x = (v_0 \cos \alpha)t \rightarrow d = 3v = \frac{166.4}{\sqrt{3}} = 96$(m)。

3. A ball rolls down and leaves a slope at an angle of 30° above the horizontal direction. The ball hits the ground 10 seconds later at a point 20 meters below the leaving point, as shown below. How does the ball travel horizontally when it hits the ground (from point B to point C)? (Gravitational acceleration $g = 10$ m/s²)

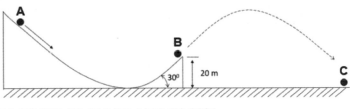

(A) 623 (B) 835 (C) 936 (D) 1019 (E) 2021

(110高醫)

答案：(B)。

解說：利用$\Delta y = v_0 \sin \theta_0 \cdot t - \frac{1}{2}gt^2$，$\Delta x = v_0 \cos \theta_0 \cdot t$。

詳解：假設B為原點，則到達C的垂直位移為$\Delta y = -20$，所以有

$-20 = v_0 \sin 30^o \cdot 10 - \frac{1}{2} \times 10 \times 10^2 \rightarrow v_0 = 96$(m/s)。

$\Delta x = 96 \times \cos 30^o \times 10 = 831$(m)。

重點三 相對運動

1. 相對運動

   假設參考系 B 相對於參考系 A 以固定的 $\vec{v}_{BA}$ 平移，並且假設物體 P 在參考系 A 的位置為 $\vec{r}_{PA}$，在參考系 B 的位置為 $\vec{r}_{PB}$，則任何時刻 t 下，物體 P 在不同參考系的位置、速度和加速度關係如下：

   ◎ 位置：$\vec{r}_{PA} = \vec{r}_{PB} + \vec{r}_{BA}$，其中 $\vec{r}_{BA} = \vec{v}_{BA}t$。

   ◎ 速度：$\vec{v}_{PA} = \vec{v}_{PB} + \vec{v}_{BA}$。

   ◎ 加速度：$\vec{a}_{PA} = \vec{a}_{PB}$ (注意 $\frac{d\vec{v}_{BA}}{dt} = 0$)。

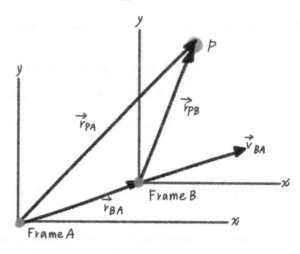

1. A man launches a boat at a bridge and rows upstream a distance of 1 km where he drops a bottle in the water. He then continues to row upstream for an additional 10 min. At that point he turns around and rows downstream, arriving at the bridge at the same time as the bottle. What is the speed of the water in the river? Assume that the man rows at the same speed relative to the water at all time.
(A) 0.83 m/sec (B) 0.79 m/sec (C) 1.20 m/sec (D) 1.50 m/sec (E) 0.90 m/sec.

(92 高醫)

答案：(A)。

解說： 解法一 ：瓶子到橋所花的時間等於船到橋所花的時間。

假設船相對於水的速率為 v，水流相對於地的速率為 v_R，

則船相對於地的向上划速率為 $v - v_R$，

船相對於地的向下划速率為 $v + v_R$。

由時間條件可寫出 $\dfrac{1000}{v_R} = 600 + \dfrac{600(v-v_R)+1000}{v+v_R}$。

通分並整理可得 $1000v = 1200vv_R \rightarrow (1200v_R - 1000)v = 0$。

有兩個解：

1. $v = 0$，即船相對於水流是靜止的。這與船要向上划再向下划的題意不符，也就是 $v \neq 0$。(大部分人會直接將 v 消掉來得到答案。)

2. $1200v_R - 1000 = 0 \rightarrow v_R = \dfrac{1000}{1200} = 0.83$(m/s)。與船相對於水的速率 v 無關。

解法二 ：船向上划距離加上 1000m 等於船向下划距離。

船下划所花時間為瓶子所花時間扣除 10 分鐘，即 $\dfrac{1000}{v_R} - 600$，所以有

$600(v - v_R) + 1000 = \left(\dfrac{1000}{v_R} - 600\right)(v + v_R)$。

通分並整理，一樣得到 $(1200v_R - 1000)v = 0$。與解法一相同。

解法三 ：選擇瓶子作為參考座標系。

船相對瓶子以相同速率往上游滑 10 min，再往下游滑 10 min，回到瓶子之處。在這 20 min 內，瓶子總共移動 1 km。

所以水速為 $v_R = \dfrac{1000}{20 \times 60} = 0.83$(m/s)。

第二章 力與運動定律

重點一 力

1. 力是向量，必須描述其作用方向以及作用大小。當物體大小不能忽略時，還要描述力的作用點。

2. 力的重疊(superposition)與組成

   ◎ 利用向量加法求合力(net force)

   $\vec{F}_{net} = \vec{F}_1 + \vec{F}_2$ ；

   $\vec{F}_{net} = \sum \vec{F} = \vec{F}_1 + \vec{F}_2 + \vec{F}_3 + \cdots$。

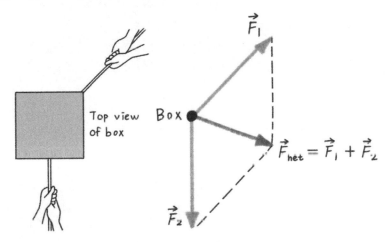

   ◎ 力在各方向的組成：$F_x = F\cos\theta$，$F_y = F\sin\theta$。

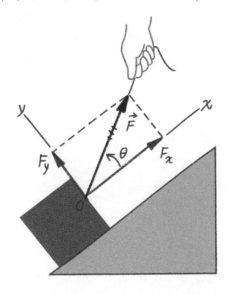

◎ 利用力的組成進行重疊：

$$R = \sqrt{R_x{}^2 + R_y{}^2}\text{，其中} R_x = \sum F_x\text{，} R_y = \sum F_y\text{。}$$

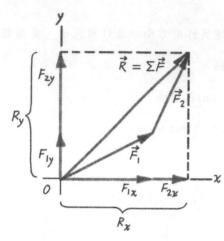

重點二 牛頓運動定律

1. 牛頓第一定律(Newton's first law)

   ◎ 物體所受合力為零時，物體沒有加速度且速度固定(可能為零)，即等速度運動。

   ◎ 物體保持原運動狀態的性質稱為慣性(inertia)。

   ◎ 慣性質量越大，慣性越大。

   ◎ 物體作等速度運動時，此物體處於平衡(equilibrium)狀態，因此

   ◎ $\sum \vec{F} = 0$。

2. 牛頓第二定律(Newton's second law)

   ◎ $\sum \vec{F} = m\vec{a}$。

   ◎ 質量表示物體的慣性特質；重量是力的表現。

3. 牛頓第三定律(Newton's third law)

   ◎ 若物體 A 施一作用力($\vec{F}_{A \to B}$)在物體 B 上，則物體 B 會施一反作用力

   ($\vec{F}_{B \to A}$)在物體 A 上，並且兩力大小相等，方向相反，作用在不同物體

   上，即 $\vec{F}_{A \to B} = -\vec{F}_{B \to A}$。

※歷年試題集錦※

---

1. The inertia of a body tends to cause the body to:
   (A) speed up (B) slow down (C) resist any change in its motion
   (D) fall toward the Earth (E) decelerate due to friction.

   (106 高醫)

答案：(C)。

解說：慣性是指物體保持原運動狀態的特性，也就是抵抗運動狀態改變的特性。

2. A boy pulls a wooden box along a rough horizontal floor at constant speed by means of a force P as shown. In the diagram f is the magnitude of the force of friction, N is the magnitude of the normal force, and F_g is the magnitude of the force of gravity. Which of the following must be true?

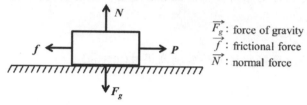

$\overrightarrow{F_g}$: force of gravity
$\overrightarrow{f}$: frictional force
$\overrightarrow{N}$: normal force

(A) $P = f$ and $N = F_g$ (B) $P = f$ and $N > F_g$ (C) $P > f$ and $N < F_g$
(D) $P > f$ and $N = F_g$ (E) None of the above.

(106 高醫)

答案：(A)。

解說：因為物體作等速運動，所以加速度為 0，合力為 0。

因此，水平方向：$P = f$；鉛直方向：$N = F_g$。

---

3. A 2.0 kg particle moves along an x axis, being pushed by a variable force directed along that axis. Its position is given by $x = 2.0$ m $- 3.2$ (m/s) $t + 4.0$ (m/s^2) $t^2 - 1.0$ (m/s^3) t^3. What is the force on the particle at $t = 2.0$ s?

(A) 4.0 N $\hat{i}$ (B) -4.0 N $\hat{i}$ (C) 8.0 N $\hat{i}$ (D) -8.0 N $\hat{i}$ (E) 2.0 N $\hat{i}$.

(106 高醫)

答案：(D)。

解說：因為加速度為位置函數的兩次微分，所以 $a = \dfrac{d^2x}{dt^2} = 8 - 6t$。

利用 $F = ma$ 可得：$F_{t=2} = 2 \times (8 - 6 \times 2) = -8(\text{N})$。

4. The horizontal surface on which the objects slide is frictionless. If $M = 5.0$ kg, the tension in string 1 is 60 N. Determine F.

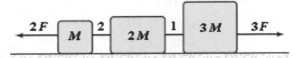

(A) 20 N (B) 24 N (C) 30 N (D) 34 N (E) 48 N

(108 高醫)

答案：(B)。

解說：利用 $F = ma$。

假設加速度為a，則

整個系統：$3F - 2F = 6Ma$；$3M$物體：$3F - 60 = 3Ma$。

消去a可得：$5F = 120$，所以$F = 24$(N)。

5. A set of pulleys is used for supporting the calf (100 N). Please determine the weight of the subject in the right hand side.

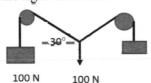

100 N   100 N

(A) 50 N (B) 73 N (C) 100 N (D) 141 N (E) 173 N

(108 高醫)

答案：(C)。

解說：利用合力為 0，$\sum \vec{F} = 0$。

假設右邊物重為 w，則

水平分力：$w_x = 100 \cos 30^o = 50\sqrt{3}$；

鉛直分力：$w_y + 100 \sin 30^o = 100 \rightarrow w_y = 100 - 100 \sin 30^o = 50$。

因此，$w = \sqrt{w_x{}^2 + w_y{}^2} = \sqrt{7500 + 2500} = 100$(N)。

另解：三力的方向正好兩兩夾 120°，處於對稱的位置，因此三力的大小相等，為 100N。

6. Two blocks are in contact on a frictionless table. A horizontal force is applied to the larger block. $F = 100$ N, $m_1 / m_2 = 2$. The force acting on the small block from the larger one is,

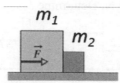

(A) 100/2 N (B) 100/3 N (C) 100/4 N (D) 100/6 N (E) 100/8 N

(109 高醫)

答案：(B)。

解說：利用 $F = ma$。

假設 m_1 施予 m_2 的力為 R，並假設加速度為 a，則

整個系統：$F = (m_1 + m_2)m = 3m_2a$；

m_2 物體：$R = m_2a$。

因此，$F = 3R \rightarrow R = \frac{100}{3}$(N)。

7. A small block of mass m rests on the sloping side of a triangular block of mass M which itself rests on a horizontal table as shown in the figure below. Assuming all surfaces are frictionless, determine the magnitude of the force F that must be applied to M so that m remains in a fixed position relative to M. Hint: 1. Take x and y axes horizontal and vertical. 2. Focus at the object m.

(A) $mg \sin \theta$ (B) $mg \tan \theta$ (C) $(m + M)g \tan \theta$ (D) $(m + M)g \sin \theta$
(E) None of these

(110 高醫)

答案：(C)。

解說：分析m受力情形。

水平方向：$a = \dfrac{F}{m+M} = \dfrac{N \sin \theta}{m}$，其中$N$為斜面給$m$的作用力。

鉛直方向：$mg = N \cos \theta$。

消去N可得$F = (m + M)g \tan \theta$。

8. On a bridge, a man (weight = 70 kg) plays bungee jumping by tying himself to one end of an elastic rope. The rope has a length of 100 m, and the height of the bridge is 500 m. After jumping, the man begins to bounce back 10 seconds later. What is the effective weight of the man at the bouncing point? (Gravitational acceleration $g = 10$ m/s²)
(A) 83 kg (B) 95 kg (C) 102 kg (D) 117 kg (E) 127 kg

(110 高醫)

答案：(E)。

解說：等效質量$m_{eff} = \frac{w_{app}}{g}$，$w_{app}$為視重，即彈簧的作用力。

當下落至繩長長度時人會受繩子彈力的作用而開始減速直到停止，並開始向上反彈。

當下落100 m時，人的下落速度大小為$v = \sqrt{2 \times 10 \times 100} = 20\sqrt{5}$(m/s)，下落時間為$t = \sqrt{\frac{2 \times 100}{10}} = 2\sqrt{5}$(s)。

這時人開始受到彈力作用，經過$(10 - 2\sqrt{5})$秒後停止(速度大小為0)，所以加速度為$a = \frac{0 - 20\sqrt{5}}{10 - 2\sqrt{5}} = -8.09$(m/s²)，負號表示加速度向上。(此處假設彈力是固定的)

當向上加速時，$w_{app} - mg = m|a|$，所以等效質量為

$m_{eff} = \frac{70 \times (10 + 8.09)}{10} = 127$(kg)。

重點三 摩擦力

1. 靜摩擦力(static frictional force)：當物體與接觸面沒有相對運動時的摩擦力。

   ◎ 靜摩擦力等於合力：$f_s = \sum F$。

2. 最大靜摩擦力：當施力使得物體恰好開始運動時的靜摩擦力稱為最大靜摩擦力。

   ◎ 最大靜摩擦力正比於正向力：$f_{s,max} = \mu_s N$，其中 μ_s 是靜摩擦係 (coefficient of static friction)，N 是正向力大小。

3. 動摩擦力(kinetic frictional force)：當物體與接觸面有相對運動時的摩擦力。

   ◎ 動摩擦力也與正向力成正比：$f_k = \mu_k N$，其中 μ_k 是動摩擦係 (coefficient of kinetic friction)，N 是正向力大小。

4. 摩擦力方向與物體相對於接觸面的運動方向相反。

※歷年試題集錦※

> 1. A 5.0 kg block of steel slides down a ramp with acceleration 0.40 m/s² directed down the ramp. The ramp makes an angle of 37º with the horizontal. What is the coefficient of kinetic friction between the block and the ramp?
> (A) 0.50 (B) 0.70 (C) 0.25 (D) 0.75 (E) 5.0.
>
> (106 高醫)

答案：(B)。

解說：利用 $F = ma$。

沿斜面向下的合力產生加速度，因此有

$$mg \sin \theta - \mu_k mg \cos \theta = ma \rightarrow \mu_k = \frac{g \sin \theta - a}{g \cos \theta} \text{。}$$

$$\mu_k = \frac{9.8 \times \sin 37º - 0.4}{9.8 \times \cos 37º} = \frac{9.8 \times 0.6 - 0.4}{9.8 \times 0.8} = 0.7 \text{。}$$

2. The string and the pulley are massless, and the coefficient of static and kinetic frictions are 0.2 and 0.1, respectively, for both table 1 (T1) and 2 (T2). If $m_1 = 2$ kg, $m_2 = 3$ kg, and $m = 1.5$ kg, find the acceleration of m. (Gravitational acceleration g = 10 m/s²)

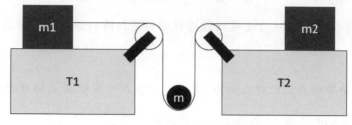

(A) 7.7 m/s² (B) 8.7 m/s² (C) 9.7 m/s² (D) 10.7 m/s² (E) 11.7 m/s²

(110高醫)

答案：無正確答案。

解說：假設張力為T，m、m_1、m_2的加速度分別為a、a_1、a_2。所以有

$$T - \mu_k m_1 g = m_1 a_1 \rightarrow \frac{T}{m_1} - \mu_k g = a_1 \quad (1)。$$

$$T - \mu_k m_2 g = m_2 a_2 \rightarrow \frac{T}{m_2} - \mu_k g = a_2 \quad (2)。$$

$$mg - 2T = ma \quad (3)。$$

$$a_1 + a_2 = 2a \rightarrow \left(\frac{T}{m_1} - \mu_k g\right) + \left(\frac{T}{m_1} - \mu_k g\right) = 2a$$

$$\rightarrow T = \frac{2m_1 m_2 (a + \mu_k g)}{m_1 + m_2} \quad (4)。$$

代入(3)式得

$$mg - \frac{4m_1 m_2 (a + \mu_k g)}{m_1 + m_2} = ma \rightarrow a = \frac{(m_1 + m_2)m - 4m_1 m_2 \mu_k}{4m_1 m_2 + (m_1 + m_2)m} g。$$

$$a = \frac{(2+3) \times 1.5 - 4 \times 2 \times 3 \times 0.1}{4 \times 2 \times 3 + (2+3) \times 1.5} \times 10 = 1.62 (m/s^2)。$$

重點四 流體阻力與終端速度

1. 物體比較小並且速度非常慢。例如:空氣中的灰塵、滾珠在油中的下落。

   ◎ 阻力大小正比於物體速度大小:$f_k = kv$,其中 k 是比例常數,與物體的形狀和大小以及流體的性質有關,v 是物體速率。

   ◎ 終端速度:$v_T = \dfrac{mg}{k}$。

1. 物體比較大且速度非常快。例如:飛機的風阻、下落的雨滴等。

   ◎ 阻力大小正比於物體速度大小的平方:$f_k = \dfrac{1}{2}C\rho Av^2$,其中 C 是阻力係數,ρ 是流體(空氣)密度,A 是物體垂直於速度的等效截面積。

   ◎ 終端速度:$v_T = \sqrt{\dfrac{2mg}{C\rho A}}$。

重點五 向心力

1. 向心力：$F_c = \dfrac{mv^2}{r} = \dfrac{4\pi^2 mr}{T^2}$，其中 m 為質量，v 為切線方向速率，r 為半徑，T 為周期。

※歷年試題集錦※

1. A box of mass 1 kg was placed on the edge of a rotating table with radius 10 cm, as shown below. At what rotating speed, the box begins to slide away? (The coefficient of static friction between the box and table is 0.8.)

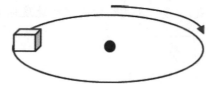

(A) 32 cm/s (B) 53 cm/s (C) 68 cm/s (D) 89 cm/s (E) 98 cm/s.

(107高醫)

答案：(D)。

解說：要維持圓周運動，向心力不能超過最大靜摩擦力。

因此，$m\dfrac{v^2}{r} \leq f_{s,max} = \mu_s mg \; \rightarrow \; v \leq \sqrt{\mu_s gr}$。

$v_{max} = \sqrt{\mu_s gr} = \sqrt{0.8 \times 9.8 \times 0.1} = 0.89 \text{(m/s)} = 89 \text{ (cm/s)}$。

2. A circular track of radius 1000 meters is banked at 30 degrees without any friction. What is required speed for a car to keep running on the circular track?

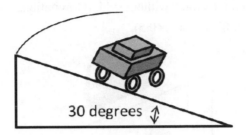

30 degrees $\updownarrow$

(A) about 30m/s (B) about 45m/s (C) about 55m/s

(D) about 65m/s (E) about 75m/s

(108 高醫)

答案：(E)。

解說：利用 $F_{net} = \dfrac{mv^2}{r}$。

假設斜面正向力為 N，則

鉛直方向：$N\cos 30^o = mg$；水平方向：$N\sin 30^o = \dfrac{mv^2}{r}$。

消去 N，可得 $\tan 30^o = \dfrac{v^2}{gr}$

$\rightarrow v = \sqrt{gr\tan 30^o} = \sqrt{9.8 \times 1000 \times \dfrac{1}{\sqrt{3}}} = 75\,(\text{m/s})$。

3. A toy car is running on a banked circular track of radius 10 m, as shown below. If the car weighs 5 kg and on wet ice, find the maximum velocity for the car to keep on the track without skid. (Gravitational acceleration $g = 10$ m/s^2, cos30° = 0.87, cos60° = 0.5)

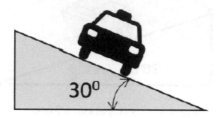

(A) 5.4 m/s (B) 7.6 m/s (C) 9.4 m/s (D) 12.6 m/s (E) 15.7 m/s

(110 高醫)

答案：(B)。

解說：由前一題的推導可以看見 $\tan\theta = \dfrac{v^2}{gr}$。

$$v = \sqrt{gR\tan\theta} = \sqrt{10 \times 10 \times \frac{0.5}{0.87}} = 7.58 \text{(m/s)}。$$

第三章 能量

重點一 功

1. 物體受一定力$(\vec{F})$作用，使物體沿力的方向產生位移$(\vec{s})$，則此力對物體作功 $W = \vec{F} \cdot \vec{s}$。

   ◎ 若$\vec{F} \perp \vec{s}$，則 $W = 0$。

   ◎ 若$\vec{F}$與$\vec{s}$的夾角小於90°，則 $W > 0$。

   ◎若$\vec{F}$與$\vec{s}$的夾角大於90°，則 $W < 0$。

   ◎功的單位：焦耳(joule)，$1\text{ J} = 1\text{ N·m} = 1\text{ kg·m}^2/\text{s}^2$。

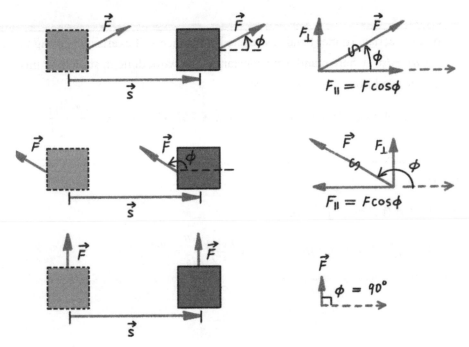

2. 非定力作功：$W = \int \vec{F} \cdot d\vec{s}$。

3. 功率

   ◎ 平均功率：單位時間內所作的功，即功與時間間隔的比值$P_{ave} = \frac{W}{\Delta t}$。

   ◎ 瞬時功率：$P = \lim\limits_{\Delta t \to 0} \frac{W}{\Delta t} = \frac{dW}{dt} = \vec{F} \cdot \vec{v}$。

   ◎ 功率的單位：瓦特(watt)，$1\text{ W} = 1\text{ J/s}$；馬力(horse power)，$1\text{ hp} = 746$ W。

1. A force acting on an object moving along the x axis is given by $F_x = (14x - 3.0x^2)$ N where x is in m. How much work is done by this force as the object moves from $x = -1$ m to $x = +2$ m?

   (A) +12 J (B) +28 J (C) +40 J (D) +42 J (E) -28 J

   (95 高醫)

答案：(A)。

解說：利用積分 $W = \int \vec{F} \cdot d\vec{s}$。

$$W = \int_{x=-1}^{x=+2}(14x - 3x^2)dx = (7x^2 - x^3)|_{-1}^{+2} = 12(J)。$$

2. When a certain rubber band is stretched a distance x, it exerts a restoring force $F = ax + bx^2$, where a and b are constants. The work done in stretching this rubber band from $x = 0$ to $x = L$ is:

   (A) $aL^2 + bLx^3$ (B) $aL + 2bL^2$ (C) $a + 2bL$ (D) bL (E) $\frac{aL^2}{2} + \frac{bL^3}{3}$

   (106 高醫)

答案：(E)。

解說：非定力作功 $W = \int \vec{F} \cdot d\vec{s}$。

$$W = \int_{x=0}^{x=L}(ax + bx^2)dx = \left(\frac{ax^2}{2} + \frac{bx^3}{3}\right)\Big|_{x=0}^{x=L} = \frac{aL^2}{2} + \frac{bL^3}{3}。$$

3. A force $\vec{F} = (-4.0)x(N/m)\hat{i} + (2.0)y(N/m)\hat{j}$ is applied on a particle. What is the work done by the force as the particle moves in an x-y plane from (1.0 m, 0.0 m) to (-2.0 m, 3.0 m)?
(A) 15 J (B) 1.0 J (C) 3.0 J (D) 17 J (E) 11 J.

(107 高醫)

答案：(C)。

解說：非定力作功$W = \int \vec{F} \cdot d\vec{s}$。

因為$d\vec{s} = dx\hat{i} + dy\hat{j}$

$\rightarrow \vec{F} \cdot d\vec{s} = (-4x\hat{i} + 2y\hat{j}) \cdot (dx\hat{i} + dy\hat{j}) = -4xdx + 2ydy$，

所以

$W = \int_{(1,0)}^{(-2,3)}(-4xdx + 2ydy) = (-2x^2)|_1^{-2} + (y^2)|_0^3$

$= (-6) + (9) = 3(J)$。

重點二 動能與功能定理

1. 動能：物體運動時所具有的能量形式稱為動能，定義為 $K = \frac{1}{2}mv^2$，其中 m 為物體質量，v 為物體運動速度大小。

2. 功能定理(work-energy theorem)

   外力對物體所作的功等於物體動能的變化，$W = \Delta K = \frac{1}{2}mv_2{}^2 - \frac{1}{2}mv_1{}^2$。

※歷年試題集錦※

1. A particle moving along the x axis is acted upon by a single force $F = F_0 e^{-kx}$, where F_0 and k are constants. The particle is released from rest at $x = 0$. It will attain a maximum kinetic energy of：

   (A) F_0/k (B) F_0/e^k (C) kF_0 (D) $\frac{1}{2}(kF_0)^2$ (E) ke^kF_0.

   (92 高醫)

答案：(A)

解說：由功能定理知道，物體在 x 處的動能為

$$K = W = \int_{x=0}^{x} F dx = \int_{x=0}^{x} F_0 e^{-kx} dx = -\frac{F_0}{k} e^{-kx} \Big|_0^x = \frac{F_0}{k}(1 - e^{-kx}) \text{。}$$

當 $x \to \infty$ 時，$F \to 0$，此時有最大動能，所以 $K_{max} = \frac{F_0}{k}$。

2. Carts A and B have equal masses and travel equal distances D on side-by-side straight frictionless tracks while a constant force F acts on A and a constant force $2F$ acts on B. Both carts start from rest. The velocities v_A and v_B of the bodies at the end of distance D are related by

(A) $v_B = v_A$ (B) $v_B = \sqrt{2}v_A$ (C) $v_B = 2v_A$ (D) $v_B = 4v_A$ (E) $v_A = 2v_B$.

(94 高醫)

答案：(B)。

解說：利用功能定理 $W = \Delta K = \frac{1}{2}mv_2{}^2 - \frac{1}{2}mv_1{}^2$。

$$\frac{W_A}{W_B} = \frac{K_A}{K_B} \rightarrow \frac{FD}{2FD} = \frac{mv_A{}^2}{mv_B{}^2} \rightarrow v_B = \sqrt{2}v_A \text{。}$$

3. The same force F is applied horizontally to bodies 1, 2, 3, and 4, of masses m, $2m$, $3m$, and $4m$, initially at rest and on a frictionless surface, until each body has traveled distance d. The correct listing of the magnitudes of the velocities of the bodies, v_1, v_2, v_3, and v_4 are

(A) $v_1 = v_2 = v_3 = v_4$ (B) $v_1 = 2v_2 = 3v_3 = 4v_4$ (C) $v_1 = \sqrt{2}v_2 = \sqrt{3}v_3 = 2v_4$

(D) $v_1 = v_2/\sqrt{2} = v_3/\sqrt{3} = v_4/2$ (E) $v_1 = v_2/2 = 2v_3/3 = 3v_4/4$

(108 高醫)

答案：(C)。

解說：利用功能定理 $W = \Delta K = \frac{1}{2}mv_2{}^2 - \frac{1}{2}mv_1{}^2$。

因為作功相同，動能相等，因此有

$$\frac{1}{2}mv_1{}^2 = \frac{1}{2}(2m)v_2{}^2 = \frac{1}{2}(3m)v_3{}^2 = \frac{1}{2}(4m)v_4{}^2$$

$$\rightarrow v_1 = \sqrt{2}v_2 = \sqrt{3}v_3 = 2v_4 \text{。}$$

4. A 80 kg baseball player begins his slide into third base at speed of 5 m/s. The coefficient of friction between his clothes and ground is 0.8 to make him stopped when he reached the third base. How far does he slide?
   (A) 1.22 m (B) 1.32 m (C) 1.41 m (D) 1.50 m (E) 1.59 m

(109 高醫)

答案：(E)。

解說：解法一：摩擦力作負功消耗動能。

$$\mu mgs = \frac{1}{2}mv^2 \rightarrow s = \frac{v^2}{2\mu g} = \frac{5^2}{2 \times 0.8 \times 9.8} = 1.59(m)。$$

解法二：過程中只受摩擦力作用，作等加速度運動。

假設加速度為a，則$a = \frac{\mu_k mg}{m} = \mu_k g$。

利用等加速度運動的$v^2 = 2as$，所以

$$s = \frac{v^2}{2a} = \frac{v^2}{2\mu_k g} = \frac{5^2}{2 \times 0.8 \times 9.8} = 1.59(m)。$$

重點三 位能與機械能守恆

1. 重力位能

   ◎ 在地表附近，以地平面為零重力位能位置，則質量 m 的物體在離地平
     高度 h 的位置所具有的重力位能為 $U_g = mgh$。

   ◎ 物體高度上升時，重力位能增加，重力作負功；
     高度下降時，重力位能減少，重力作正功。

   ◎ 重力作功與重力位能變化：$W_{1 \to 2} = -\Delta U = -(U_2 - U_1) = U_1 - U_2$，其中
     $W_{1 \to 2}$ 表示物體由高度 1 變化到高度 2 時重力所作的功，U_1、U_2 分別為物
     體在高度 1、高度 2 的重力位能。

   ◎ 重力位能和動能的機械能守恆：$E = \frac{1}{2}mv_1{}^2 + mgy_1 = \frac{1}{2}mv_2{}^2 + mgy_2$。

2. 彈力位能

   ◎ 以平衡點$(x = 0)$為零位面，當彈簧伸長量為 x 時之彈力位能為

     $U_{el} = \frac{1}{2}kx^2$。

   ◎ 彈簧伸長量增加，彈力位能增加，彈力作負功；

   ◎ 伸長量減少時，彈力位能減少，彈力作正功。

   ◎ 彈力作功與彈力位能的變化：$W_{1 \to 2} = -\Delta U = -(U_2 - U_1) = U_1 - U_2$，
     其中 $W_{1 \to 2}$ 表示彈簧由伸長量 1 變化到伸長量 2 時彈力所作的功，U_1、
     U_2 分別為彈簧在伸長量 1、伸長量 2 的彈力位能。

   ◎ 彈力位能和動能的機械能守恆：$E = \frac{1}{2}mv_1{}^2 + \frac{1}{2}kx_1{}^2 = \frac{1}{2}mv_2{}^2 + \frac{1}{2}kx_2{}^2$。

---

1. In the figure, a block of mass m = 20.0 kg slides through a horizontal frictionless ground at a speed of v = 0.50 m/s. It then compresses the spring with spring constant k = 5.0 N/m. When the block decelerates to a stop, by what distance d is the spring compressed?

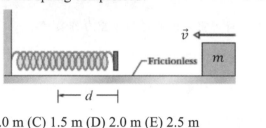

   (A) 0.5 m (B) 1.0 m (C) 1.5 m (D) 2.0 m (E) 2.5 m

   (107 高醫)

答案：(B)。

解說：沒有摩擦力，能量守恆定律 → 物體的動能完全轉換成彈力位能。

$$由 \frac{1}{2}mv^2 = \frac{1}{2}kx^2 \rightarrow x = \sqrt{\frac{m}{k}}v \rightarrow x = 0.5 \times \sqrt{\frac{20}{5}} = 1\text{(m)}。$$

---

2. A block of mass m sliding down an incline at constant speed is initially at a height h above the ground, as shown in the figure. The coefficient of kinetic friction between the mass and the incline is μ. If the mass continues to slide down the incline at a constant speed, how much energy is dissipated by friction by the time the mass reaches the bottom of the incline?

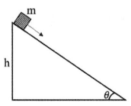

   (A) mgh/μ (B) mgh (C) $\mu mgh/\sin\theta$ (D) $mgh\sin\theta$ (E) 0

   (109 高醫)

答案：(B)。

解說：因為等速下滑，所以動能不變。重力位能的減少是摩擦力作負功的關係。

3. A 2-kg block slides down a frictionless incline from point A to point B. A force (magnitude $P = 3$ N) acts on the block between A and B, as shown in the figure Points A and B are 2 m apart. If the kinetic energy of the block at A is 10 J, what is the kinetic energy of the block at B? (Gravitational acceleration $g = 10$ m/s²)

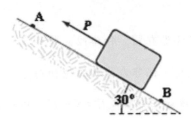

(A) 17 J (B) 20 J (C) 24 J (D) 27 J (E) 37 J

(110 高醫)

答案：(C)。

解說：機械能守恆 $W = \Delta K + \Delta U$。

$$-Pl = (K_B - K_A) + (U_B - U_A) = (K_B - K_A) - mgl \sin \theta$$

$$\rightarrow -3 \times 2 = (K_B - 10) - 2 \times 10 \times 2 \times \sin 30^o$$

$$\rightarrow K_R = 24(\text{J})。$$

重點四 保守力

1. 保守力作功的四個性質

   ◎ 可以表示成位能函數的差。

   ◎ 具有可逆性。

   ◎ 只和物體的起點與終點有關，和路徑無關。

   ◎ 當起點與終點一致時，保守力作功的總和為零。

2. 只有保守力作用時，機械能守恆：$E = K + U$，其中 E 是總機械能、K 是動能、U 為與對應保守力的位能。

3. 保守力與位能的關係：$F(x) = -\frac{dU(x)}{dx}$。

   負號表示保守力將系統推向較低位能的狀態。

   ◎ 若在三維空間，則關係式為 $\vec{F} = -\vec{\nabla}U = -\frac{\partial U}{\partial x}\hat{\imath} - \frac{\partial U}{\partial y}\hat{\jmath} - \frac{\partial U}{\partial z}\hat{k}$。

※歷年試題集錦※

1. The potential energy of a body of mass m is given by $U(x) = -\frac{ax}{b^2-x^2}$, where a and b are constants. The corresponding force is：

   (A) $\frac{-a(b^2+x^2)}{(b^2-x^2)}$ (B) $\frac{-a(b^2+x^2)}{(b^2-x^2)^2}$ (C) $\frac{a(b^2+x^2)}{(b^2-x^2)^2}$

   (D) $\int \frac{-ax}{(b^2-x^2)}\,dx$ (E) $\int \frac{ax}{(b^2-x^2)}\,dx$.

   (92 高醫)

答案：(C)。

解說：利用 $F(x) = -\frac{dU(x)}{dx}$。

$$F(x) = -\frac{d}{dx}\left(-\frac{ax}{b^2-x^2}\right) = \frac{a(b^2-x^2)-ax\cdot(-2x)}{(b^2-x^2)^2} = \frac{a(b^2+x^2)}{(b^2-x^2)^2}。$$

2. The potential energy of a diatomic molecule (a two-atom system like H_2 or O_2) is given by $U = \frac{A}{r^{12}} - \frac{B}{r^6}$ where r is the separation of the two atoms of the molecule and A and B are positive constants. This potential energy is associated with the force that binds the two atoms together. The force that one atom exerts on the other is:

(A) $\frac{12A}{r^{13}} - \frac{6B}{r^7}$ (B) $\frac{11A}{r^{11}} - \frac{5B}{r^5}$ (C) $\frac{13A}{r^{13}} - \frac{7B}{r^7}$ (D) $\frac{A}{r^{13}} - \frac{B}{r^7}$ (E) $\frac{12A}{r^{12}} - \frac{7B}{r^7}$

(94 高醫)

答案：(A)。

解說：利用 $F(x) = -\frac{dU(x)}{dx}$。

$$F(x) = -\frac{d}{dr}\left(\frac{A}{r^{12}} - \frac{B}{r^6}\right) = \frac{12A}{r^{13}} - \frac{6B}{r^7}$$ 。

3. A single conservative force $F(x)$ acts on a particle that moves along an x axis. The particle has mass of 2.0 kg. The potential energy $U(x)$ associated with $F(x)$ is described by $U(x) = -2.0xe^{-2x}$ J, where x is in meters. What is the value of x where $F(x)$ is equal to zero?

(A) -1.0 m (B) 1.0 m (C) 0.5 m (D) -0.5 m (E) 0 m

(107 高醫)

答案：(C)。

解說：利用 $F(x) = -\frac{dU(x)}{dx}$。

$$F(x) = -\frac{d}{dr}(-2xe^{-2x}) = 2e^{-2x} + 2x \cdot (-2e^{-2x}) = 2(1 - 2x)e^{-2x}$$ 。

令 $F = 0 \rightarrow (1 - 2x)e^{-2x} = 0 \rightarrow x = 0.5$ (m)。

第四章 動量(Momentum)

重點一 動量與衝量

1. 動量:物體質量與其速度的乘積,$\vec{p} = m\vec{v}$。

2. 運動定律:$\vec{F} = \frac{d\vec{p}}{dt}$或$\vec{F} = \frac{\Delta\vec{p}}{\Delta t}$。

3. 衝量與動量差:$\vec{J} = \Delta\vec{p} = \int_{t_1}^{t_2} \vec{F}dt$ 或 $\vec{J} = \Delta\vec{p} = \vec{F}\Delta t(\vec{F}$固定時$)$。

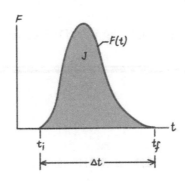

4. 動量和動能的關係:$K = \frac{p^2}{2m}$。

※歷年試題集錦※

1. Nadal received a shot with the tennis ball (60 g) travelling horizontally at 50 m/s and returned the shot at 60 m/s horizontally in the opposite direction in 0.02 sec, what is the average force that Nadal suffered during this stroke?
   (A) 22 N (B) 30 N (C) 180 N (D) 330 N (E) 550 N

   (108 高醫)

答案:(D)。

解說:網球在 0.02 秒內產生動量變化,所受平均力可以利用$\vec{F} = \frac{\Delta\vec{p}}{\Delta t}$計算。

以網球的返回方向為正向,則$\vec{F} = \frac{\Delta\vec{p}}{\Delta t} = \frac{\Delta(m\vec{v})}{\Delta t} = \frac{0.06\times[60-(-50)]}{0.02} = 330(\text{N})$。

2. The figure shows a plot of the time-dependent force $F_x(t)$ acting on a particle in motion along the x-axis. What is the total impulse delivered to the particle?

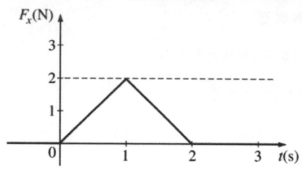

(A) 0 kg·m/s (B) 1 kg·m/s (C) 2 kg·m/s (D) 3 kg·m/s (E) 4 kg·m/s

(109高醫)

答案：(C)。

解說：利用 $\vec{J} = \Delta \vec{p} = \int_{t_1}^{t_2} \vec{F} dt$。

積分就是曲線下面積，因此三角形面積為 $(2 \times 2) / 2 = 2$ (kg·m/s)。

3. A baseball is thrown vertically upward and feels no air resistance. As it is rising
   (A) both its momentum and its mechanical energy are conserved.
   (B) both its momentum and its kinetic energy are conserved.
   (C) its kinetic energy is conserved, but its momentum is not conserved.
   (D) its momentum is not conserved, but its mechanical energy is conserved.
   (E) its gravitational potential energy is not conserved, buts its momentum is conserved.

(109 高醫)

答案：(C)。

解說：上拋過程中，受重力作用，所以動量不守恆。

重力為保守力，所以機械能守恆。

4. In a baseball game, the pitcher throws a ball (150 g) at a speed of 30.0 m/s. The batter hit it straight back with a speed of 40.0 m/s. What is the average force exerted by the bat if the bat-ball contact time is 0.005 sec?

(A) 300 N (B) 14000 N (C) 1200 N (D) 2100 N (E) 900 N

(109 高醫)

答案：(D)。

解說：利用 $\vec{F} = \frac{\Delta \vec{p}}{\Delta t}$。

假設球被擊出的方向為正向，則動量變化為

$0.15 \times [40 - (-30)] = 10.5 (\text{kg·m/s})$。

因此，接觸時間內的平均力為 $F = \frac{10.5}{0.005} = 2100$ (N)。

重點二　質心(center of mass)與動量守恆

1. 質心：系統的質心是一個位置點使其運動看起來好像所有系統的質量都集中在此位置點並且所有外力都作用在此位置點上。

   ◎ 向量表示：$\vec{r}_{cm} = \frac{\sum_i m_i \vec{r}_i}{\sum_i m_i} = \frac{m_1 \vec{r}_1 + m_2 \vec{r}_2 + m_3 \vec{r}_3 + \cdots}{m_1 + m_2 + m_3 + \cdots}$。

   ◎ 組成表示：

   $x_{cm} = \frac{\sum_i m_i x_i}{\sum_i m_i} = \frac{m_1 x_1 + m_2 x_2 + m_3 x_3 + \cdots}{m_1 + m_2 + m_3 + \cdots}$ ，

   $y_{cm} = \frac{\sum_i m_i y_i}{\sum_i m_i} = \frac{m_1 y_1 + m_2 y_2 + m_3 y_3 + \cdots}{m_1 + m_2 + m_3 + \cdots}$ ，

   $z_{cm} = \frac{\sum_i m_i z_i}{\sum_i m_i} = \frac{m_1 z_1 + m_2 z_2 + m_3 z_3 + \cdots}{m_1 + m_2 + m_3 + \cdots}$ 。

   ◎ 連續體的質心：$x_{cm} = \frac{\int x \, dm}{M}$、$y_{cm} = \frac{\int y \, dm}{M}$、$z_{cm} = \frac{\int z \, dm}{M}$。

   ◎ 規則形狀(正三角形、正方形、正立方體、…)且質量均勻分布的物體，其質心在幾何中心處。

2. 質心動量：$\vec{P} = M\vec{v}_{cm} = m_1 \vec{v}_1 + m_2 \vec{v}_2 + m_3 \vec{v}_3 + \cdots$。

3. 質心加速度：$\vec{F}_{net} = M\vec{a}_{cm}$。

4. 動量守恆：如果系統所受合力為 $0 (\vec{F}_{net} = 0)$，則系統的總動量不隨時間變化，保持一定值。

1. A rod of length L and mass M is placed along the x-axis with one end at the origin, as shown in the figure below. The rod has linear mass density $\lambda = \frac{2M}{L^2}x$, where x is the distance from the origin. Which of the following gives the x-coordinate of the rod's center of mass?

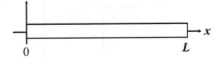

(A) $\frac{1}{12}L$ (B) $\frac{1}{4}L$ (C) $\frac{1}{3}L$ (D) $\frac{1}{2}L$ (E) $\frac{2}{3}L$

(106 高醫)

答案：(E)。

解說：連續體且質量分布不均勻，所以利用$x_{cm} = \frac{\int x dm}{M}$計算。

假設在 x 處，長度為 dx 的棍子質量為$dm = \lambda dx = \frac{2M}{L^2}x dx$，因此質心座

標為$x_{cm} = \frac{\int x dm}{M} = \frac{1}{M} \times \frac{2M}{L^2} \int_0^L x^2 dx = \frac{2}{L^2}\left(\frac{x^3}{3}\Big|_0^L\right) = \frac{2L}{3}$。

2. A 70 kg person stands on one end of a one-meter long board. The board is uniform and weighs 100 kg. How far is the center of mass of the system "person on board" from the person?
(A) 0.1 m (B) 0.3 m (C) 0.5 m (D) 0.8 m (E) 0.9 m.

(107 高醫)

答案：(B)。

解說：板子是均勻的，所以質心在板子的中心。

若人的位置為原點，則板子的質心座標為 0.5m。

利用$x_{cm} = \frac{m_1 x_1 + m_2 x_2}{m_1 + m_2}$，$x_{cm} = \frac{70 \times 0 + 100 \times 0.5}{70 + 100} \cong 0.3\text{(m)}$。

3. A part of the square that has sides of length L is removed from one corner. The center of mass of the remainder moves from C to C'. The displacement of the x coordinate of the center of mass (from C to C') is _____.

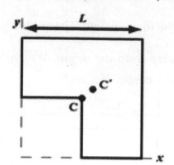

(A) (2/3)L (B) (1/6)L (C) (1/8)L (D) (1/10)L (E) (1/12)L

(110 高醫)

答案：(E)。

解說：利用 $x_{cm} = \frac{m_1 x_1 + m_2 x_1}{m_1 + m_2}$ 。

假設c為原點，則 $x_{cm} = \frac{1 \times \left(-\frac{L}{4}\right) + 2 \times \frac{L}{4}}{1+2} = \frac{L}{12}$ 。

重點三 碰撞(collisions)

1. 彈性碰撞：滿足動量守恆以及能量守恆。

2. 一維彈性碰撞：假設 m_1、m_2 的初速度分別為 v_1、v_2 且 $v_1 > v_2$，碰撞後的速度分別為 v'_1、v'_2，則

   ◎ 恢復係數(coefficient of restitution)：$e = \dfrac{v'_2 - v'_1}{v_1 - v_2}$。

   ◎ 碰撞前物體的接近速度等於碰撞後物體的遠離速度：

   $v_1 - v_2 = v'_2 - v'_1$，即恢復係數 $e = 1$。

   ◎ $v'_1 = \dfrac{m_1 - m_2}{m_1 + m_2} v_1 + \dfrac{2m_2}{m_1 + m_2} v_2$、$v'_2 = \dfrac{2m_1}{m_2 + m_1} v_1 + \dfrac{m_2 - m_1}{m_2 + m_1} v_2$。

   ◎ 若 $v_2 = 0$，即 m_2 一開始是靜止的，則 $v'_1 = \dfrac{m_1 - m_2}{m_1 + m_2} v_1$，$v'_2 = \dfrac{2m_1}{m_2 + m_1} v_1$。

   ◎◎ 若 $m_1 = m_2$，則 $v'_1 = v_2$，$v'_2 = v_1$，即質量相等物體碰撞後速度交換。(此結果即使 $v_2 \neq 0$ 也成立。)

   ◎◎ 若 $m_1 \ll m_2$，則 $v'_1 \approx -v_1 + 2v_2$，$v'_2 \approx v_2$，即重物碰撞後不受影響，輕物會減速甚至反彈。

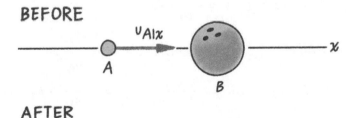

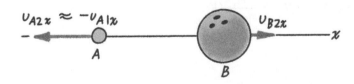

◎◎ 若 $m_1 \gg m_2$，則 $v'_1 \approx v_1$，$v'_2 \approx 2v_1 - v_2$。$v_{1f} \approx v_{1i}$，

$v_{2f} \approx 2v_{1i} - v_{2i}$，即重物碰撞後不受影響，輕物會被向前加速

彈出。

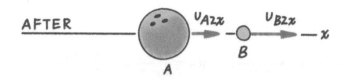

2. 若質量相等的兩個物體進行二維彈性碰撞，並且假設被撞物體的初速度為

0，則碰撞後兩物體的速度方向互相垂直。

3. 完全非彈性碰撞：假設 m_1、m_2 碰撞前的速度分別為 v_1、v_2 且 $v_1 > v_2$，碰撞

後黏在一起，則

◎ 恢復係數 $e = 0$。

◎ 碰撞後速度即質心速度：$V = \frac{m_1 v_1 + m_2 v_2}{m_1 + m_2}$。

◎ 動能損耗：$\Delta K = -\frac{1}{2} \frac{m_1 m_2}{m_1 + m_2} (v_2 - v_1)^2$。

◎ 若 $v_2 = 0$(即 $K_2 = 0$)，則 $\Delta K = -\frac{1}{2} \frac{m_1 m_2}{m_1 + m_2} (v_1)^2 = -\frac{m_2}{m_1 + m_2} K_1$，並且碰撞後

系統的總動能為 $K' = \frac{m_1}{m_1 + m_2} K_1$。

1. A cart with mass 450 g moving on a frictionless linear air track at an initial speed of 1.5 m/s undergoes an elastic collision with an initially stationary cart of unknown mass. After the collision, the first cart continues in its original direction at 0.70 m/s. What is the mass of the second cart?
   (A) 0.16 kg (B) 0.47 kg (C) 1.24 kg (D) 2.14 kg (E) 3.40 kg

   (94 高醫)

答案：(A)。

解說：$\boxed{\text{解法一}}$：一維彈性碰撞並且第二物體碰撞前的速度為 0，則碰撞後第一

物體的速度為 $v'_1 = \frac{m_1 - m_2}{m_1 + m_2} v_1$。因此，$m_2 = \frac{v_1 - v'_1}{v_1 + v'_1} m_1$。

$m_2 = \frac{1.5 - 0.7}{1.5 + 0.7} \times 0.45 = 0.16 (\text{kg})$。

$\boxed{\text{解法二}}$：(忘記公式)

動量守恆：$m_1 v_1 = m_1 v'_1 + m_2 v'_2 \rightarrow v'_2 = \frac{m_1}{m_2}(v_1 - v'_1)$。

能量守恆：$\frac{1}{2} m_1 v_1^2 = \frac{1}{2} m_1 (v'_1)^2 + \frac{1}{2} m_2 (v'_2)^2$

$\rightarrow (v'_2)^2 = \frac{m_1}{m_2}[v_1^2 - (v'_1)^2]$。

消去 v'_2，$\left(\frac{m_1}{m_2}\right)^2 (v_1 - v'_1)^2 = \frac{m_1}{m_2}[v_1^2 - (v'_1)^2] \rightarrow \frac{m_1}{m_2}(v_1 - v'_1) = (v_1 + v'_1)$

$\rightarrow m_2 = \frac{v_1 - v'_1}{v_1 + v'_1} m_1$。其餘如解法一。

2. A 10 g bullet moving 1000 m/s strikes and passes through a 2.0 kg block initially at rest, as shown. The bullet emerges from the block with a speed of 400 m/s. What is the **maximum** height at which the block will rise above its initial position?

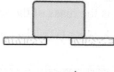

(A) 78 cm (B) 66 cm (C) 56 cm (D) 46 cm (E) 37 cm

(107 高醫)

答案：(D)。

解說：利用動量守恆求出木塊的速度，然後再計算最大上升高度。

動量守恆：$mv_1 = mv'_1 + Mv'_2$

$\rightarrow v'_2 = \frac{m(v_1 - v'_1)}{M} = \frac{0.01 \times (1000 - 400)}{2} = 3$(m/s)。

上拋速度為v時，最大上升高度為$h = \frac{v^2}{2g}$，所以

$h = \frac{3^2}{2 \times 9.8} = 0.46$(m) = 46(cm)。

3. A bullet of mass m traveling at speed v strikes a block of mass M, initially at rest, and is embedded in it as shown below. How far will the block with the bullet embedded in it slide on a rough horizontal surface of coefficient of kinetic friction μ_k before it comes to rest?

$v_B = 0$

Before   After

(A) $\left(\frac{m+M}{m}\right)\left(\frac{v^2}{2\mu_k g}\right)$ (B) $\left(\frac{m+M}{M}\right)\left(\frac{v^2}{2\mu_k g}\right)$ (C) $\left(\frac{m+M}{M}\right)^2\left(\frac{v^2}{2\mu_k g}\right)$

(D) $\left(\frac{m}{m+M}\right)\left(\frac{v^2}{2\mu_k g}\right)$ (E) $\left(\frac{m}{m+M}\right)^2\left(\frac{v^2}{2\mu_k g}\right)$

(109 高醫)

答案：(E)。

解說：碰撞之後的速度為 $V = \frac{mv}{m+M}$。

　　摩擦力作負功消耗動能，所以

$$\frac{1}{2}(m+M)V^2 = \mu_k(m+M)gd \;\rightarrow\; d = \frac{V^2}{2\mu_k g} = \frac{\left(\frac{mv}{m+M}\right)^2}{2\mu_k g} = \left(\frac{m}{m+M}\right)^2\left(\frac{v^2}{2\mu_k g}\right)。$$

4. Newton's coefficient of restitution is defined by

$$\text{Coefficient of restitution } (e) = \frac{|\text{Relative velocity after collision}|}{|\text{Relative velocity before collision}|}$$

For a completely inelastic collision in a head-on collision of two objects, what would the value of e would be?
(A) 0 (B) 1/2 (C) 1 (D) 2 (E) Information not enough to determine it.

(110高醫)

答案：(A)。

解說：完全非彈性碰撞，碰撞後兩物體速度相同，所以相對速度為0。

　　因此，$e = 0$。

5. The ballistic pendulum has mass 10 kg. A bullet of 300 g moves at the speed of v_0 right before hitting the pendulum. How much is the height h that the pendulum can swing upward and rest momentarily? (Gravitational acceleration $g = 10$ m/s^2)

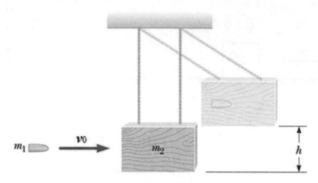

(A) $6.7 \times 10^{-5} v_0{}^2$ (B) $4.2 \times 10^{-5} v_0{}^2$ (C) $3.3 \times 10^{-5} v_0{}^2$
(D) $2.3 \times 10^{-5} v_0{}^2$ (E) $5.7 \times 10^{-5} v_0{}^2$

(110高醫)

答案：(B)。

解說：利用完全非彈性碰撞可之碰撞後速度為$v = \frac{mv_0}{m+M}$。

再由能量守恆知$h = \frac{v^2}{2g}$，所以有

$$h = \frac{v^2}{2g} = \frac{\left(\frac{mv_0}{m+M}\right)^2}{2g} = \frac{m^2}{2g(m+M)^2} v_0{}^2 = \frac{0.3^2}{2\times10\times10.3^2} v_0{}^2 = 4.2 \times 10^{-5} v_0{}^2 \text{。}$$

4-12

重點四 火箭

1. 假設在太空(無任何萬有引力作用)中，火箭包含燃料的質量為 M，$\frac{dM}{dt} < 0$ 為

   燃料消耗速率，消耗燃料相對於火箭的速度為 v_{rel}，則

   ◎ 加速度：$a = -\frac{1}{M}\frac{dM}{dt}v_{rel}$。

   ◎ 推進力：$F = -\frac{dM}{dt}v_{rel}$。

   ◎ 速度：$v_1 - v_0 = v_{rel}\ln\frac{M_0}{M_1}$，其中 M_0 為火箭的初始質量，

   M_1 為稍後的質量。

※歷年試題集錦※

1. The first stage of a Saturn V space vehicle consumes fuel and oxidizer at the rate of 1.50×10^4 kg/s, with an exhaust speed of 2.60×10^3 m/s. What is the acceleration of the vehicle just as it vertically lifts off the launch pad on the Earth if the vehicle's initial mass is 3.00×10^6 kg?
   (A) 7.40 m/s^2 (B) 5.37 m/s^2 (C) 3.20 m/s^2 (D) 1.48 m/s^2
   (E) None of the above is correct

   (95 高醫)

答案：(C)。

解說：注意火箭一開始在地球表面上，受到向下的重力加速度 9.8 m/s^2。

火箭在太空中的加速度為

$a = -\frac{1}{3 \times 10^6} \times (-1.5 \times 10^4) \times 2.6 \times 10^3 = 13(\text{m/s}^2)$。

在地球表面上的加速度為 $a_{net} = 13 - 9.8 = 3.2(\text{m/s}^2)$。

2. A rocket moving in space, far from all other objects, has a speed of v_i relative to the Earth. Its engines are turned on, and fuel is ejected in a direction opposite to the rocket's motion at a speed of v_{rel} relative to the rocket. What is the speed of the rocket, v_f relative to the earth once the rocket's mass is reduced to half its mass before ignition?

(A) $v_i + v_{rel} \ln 2$ (B) $v_i + v_{rel} \ln(1/2)$ (C) $v_i + 2v_{rel}$ (D) $(v_i + v_{rel})/2$ (E) $v_i + v_{rel}/2$

(108 高醫)

答案：(A)。

解說：利用 $v_1 - v_0 = v_{rel} \ln \dfrac{M_0}{M_1} \rightarrow v_f = v_0 + v_{rel} \ln \dfrac{M_0}{\frac{1}{2}M_1} = v_0 + v_{rel} \ln 2$。

第五章 轉動

重點一 角位移、角速度和角加速度

1. 角位置：θ，以弧度為單位。

2. 角位移：$\Delta\theta = \theta_2 - \theta_1$。

    逆時鐘旋轉(counterclockwise)，角位移為正值；

    順時鐘旋轉(clockwise)，角位移為負值。

3. 角速度(angular velocity)

    ◎ 平均角速度：$\omega_{ave} = \frac{\Delta\theta}{\Delta t}$。

    ◎ 瞬時角速度：$\omega = \frac{d\theta}{dt}$。

    ◎ 角速度是向量($\vec{\omega}$)：方向以右手法則來定義。

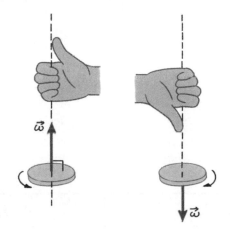

4. 角加速度(angular acceleration)

    ◎ 平均角加速度：$\alpha_{ave} = \frac{\Delta\omega}{\Delta t}$。

    ◎ 瞬時角加速度：$\alpha = \frac{d\omega}{dt} = \frac{d^2\theta}{dt^2}$。

5. 與線性變數的關係

　　◎ 弧長：$s = r\theta$。

　　◎ 切線速度：$v = r\omega$。

　　◎ 切線加速度：$a_{tan} = \dfrac{dv}{dt} = r\dfrac{d\omega}{dt} = r\alpha$ (旋轉半徑 r 不變)。

　　◎ 法線加速度：$a_{rad} = \dfrac{v^2}{r} = r\omega^2$。

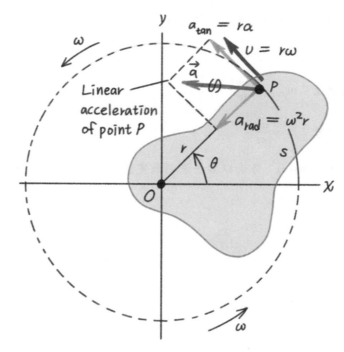

6. 等角加速度運動

線性公式	角度公式
$a_x = const.$	$\alpha_z = const.$
$v_x = v_{0x} + a_x t$	$\omega_z = \omega_{0z} + \alpha_z t$
$x = x_0 + v_{0x} t + \dfrac{1}{2} a_x t^2$	$\theta = \theta_0 + \omega_{0z} t + \dfrac{1}{2} \alpha_z t^2$
$v_x{}^2 = v_{0x}{}^2 + 2a_x(x - x_0)$	$\omega_z{}^2 = \omega_{0z}{}^2 + 2\alpha_z(\theta - \theta_0)$

1. The angular velocity vector of a spinning body points out of the page. If the angular acceleration vector points into the page then:

(A) the body is slowing down

(B) the body is speeding up

(C) the body is starting to turn in the opposite direction

(D) the axis of rotation is changing orientation

(E) none of the above

(106 高醫)

答案：(A)。

解說：角加速度與角速度的方向相反，則轉速變慢。

2. The graph below shows the angular acceleration α of a bicycle tire. During the four-second time interval for which this graph is drawn, we can conclude that _____.

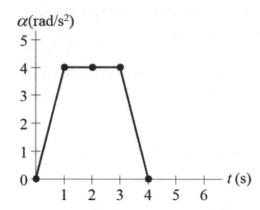

(A) the angular velocity of the wheel did not change

(B) the angular momentum of the wheel about an axis through its center did not change

(C) the angular velocity of the wheel increased by 8 rad/s

(D) the angular velocity of the wheel increased by 12 rad/s

(E) the angular velocity of the wheel increased by 16 rad/s

(110高醫)

答案：(D)。

解說：角速度變化為α-t圖曲線下的面積。

(A)角速度變化($\Delta\omega = \int \alpha dt$)為正值，所以角速度一直增加。

(B)角動量($L = mr^2\omega$)大小一直增加。

(C)(D)(E) $\Delta\omega = \frac{(4+2)\times 4}{2} = 12(\text{rad/s})$。

重點二 轉動動能與轉動慣量

1. 轉動動能(rotational kinetic energy)

   ◎ 單一質點：$K_{rot} = \frac{1}{2}mr^2\omega^2$。

   ◎ 多質點：$K_{rot} = \frac{1}{2}(\sum_i m_i r_i{}^2)\omega^2$。

2. 轉動慣量(moment of inertia)

   ◎ 單一質點：$I = mr^2$。

   ◎ 多質點：$I = \sum_i m_i r_i{}^2$。

   ◎ 連續體：$I = \int r^2 dm = \int r^2 \rho dV$，其中 ρ 為密度，V 為體積。

   ◎ 轉動動能：$K_{rot} = \frac{1}{2}I\omega^2$。

   ◎ 各種剛體的轉動動量

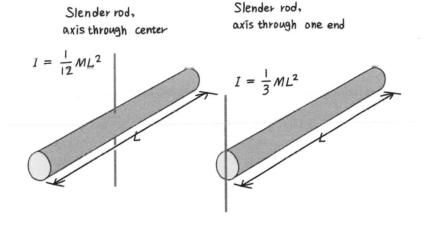

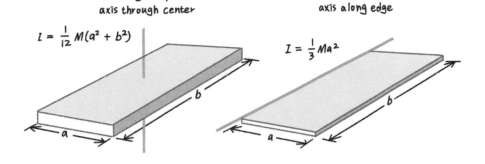

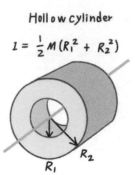

Hollow cylinder

$I = \frac{1}{2}M(R_1^2 + R_2^2)$

R_1 R_2

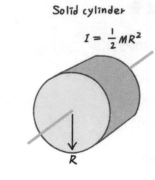

Solid cylinder

$I = \frac{1}{2}MR^2$

R

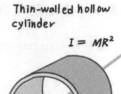

Thin-walled hollow cylinder

$I = MR^2$

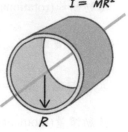

R

Solid sphere

$I = \frac{2}{5}MR^2$

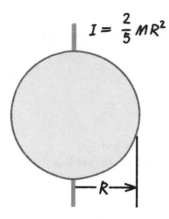

R

Thin-walled hollow sphere

$I = \frac{2}{3}MR^2$

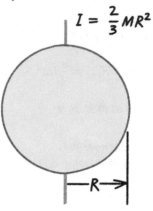

R

3. 平行軸定理(parallel-axis theorem)：$I_p = I_{cm} + Mh^2$，其中 I_p、I_{cm} 分別是剛體相對於轉軸通過 p 點、質心的轉動慣量。

※歷年試題集錦※

1. The figure shows a rigid structure consisting of a circular hoop of radius R and mass m, and a square made of four thin bars, each of length R and mass m. The rigid structure rotates at a constant speed about a vertical axis, with a period of rotation of 2.5 s. Assuming $R = 0.5$ m and $m = 2.0$ kg, calculate the structure's rotational inertial about the axis of rotation.

$$\begin{pmatrix} I_{com} = \frac{1}{2}mR^2 \ (for\ hoop) \\ I_{com} = \frac{1}{12}mL^2 \\ (for\ thin\ rod\ about\ axis\ through\ center \\ perpendicular\ to\ length\ L) \end{pmatrix}$$

(A) $\frac{7}{12}mR^2$ (B) $\frac{5}{6}mR^2$ (C) $\frac{7}{6}mR^2$ (D) $\frac{19}{6}mR^2$ (E) $\frac{25}{6}mR^2$

(94 高醫)

答案：(D)。

解說：利用平行軸定理。

$$I = \left[mR^2 + 2 \times \left(\frac{1}{12}mR^2 + m\left(\frac{R}{2}\right)^2 \right) \right] + \left(\frac{1}{2}mR^2 + mR^2 \right) = \frac{19}{6}mR^2 \ 。$$

2. Seven rings are arranged in hexagonal, planar pattern so as to touch each neighbor, as shown in the figure. Each ring is a uniform loop of mass m and radius r. What is the moment of inertia of the system of seven rings about an axis that passes through the center of the center ring and is normal to the plane of the system?

(A) $7mr^2$ (B) $11mr^2$ (C) $13mr^2$ (D) $23mr^2$ (E) $31mr^2$

(95 高醫)

答案：(E)。

解說：利用平行軸定理。

$$I = 6 \times [mr^2 + m(2r)^2] + mr^2 = 31mr^2 \ 。$$

5-7

3. A thin uniform rod of mass M and length L is positioned vertically above an anchored frictionless pivot point, as shown below, and then allowed to fall to the ground. At what speed does the free end of the rod strike the ground?

(A) $\sqrt{\frac{1}{3}gL}$ (B) $\sqrt{gL}$ (C) $\sqrt{3gL}$ (D) $\sqrt{12gL}$ (E) $12\sqrt{gL}$

(107高醫)

答案：(C)。

解說：初始的重力位能轉換成落地時的(轉動)動能。

$$mgh = \frac{1}{2}I\omega^2 \rightarrow mg\frac{L}{2} = \frac{1}{2}\times\frac{1}{3}mL^2\omega^2 \text{。}$$

因為在自由端的線性速度為$v = L\omega$，所以上式為$\frac{mgL}{2} = \frac{mv^2}{6}$

$\rightarrow v = \sqrt{3gL}$。

---

4. Two point masses 1 kg and 2 kg are on a massless bar with axis of rotation through the center of length 2 meters, and a sphere of radius 10 cm and of mass 100 kg is on the center of the bar, as shown below. What is the moment of inertia (kg·m²)?

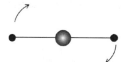

(A) 3.33 (B) 3.4 (C) 3.5 (D) 3.67 (E) 4

(108 高醫)

答案：(B)。

解說：利用$I = mr^2$，$I_{sphere} = \frac{2}{5}mr^2$。

$$I = 1 \times 1^2 + 2 \times 1^2 + \frac{2}{5} \times 100 \times 0.1^2 = 3.4 (\text{kg·m}^2) \text{。}$$

5. What is this body's moment of inertia I about axis through disk A?

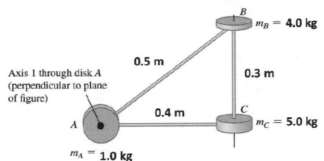

(A) 1.8 kg·m (B) 1.8 kg·m^2 (C) 4.0 kg·m (D) 4.0 kg·m^2 (E) 5.0 kg·m^2

(109高醫)

答案：(B)。

解說：因為並未提m_A、m_B和m_C的半徑，所以將他們看成點物體，因此

$$I = m_B r_B{}^2 + m_C r_C{}^2 = 4 \times 0.5^2 + 5 \times 0.4^2 = 1.8(\text{kg·m}^2) \text{。}$$

6. A uniform solid sphere of mass M and radius R rotates with an angular speed ω about an axis through its center. A uniform solid cylinder of mass M, radius R, and length $2R$ rotates through an axis running through the central axis of the cylinder. What must be the angular speed of the cylinder so it will have the same rotational kinetic energy as the sphere?

(A) $2\omega/5$ (B) $2\omega/\sqrt{5}$ (C) $\omega/\sqrt{5}$ (D) $\sqrt{2/5}\omega$ (E) $4\omega/5$

(109高醫)

答案：(B)。

解說：利用$K_{rot} = \frac{1}{2}I\omega^2$。

因為有相同轉動動能，所以$\frac{\omega_{cyl}}{\omega_{sph}} = \sqrt{\frac{I_{sph}}{I_{cyl}}} = \sqrt{\frac{\frac{2}{5}MR^2}{\frac{1}{2}MR^2}} = \frac{2}{\sqrt{5}}$

$\rightarrow \omega_{cyl} = \frac{2}{\sqrt{5}}\omega$。

重點三　力矩

1. 力矩

　　◎ 力矩大小：$\tau = Fl = Fr\sin\theta$。

　　◎ 向量表示：$\vec{\tau} = \vec{r} \times \vec{F}$。

　　◎ 與角加速度的關係：$\tau_z = I\alpha_z$。

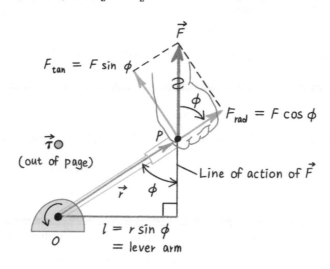

※歷年試題集錦※

1. A particle with position vector $\vec{r} = (4.0m)\hat{\imath} + (3.0m)\hat{\jmath}$ is acted on by a force $\vec{F} = (3.0N)\hat{\imath} + (4.0N)\hat{\jmath}$. What is the torque on the particle about the origin?
   (A) $7.0(N \cdot m)\hat{k}$ (B) $-7.0(N \cdot m)\hat{k}$ (C) $7.0(N \cdot m)\hat{\imath} + 7.0(N \cdot m)\hat{\jmath}$
   (D) $-7.0(N \cdot m)\hat{\imath} - 7.0(N \cdot m)\hat{\jmath}$ (E) $12(N \cdot m)\hat{\imath} + 12(N \cdot m)\hat{\jmath}$

   (106 高醫)

答案：(A)。

解說：利用 $\vec{\tau} = \vec{r} \times \vec{F}$。

　　　$\vec{\tau} = (4\hat{\imath} + 3\hat{\jmath}) \times (3\hat{\imath} + 4\hat{\jmath}) = 16\hat{k} - 9\hat{k} = 7\hat{k}(\text{N·m})$。

2. A force $\vec{F} = (4.0\hat{i} + 2.0\hat{j} + 3.0\hat{k})$N acts on a particle with a position vector $\vec{r} = (1.0\hat{i} + 3.0\hat{j} + 2.0\hat{k})m$. Find the torque due to this force about the axis passing through the origin.

(A) $-5.0\hat{i} - 5.0\hat{j} + 10\hat{k}(N \cdot m)$ (B) $10\hat{i} + 5.0\hat{j} - 5.0\hat{k}(N \cdot m)$

(C) $5.0\hat{i} - 5.0\hat{j} - 10\hat{k}(N \cdot m)$ (D) $5.0\hat{i} + 5.0\hat{j} - 10\hat{k}(N \cdot m)$

(E) $5.0\hat{i} - 5.0\hat{j} + 10\hat{k}(N \cdot m)$

(107 高醫)

答案：(D)。

解說：利用 $\vec{\tau} = \vec{r} \times \vec{F}$。

$\vec{\tau} = (1\hat{i} + 3\hat{j} + 2\hat{k}) \times (4\hat{i} + 2\hat{j} + 3\hat{k}) = 5\hat{i} + 5\hat{j} - 10\hat{k}(\text{N·m})$。

重點四 力矩作功、動能與功率

1. 力矩作功：$W = \int_{\theta_1}^{\theta_2} \tau_z d\theta$。

2. 功能定理：$W = \int_{\theta_1}^{\theta_2} \tau_z d\theta = \frac{1}{2}I\omega_2{}^2 - \frac{1}{2}I\omega_1{}^2$。

3. 功率：$P = \frac{dW}{dt} = \tau_z \omega_z$。

※歷年試題集錦※

1. A 10 N tangential force is applied at the edge of a 20 kg disk with a radius of 2.0 m. Then, the disk rotates from rest. What is the kinetic energy of the disk 3.0 s after the force is applied?
   (A) 180 J (B) 360 J (C) 45 J (D) 90 J (E) 23 J

   (107 高醫)

答案：(C)。

解答：利用 $K_{rot} = \frac{1}{2}I\omega^2$ 計算轉動動能。

$$K_{rot} = \frac{1}{2}I\omega^2 = \frac{1}{2}I(\alpha t)^2 = \frac{(I\alpha t)^2}{2I} = \frac{(\tau t)^2}{2 \times \frac{1}{2}mR^2} = \frac{(FRt)^2}{mR^2} = \frac{(Ft)^2}{m}$$。

$$K_{rot} = \frac{(10 \times 3)^2}{20} = 45 (J)$$。

重點五 平移+轉動

1. 平移：$\vec{F}_{ext} = M\vec{a}_{cm}$，其中 $\vec{F}_{ext}$ 為系統所受的外力總和，$\vec{a}_{cm}$ 為系統質心的加速度。

2. 轉動：$\tau_z = I_{cm}\alpha_z$，其中 τ_z 為系統所受的力矩總和，α_z 為系統的角加速度。

3. 動能：$K = \frac{1}{2}Mv_{cm}{}^2 + \frac{1}{2}I_{cm}\omega^2$。

4. 滾動不滑動(純滾動)條件：接觸點上滿足 $v = r\omega$。

※歷年試題集錦※

---

1. What will be the speed of a solid sphere of mass M and radius R_0 when it reaches the bottom of an incline if it starts from rest at a vertical height H and rolls without slipping? See figure. Ignore losses due to dissipative forces.

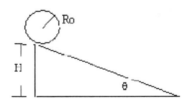

   (A) $\sqrt{gH}$ (B) $\sqrt{\frac{4}{3}gH}$ (C) $\sqrt{\frac{10}{7}gH}$ (D) $\sqrt{2gH}$ (E) $\sqrt{2gH\sin\theta}$

   (92 高醫)

答案：(C)。

解說：重力位能轉換成動能，又滾動不滑動，所以有 $v = r\omega$。

$$MgH = \frac{1}{2}Mv^2 + \frac{1}{2}\left(\frac{2}{5}MR_0{}^2\right)\omega^2 = \frac{1}{2}Mv^2 + \frac{1}{5}Mv^2 = \frac{7}{10}Mv^2 \,,$$

$$v = \sqrt{\frac{10gH}{7}} \,\text{。}$$

2. A solid sphere, spherical shell, solid cylinder and a cylindrical shell all have the same mass *m* and radius *R*. If they are all released from rest at the same elevation and roll without slipping, which reaches the bottom of an inclined plane first?

  (A) solid sphere (B) spherical shell (C) solid cylinder

  (D) cylindrical shell (E) all take the same time

(94 高醫)

答案：(A)。

解說：利用重力位能轉換成動能以及滾動不滑動，可以算出末速度，所以

$$MgH = \frac{1}{2}Mv^2 + \frac{1}{2}I\omega^2 = \frac{1}{2}Mv^2 + \frac{1}{2}\frac{I}{R^2}v^2 = \frac{1}{2}\left(M + \frac{I}{R^2}\right)v^2$$

$$\rightarrow v = \sqrt{\frac{2gH}{1 + \frac{I}{MR^2}}} \text{ 。}$$

下滑加速度為 $a_{cm} = \frac{mg\sin\theta}{m + \frac{I_{cm}}{R^2}}$ [註]，所以下滑時間為

$$t = \frac{v}{a_{cm}} = \frac{1}{\sin\theta}\sqrt{\frac{2H}{g}}\sqrt{1 + \frac{I_{cm}}{MR^2}} \text{ 。}$$

由上面可知轉動慣量 I 越小，越容易轉動，下滑時間越少。

因為 $I_A = \frac{2}{5}mR^2$，$I_B = \frac{2}{3}mR^2$，$I_C = \frac{1}{2}mR^2$，$I_D = mR^2$，

所以 $I_A < I_C < I_B < I_D$。

[註]下滑力：$mg\sin\theta - f = ma_{cm}$，力矩：$fR = I_{cm}\alpha = \frac{I_{cm}}{R}a_{cm}$，

所以 $a_{cm} = \frac{mg\sin\theta}{m + \frac{I_{cm}}{R^2}}$ 。

3. A solid brass ball of mass 0.280 g will roll smoothly along a loop-the-loop track when released from rest along the straight section. The circular loop has radius $R = 14.0$ cm, and the ball has radius $r << R$. What is h if the ball is on the verge of leaving the track when it reaches the top of the loop?

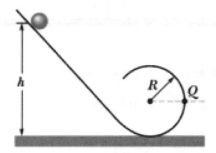

(A) 47.8 cm (B) 27.8 cm (C) 57.8 cm (D) 37.8 cm (E) 78.3 cm

(106 高醫)

答案：(D)。

解說：利用機械能守恆，$mgH = \frac{1}{2}mv^2 + \frac{1}{2}I\omega^2$。

在軌道最高點恰好要分離，則重力作為向心力，所以$\frac{mv^2}{R} = mg$。

因為實心球的轉動慣量為$I = \frac{2}{5}mr^2$，所以

$mg(h - 2R) = \frac{1}{2}mv^2 + \frac{1}{2}\left(\frac{2}{5}mr^2\right)\omega^2 = \frac{7}{10}mv^2 = \frac{7}{10}mgR$

$\rightarrow h - 2R = \frac{7}{10}R$，

所以 $h = \frac{27}{10}R \rightarrow h = 2.7 \times 14 = 37.8$(cm)。

4. A thin-walled hollow tube rolls without sliding along the floor. The ratio of its translational kinetic energy to its rotational kinetic energy (about an axis through its center of mass) is:

 (A) 1 (B) 2 (C) 3 (D) 1/2 (E) 1/3

(106 高醫)

答案：(A)。

解說：滾動不滑動(純滾動)，所以有$v = r\omega$。

空心柱的轉動慣量為$I_{cm} = mr^2$，則

$$\frac{K_{tran}}{K_{rot}} = \frac{\frac{1}{2}mv^2}{\frac{1}{2}I\omega^2} = \frac{\frac{1}{2}mv^2}{\frac{1}{2}(mr^2)\omega^2} = \frac{\frac{1}{2}mv^2}{\frac{1}{2}m(r\omega)^2} = 1 \text{。}$$

重點六　角動量(angular momentum)與角動量守恆

1. 質點角動量：$\vec{L} = \vec{r} \times \vec{p} = m\vec{r} \times \vec{v}$。

2. 剛體角動量：$\vec{L} = I\vec{\omega}$。

3. 與力矩的關係：$\vec{\tau} = \vec{r} \times \vec{F} = \frac{d\vec{L}}{dt}$。

4. 角動量守恆(conservation of angular momentum)：系統所受合力矩為零時，系統角動量保持定值，不隨時間改變。

※歷年試題集錦※

1. A disk with a rotational inertia of 5.0 kg·m^2 rotates around its central axis while undergoing a torque given by $\tau = (3.0 + 4.0t) N \cdot m$. The disk's angular momentum is 2.5 kg·m^2/s at time $t = 1.0$ s. What is the disk's angular momentum at $t = 2.0$ s?

    (A) 14 kg·m^2 (B) 12 kg·m^2 (C) 60 kg·m^2 (D) 5.0 kg·m^2 (E) 2.5 kg·m^2

    (106高醫)

答案：(B)。

解說：利用 $\vec{\tau} = \frac{d\vec{L}}{dt} \rightarrow \vec{L} = \int \vec{\tau} dt$。

$$L_{t=2} = L_{t=1} + \int_{t=1}^{t=2}(3 + 4t)dt = 2.5 + (3t + 2t^2)_{t=1}^{t=2}$$

$$= 2.5 + (14 - 5) = 11.5(\text{kg·m}^2/\text{s})。$$

2. A disk with a radius of 2.0 m and a rotational inertia of 0.40 kg·m² rotates with an angular speed of 4.0 rad/s around a frictionless vertical axle. A wade of clay ($m = 25$ g) drops onto and sticks to the edge of the disk. What is the new angular speed of the disk?

(A) 3.2 rad/s (B) 3.6 rad/s (C) 2.7 rad/s (D) 1.1 rad/s (E) 0.67 rad/s

(107 高醫)

答案：(A)。

解說：利用角動量守恆$I_1\omega_1 = I_2\omega_2$。

碟子加上黏土的轉動慣量$I_2 = I_1 + mr^2$。

$\omega_2 = \frac{I_1\omega_1}{I_2} = \frac{0.4\times4}{0.4+0.025\times2^2} = 3.2$(rad/s)。

3. The disk A with moment of inertia I_1 rotates with angular speed ω_1 about a vertical frictionless axle. A second disk B with moment of inertia I_2 rotates with angular speed ω_2 drops on the disk A. Since two disks are rough and two disks eventually reach the same angler speed ω, what is the final angular speed ω?

(A) $(I_1\omega_1 + I_2\omega_2)/I_1$ (B) $(I_1\omega_1)/(I_1 + I_2)$ (C) $(I_1\omega_1 + I_2\omega_2)/(I_1 + I_2)$ (D) $(I_2\omega_2)/(I_1 + I_2)$ (E) $(I_1\omega_1 - I_2\omega_2)/(I_1 + I_2)$

(108 高醫)

答案：(C)。

解說：利用角動量守恆以及$L = I\omega$。

$I_1\omega_1 + I_2\omega_2 = (I_1 + I_2)\omega \rightarrow I = \frac{I_1\omega_1 + I_2\omega_2}{I_1 + I_2}$。

4. A particle of mass $m = 0.10$ kg and speed $v_0 = 5.0 \, m/s$ collides and sticks to the end of a uniform solid cylinder of mass $M = 1.0$ kg and radius $R = 20$ cm. If the cylinder is initially at rest and is pivoted about a frictionless axle through its center, what is the final angular velocity (in rad/s) of the system after the collision?

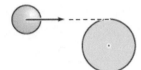

(A) 2.0 (B) 4.2 (C) 6.1 (D) 8.1 (E) 10

(108 高醫)

答案：(B)。

解說：利用角動量守恆以及 $L = mvr = I\omega$。

$$mv_0R = \left(mR^2 + \frac{MR^2}{2}\right)\omega \rightarrow \omega = \frac{mv_0}{\left(m+\frac{M}{2}\right)R}$$

$$\rightarrow \omega = \frac{0.1\times5}{\left(0.1+\frac{1}{2}\right)\times0.2} = 4.2(\text{rad/s})。$$

重點七 陀螺儀的進動

1. 陀螺儀(gyroscope)進動的角速率(precession angular speed)：$\Omega = \dfrac{\tau}{L} = \dfrac{Mgr}{I\omega}$，其中 I 是陀螺儀的轉動慣量，ω 是陀螺儀的角速度，r 是陀螺儀質心與支撐軸的距離。

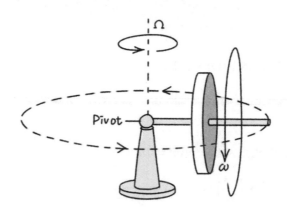

第六章 萬有引力(Gravitation)

重點一 牛頓萬有引力

1. 牛頓萬有引力定律(Newton's law of gravitation)

   $\vec{F}_1 = G\frac{m_1 m_2}{r^2}\hat{r}_{1\to2}$，$\vec{F}_2 = G\frac{m_1 m_2}{r^2}\hat{r}_{2\to1}$，$G = 6.67 \times 10^{-11}\ N\cdot m^2/kg^2$。

   上式中，$\vec{F}_1$是質點 1 受質點 2 作用的萬有引力，$\vec{F}_2$是質點 2 受質點 1 作用的萬有引力，G 是萬有引力常數，$\hat{r}_{1\to2}$是指由質點 1 指向質點 2 的單位向量，$\hat{r}_{2\to1} = -\hat{r}_{1\to2}$是指由質點 2 指向質點 1 的單位向量。

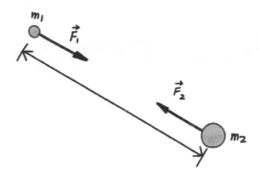

   ◎ 若其中有一質點變成均勻球殼，那麼在球殼外的質點所受的萬有引力就好像是所有球殼質量都集中在球殼中心來吸引質點一樣。

   ◎ 若質點在均勻球殼內部，則此質點所受球殼作用的萬有引力為 0，即不受任何萬有引力的作用。

2. 重量(weight)

   ◎ 物體在地球附近的重量大小為$w = F_g = G\frac{m_E m}{r^2}$，其中 m_E 為地球質量，r 為物體離地球中心的距離。

   ◎ 地表面上的重力加速度大小：$g = \frac{Gm_E}{R_E^2}$。

   （$m_E = 5.97 \times 10^{24} kg$，$R_E = 6.37 \times 10^6 m$）

   ◎ 視重(apparent weight)：假設地球是均勻質量分布的球體，在地球表面任何位置的視重與真實重量的關係為

   $\vec{w} = \vec{w}_0 - m\vec{a}_c \rightarrow m\vec{g} = m\vec{g}_0 - m\vec{a}_c$。

   ◎ 在南北極：$w = w_0 \rightarrow g = g_0$。

   ◎ 在赤道：$w = w_0 - \frac{mv^2}{R_E} \rightarrow g = g_0 - \frac{v^2}{R_E}$。

3. 重力位能：$U_g = -G\frac{m_1 m_2}{r}$。無窮遠的重力位能為零。

※歷年試題集錦※

1. How much energy is required to move a mass m object from the Earth's surface to an altitude twice the Earth's radius R_E?
   (A) $(-1/2)mgR_E$ (B) $(1/2)mgR_E$ (C) $(-2/3)mgR_E$
   (D) $(2/3)mgR_E$ (E) $(1/4)mgR_E$

   (110 高醫)

答案：(D)。

解說：利用重力位能 $U = -\frac{GmM}{R}$。

$$\Delta U = \left(-\frac{GmM}{3R_E}\right) - \left(-\frac{GmM}{R_E}\right) = \frac{2GmM}{3R_E} = \frac{2}{3}mgR_E，其中 g = \frac{GM}{R_E^2}。$$

重點二 圓形軌道

1. 旋轉速度大小：$v = \sqrt{\dfrac{GM}{r}}$。

2. 旋轉週期：$T = \dfrac{2\pi r}{v} = \dfrac{2\pi r^{3/2}}{\sqrt{GM}}$ 或是 $T^2 = \dfrac{4\pi^2}{GM} r^3$。

3. 能量：$E = K + U = \dfrac{GmM}{2r} + \left(-\dfrac{GmM}{r} \right) = -\dfrac{GmM}{2r}$。

4. 脫離速度：$v_E = \sqrt{\dfrac{2GM}{r}}$。

※歷年試題集錦※

1. The escape velocity at the surface of Earth is approximately 10 km/s. What is the escape velocity for a planet whose radius is 4 times and whose mass is 100 times that of Earth?
   (A) 0.4 km/s (B) 2 km/s (C) 50 km/s (D) 250 km/s (E) 4000 km/s

   (92高醫)

答案：(C)。

解說：由脫離速度 $v_E = \sqrt{\dfrac{2GM}{r}}$ 知，$\dfrac{v_2}{v_1} = \sqrt{\dfrac{M_2 r_1}{M_1 r_2}}$。

$$\dfrac{v_2}{v_1} = \sqrt{\dfrac{100}{4}} = 5 \rightarrow v_2 = 5v_1 = 5 \times 10 = 50 \text{(km/s)}。$$

2. Three stars of equal mass m rotate in a circular path of radius r about their center of mass, as shown in the figure. They are equidistance from each other. The angular velocity of the motion is

   (A) $\left(\dfrac{Gm}{\sqrt{3}r^3} \right)^{\frac{1}{2}}$ (B) $\left(\dfrac{Gm}{2\sqrt{3}r^3} \right)^{\frac{1}{2}}$ (C) $\left(\dfrac{2Gm}{\sqrt{3}r^3} \right)^{\frac{1}{2}}$ (D) $\left(\dfrac{Gm}{2\sqrt{3}r^2} \right)^{\frac{1}{2}}$ (E) $\left(\dfrac{2Gm}{\sqrt{3}r^2} \right)^{\frac{1}{2}}$

   (95 高醫)

答案：(A)。

解說：利用所受合力為向心力。

$$2 \times \dfrac{Gm^2}{(2r\cos 30^o)^2} \times \cos 30^o = mr\omega^2 \rightarrow \omega = \sqrt{\dfrac{Gm}{\sqrt{3}r^3}}。$$

3. A satellite is in a circular orbit and has a total mechanical energy of U. If the satellite lost half of its weight and doubled its radius of the circular orbit, what will be its total mechanical energy?
   (A) 1/4 U (B) 1/2 U (C) U (D) $2U$ (E) $4U$

(108高醫)

答案：(A)。

解說：由圓形軌道能量 $E = -\frac{GmM}{2r}$ 知，$\frac{E_2}{E_1} = \frac{m_2 r_1}{m_1 r_2}$。

$\frac{E_2}{E_1} = \frac{1}{2} \times \frac{1}{2} = \frac{1}{4} \rightarrow E_2 = \frac{1}{4}E_1 = \frac{U}{4}$。

---

4. Two Earth satellites, A and B, of same mass m, are to be launched into circular orbits about Earth's center. Satellite A is to orbit at an altitude of Earth's radius, $h_A = R_E$. Satellite B is to orbit at an altitude of $2h_A$. The ratio of the total energy of satellite B to that of satellite A is,
   (A) 1/2 (B) 2/3 (C) 2 (D) 3/2 (E) 1/4

(109高醫)

答案：(B)。

解說：由圓形軌道能量 $E = -\frac{GmM}{2r}$ 知，$\frac{E_B}{E_A} = \frac{r_A}{r_B}$。

$\frac{E_B}{E_A} = \frac{r_A}{r_B} = \frac{R_E + R_E}{2R_E + R_E} = \frac{2}{3}$。

重點三 克卜勒行星定律

1. 第一定律

   ◎ 每個行星都在橢圓軌道運行，而太陽位在橢圓的一個焦點上。

   ◎ 下圖中，a 是橢圓半主軸長(semi-major axis length)，e 是橢圓的離心率 (eccentricity)，ea 是焦距。當 $e = 0$ 時，橢圓變成圓形軌道。

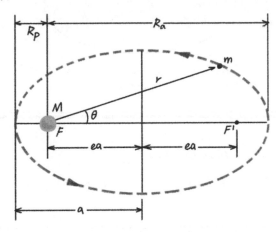

2. 第二定律

   ◎ 連接行星與太陽的線段在軌道平面上於相等時間內掃出相等的面積，即 $\frac{dA}{dt} = \frac{L}{2m}$，其中 l 是角動量，m 是行星質量。

   ◎ 當行星離太陽比較遠時，運行速度比較慢；當離太陽比較近時，運行速度比較快。

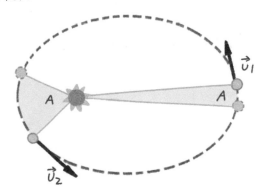

   ◎ 近日點與遠日點的速度與距離關係：$v_N r_N = v_F r_F$。

3. 第三定律

   ◎ 行星的週期正比於軌道主軸長的 $\frac{3}{2}$ 次方。

   ◎ 週期與長軸長的關係：$T = \frac{2\pi a^{3/2}}{\sqrt{GM}}$。

---

1. A small satellite is in elliptical orbit around Earth as shown in figure. If L denotes the magnitude of its angular momentum and K denotes kinetic energy, then

    (A) $L_2 > L_1$ and $K_2 > K_1$ (B) $L_2 > L_1$ and $K_2 = K_1$ (C) $L_2 = L_1$ and $K_2 = K_1$
    (D) $L_2 < L_1$ and $K_2 = K_1$ (E) $L_2 = L_1$ and $K_2 > K_1$

    (92 高醫)

答案：(E)。

解說：因為角動量守恆，所以 $L_2 = L_1$。

位置 2 的速率比位置 1 的速率快，所以 $K_2 > K_1$。

---

2. Halley's comet moves about the Sun in an elliptical orbit with its closest approach to the Sun being 0.59 A.U. and its farthest distance being 35 A.U. If the comet's speed at closest approach is 54 km/s, what is its speed when it is farthest from the Sun? [1 Astronomical Unit (A.U.) is the Earth-Sun distance.]
    (A) 3203 m/s (B) 910 m/s (C) 15 m/s (D) 13 m/s (E) 7011 m/s

    (110 高醫)

答案：(B)。

解說：$v_N r_N = v_F r_F$。

$$v_F = \frac{r_N}{r_F} v_N = \frac{0.59}{35} \times 54 \times 1000 = 910 \text{(m/s)} 。$$

第七章 平衡與彈性

重點一 平衡條件與重心

1. 平衡條件：

    ◎ 平移平衡：合力為零 $\rightarrow \sum_i \vec{F}_i = 0 \rightarrow \sum_i \vec{p}_i = constant$。

    ◎ 轉動平衡：合力矩為零 $\rightarrow \sum_i \vec{\tau}_i = 0 \rightarrow \sum_i \vec{L}_i = constant$。

    ◎ 當系統在坐標系中處於靜止狀態時($\sum_i \vec{p}_i = 0$且$\sum_i \vec{L}_i = 0$)，我們稱系統處於靜態平衡(static equilibeium)。

2. 重心(center of gravity)

    ◎ 透過力矩概念，整個物體的重量可以想像成集中在某一點上，此點稱為該物體的重心。

    ◎ 如果物體各處所受重力加速度都一樣，則重心和質心一致

    $\rightarrow \vec{R}_{cg} = \vec{R}_{cm}$。

    ◎ 重心愈低，支撐底面積愈大，靜置物體的穩定度愈高。

※歷年試題集錦※

1. Two boxes are connected by a string, as shown below. The string and pulley are massless, and $m_1 + m_2 = 16$ kg. If the system is at rest and the coefficient of static friction is 0.6, what is the **minimum** weight of m_1?

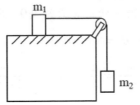

    (A) 4 kg (B) 6 kg (C) 8 kg (D) 10 kg (E) 12 kg

    (107 高醫)

答案：(D)。

解說：系統靜止 $\rightarrow$ m_2的重力不超過m_1的最大靜摩擦力。

$m_2 g \leq \mu_s m_1 g \rightarrow m_2 \leq 0.6 m_1 \rightarrow m_1 + m_2 \leq 1.6 m_1 \rightarrow 16 \leq 1.6 m_1$，

$m_1 \geq 10$。

所以m_1最少為10 kg。

2. A uniform beam of weight 300 N and length 3.0 m is suspended horizontally. On the left it is hinged to a wall; on the right it is supported by a cable bolted to the wall at distance D above the beam. The tension on the cable is 250 N. What value of D corresponds to that tension?

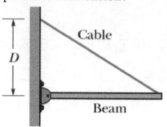

(A) 1.25 m (B) 1.50 m (C) 1.75 m (D) 2.00 m (E) 2.25 m

(107 高醫)

答案：(E)。

解說：如圖。

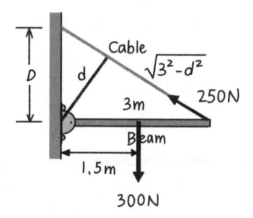

以樞紐為轉軸，由轉動平衡知合力矩為0，所以

$$300 \times 1.5 = 250d \rightarrow d = 1.8(m)。$$

從相似三角形知：$\frac{\sqrt{3^2-d^2}}{3} = \frac{d}{D} \rightarrow D = \frac{3 \times 18}{\sqrt{3^2-1.8^2}} = \frac{5.4}{2.4} = 2.25(m)$。

3. A pivoted bar has a weight of 10 kg and a length of 1 meter, and is supported by a cable, as shown below. What is the tension force of the cable when a 50 N box is hung at the end of the bar?

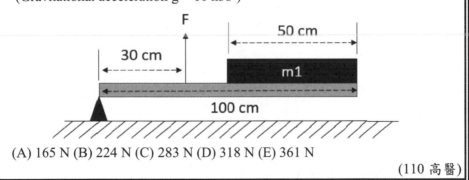

60 degrees

E

20 cm

(A) 150 N (B) 295 N (C) 410 N (D) 570 N (E) 775 N

(108 高醫)

答案：(D)。

解說：利用力矩平衡 $\vec{\tau} = \vec{r} \times \vec{F}$。

$$F \sin 60^o \times 0.2 = 10 \times 9.8 \times 0.5 + 50 \times 1 \ \rightarrow \ F = \frac{990}{\sqrt{3}} = 572 \text{(N)} \text{。}$$

---

4. A block (m1) with a weight of 10 kg was placed on a wooden bar with a weight of 2 kg. The left end of the bar was attached firmly to a triangle. How much force (F) does it take to keep the system in horizontal equilibrium? (Gravitational acceleration g = 10 m/s²)

F

50 cm

30 cm

m1

100 cm

(A) 165 N (B) 224 N (C) 283 N (D) 318 N (E) 361 N

(110 高醫)

答案：(C)。

解說：$\sum \vec{\tau} = 0$。

$$F \times 0.3 = 10 \times 10 \times 0.75 + 2 \times 10 \times 0.5 \ \rightarrow \ F = 283 \text{(N)} \text{。}$$

重點二 應力、應變和彈性模數

1. 應力(stress)：造成物體形變的力量強度，基於單位面積上的作用力。

2. 應變(strain)：產生形變的結果，基於單位形變量。

3. 彈性模數(modulus of elasticity)：應力與應變的比例常數。

4. 伸張與壓縮

   ◎ 張應力(tensile stress)或壓縮應力(compressive stress)：$\sigma_T = \frac{F_\perp}{A}$，其中 $F_\perp$ 為接觸面積上的正向力。

   ◎ 張應變(tensile strain)或壓縮應變(compressive strain)：$\varepsilon_T = \frac{\Delta l}{l_0}$，其中 Δl 為長度變化量，l_0 為原長度。

   ◎ 楊氏模數(Young's modulus)：$Y = \frac{\sigma_T}{\varepsilon_T} = \frac{Fl_0}{A\Delta l}$。

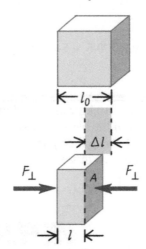

5. 容積變化

   ◎ 容積應力(bulk or volume stress)：$\sigma_B = \Delta p = \frac{F_\perp}{A}$。

   ◎ 容積應變(bulk or volume strain)：$\varepsilon_B = \frac{\Delta V}{V_0}$。

   ◎ 容積模數(bulk modulus)：$B = -\frac{V_0 \Delta p}{\Delta V}$。負號指出在壓力增加的情況下，容積變小。

   ◎ 壓縮率(compressibility)：$k = \frac{1}{B} = -\frac{\Delta V}{V_0 \Delta p}$。

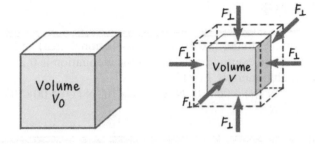

6. 剪切(shear)

◎ 剪切應力(shear stress)：$\sigma_S = \frac{F_{\parallel}}{A}$，其中$F_{\parallel}$為單位面積上平行平面的(切線方向)作用力。

◎ 剪切應變(shear strain)：$\varepsilon_S = \frac{x}{h}$，其中 x 是橫向位移，h 是相對表面的距離。

◎ 剪切模數(shear modulus)：$S = \frac{F_{\parallel}h}{Ax}$。

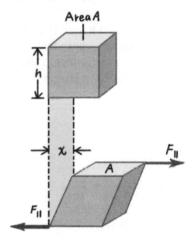

---

1. The aluminum cylinder is 0.10 m² (cross-sectional area) and 0.35 m long. What is the force exerted on its ends if the elongation is 0.20 mm? (Young's modulus of aluminum is 7.0×10^{10} Pa)
   (A) 2.00×10^6 N (B) 4.00×10^6 N (C) 8.00×10^6 N (D) 4.00×10^3 N
   (E) 2.00×10^3 N

(108 高醫)

答案：(B)。

解說：利用 $Y = \dfrac{\sigma_T}{\varepsilon_T} = \dfrac{F l_0}{A \Delta l} \rightarrow F = \dfrac{Y A \Delta l}{l_0}$。

$$F = \frac{7 \times 10^{10} \times 0.1 \times 0.2 \times 10^{-3}}{0.35} = 4 \times 10^6 (\text{N})。$$

---

2. Aluminum Rod #1 has a length L and a diameter d. Aluminum Rod #2 has a length $2L$ and a diameter $2d$. If Rod #1 is under tension T and Rod #2 is under tension $2T$, how do the changes in length of the two rods compare?
   (A) They are the same.
   (B) Rod #1 has double the change in length that Rod #2 has.
   (C) Rod #2 has double the change in length that Rod #1 has.
   (D) Rod #1 has quadruple the change in length that Rod #2 has.
   (E) Rod #2 has quadruple the change in length that Rod #1 has.

(110 高醫)

答案：(A)。

解說：利用楊氏模數 $Y = \dfrac{FL}{A \Delta L}$。

$$\Delta L = \frac{FL}{YA} \rightarrow \frac{\Delta L_1}{\Delta L_2} = \frac{F_1}{F_2} \frac{L_1}{L_2} \frac{d_2{}^2}{d_1{}^2} = \frac{1}{2} \times \frac{1}{2} \times \frac{2^2}{1^2} = 1。$$

第八章 流體力學

重點一 密度(density)

1. 單位體積所含有的質量，$\rho = \dfrac{m}{V}$。

2. 對均勻物質而言，$\rho = constant$。

3. 單位：$1 \ g/cm^3 = 1000 \ kg/m^3$。

4. 比重(specific gravity)：物質密度與水在 4°C 之密度($1000 \ kg/m^3$)的比值。比重無單位。

   例如：鋁的比重是 2.7，則其密度為 $2.7 \ g/cm^3$ 或說 $2700 \ kg/m^3$。

重點二 壓力(pressure)

1. 單位面積上的正向力，$p = \dfrac{F_\perp}{A}$。

2. 單位：$1 \ Pa = 1 \ N/m^2$，$1 \ bar = 10^5 \ Pa$，$1 \ atm = 1.013 \times 10^5 \ Pa = 1.013 \ bar$。

3. 液體壓力：$p_1 = p_2 + \rho g h$，其中 p_1、p_2 分別是液體中位置 1、位置 2 的壓力，h 是位置 1 和位置 2 的深度差。

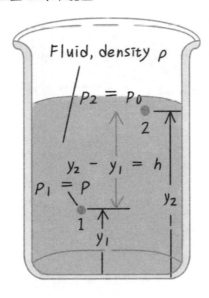

4. 壓力測量

◎ 水銀氣壓計(mercury barometer)：$p = \rho g h$。

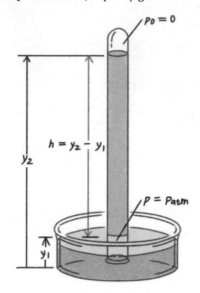

◎ 開管水銀壓力計(open-tube manometer)：$p = p_0 + \rho g h \ \rightarrow \ p_g = \rho g h$，

p_2 代表容器的總壓力，稱為絕對壓力(absolute pressure)。p_g 是容器內壓力

與大氣壓力之差，稱為表壓(gauge pressure)。

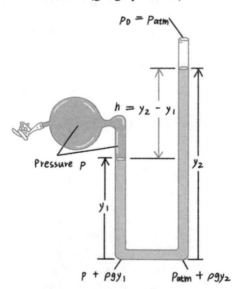

1. What is the absolute pressure at the bottom of a lake that is 30.0 m deep, when the air pressure is 1.0 atm?
   (A) 4.32×10^3 Pa (B) 6.65×10^4 Pa (C) 2.36×10^5 Pa (D) 3.95×10^5 Pa
   (E) 4.89×10^5 Pa

   (93高醫)

答案：(D)。

解說：絕對壓力 $p = p_0 + \rho g h$。

$$p = 1.013 \times 10^5 + 1000 \times 9.8 \times 30 = 3.95 \times 10^5 (\text{Pa})$$

備註：水深 10 m 壓力大約增加 1 atm，30 m 深大約增加 3 atm，加上大氣壓力 1

atm，總共約 4 atm。

2. What is the pressure on a swimmer 2 m below the surface of a swimming pool? (normal atmospheric pressure $P_{atm} = 1.013 \times 10^5$ Pa)
   (A) 1.313×10^5 Pa (B) 1.278×10^5 Pa (C) 1.234×10^5 Pa (D) 1.209×10^5 Pa
   (E) 1.156×10^5 Pa

   (106 高醫)

答案：(D)。

解說：絕對壓力 $p = p_0 + \rho g h$。

$$p = 1.013 \times 10^5 + 1000 \times 9.8 \times 2 = 1.209 \times 10^5 (\text{Pa})$$

3. Some species of whales can dive to the depth of one kilometer. What is the approximate total pressure they experience at this depth? ($\rho_{sea} = 1020$ kg/m^3 and 1 atm = 1.01×10^5 N/m^2)
   (A) 9.00 atm (B) 90.0 atm (C) 100 atm (D) 111 atm (E) 130 atm

   (107高醫)

答案：(C)。

解說：絕對壓力 $p = p_0 + \rho g h$。

$$p = 1 + \frac{1020 \times 9.8 \times 1000}{1.01 \times 10^5} = 100 (\text{atm})。$$

4. A diver swims from 2 meters to 10 meters below the surface of a lake. What is the pressure difference?

(A) 54.5 kPa (B) 62.1 kPa (C) 78.4 kPa (D) 82.8 kPa (E) 98.2 kPa

答案：(C)。

解說：利用 $p_g = \rho g h$。

$$p_g = 1000 \times 9.8 \times (10 - 2) = 78.4 \text{(kPa)} \text{。}$$

5. A patient need an intravenous drip contains a glucose solution. If the average pressure in the vein is 1.30 kPa, what is the minimum height to hang the bag in order to infuse glucose into the vein? Assume the specific gravity of the solution is 1.02.

(A) 0.13 m (B) 1.30 m (C) 0.26 m (D) 2.6 m (E) 0.52 m

答案：(A)。

解說：利用 $p_g = \rho g h \rightarrow h = \dfrac{p_g}{\rho g}$。

$$h = \frac{1.3 \times 10^3}{1.02 \times 10^3 \times 9.8} = 0.13 \ \text{(m)} \text{。}$$

6. The four tires of an automobile are inflated to a gauge pressure of 2.0×10^5 N/m^2 (29 psi). Each of the four tires has an area of 0.024 m^2 that is in contact with the ground. Determine the weight of the auto.

(A) 4.80×10^3 N (B) 1.92×10^4 N (C) 7.68×10^4 N (D) 8.33×10^6 N
(E) 2.08×10^7 N

答案：(B)。

解說：利用 $F = PA$。

$$F = 2 \times 10^5 \times 0.024 \times 4 = 1.92 \times 10^4 \text{(N)} \text{。}$$

重點三 帕斯卡原理(Pascal's principle)

1. 施加在封閉、不可壓縮流體上的壓力變化可以無損地傳遞到流體的每個部分和容器壁。

2. 液壓機(桿)(hydraulic lever)：$p = \frac{F_1}{A_1} = \frac{F_2}{A_2}$。

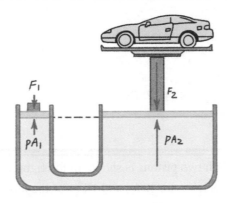

※歷年試題集錦※

1. The diagram shows a U-tube having cross-sectional area A and partially filled with oil of density ρ. A solid cylinder, which fits the tube tightly but can slide without friction, is placed in the right arm. The system reaches equilibrium. The weight of the cylinder is:

   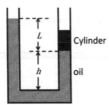

   (A) $AL\rho g$ (B) $L^3\rho g$ (C) $A\rho(L + h)g$ (D) $A\rho(L - h)g$ (E) None of the above

   (106 高醫)

答案：(A)。

解說：利用帕斯卡原理 $p = \frac{F_1}{A_1} = \frac{F_2}{A_2}$。

　　　假設圓柱體重量為 w，則有

　　　$p = \rho g L = \frac{w}{A} \rightarrow w = AL\rho g$。

2. A jack could lift a very heavy object like a car. It compressed air and exerts a force on a small piston of area 10 cm² and the pressure is transmitted by an incompressible liquid to a second piston of area 30 cm². If we want to lift a car weighting 1300 kg, what force must be exerted in the small area piston?
(A) 43.3 N (B) 424.6 N (C) 433.3 N (D) 1300.0 N (E) 4247.7 N

(108 高醫)

答案：(E)。

解說：利用帕斯卡定律$p = \frac{F_1}{A_1} = \frac{F_2}{A_2}$。

$$\frac{F_1}{10} = \frac{1300 \times 9.8}{30} \rightarrow F_1 = 4246.7 \ (N)。$$

3. A hydraulic jack with two pistons is shown in the figure. The radii are 10 cm and 5 cm, and the weights are 40 kg and 1 kg for the left and right piston, respectively. A ball weighs 9 kg is placed on the right piston. Find the height difference between two pistons in equilibrium status. (Gravitational acceleration $g = 10$ m/s²)

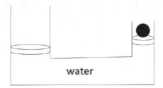

(A) 0 cm (B) 10 cm (C) 1 m (D) 10 m (E) 20 m

(110 高醫)

答案：(A)。

解說：$P = \frac{F}{A}$，$P = \rho gh$。

$$\frac{40 \times 10}{0.1^2} = \frac{(1+9) \times 10}{0.05^2} + 10^3 \times 10 \times h \rightarrow h = 0(m)。$$

重點四 浮力(buoyancy)

1. 視重：$w_{app} = w_{air} - B$，其中 B 是物體所受的浮力，w_{air} 是物體在空氣中的重量，w_{app} 是物體在液體中的視重。

2. 阿基米得原理(Archimedes' principle)：浮力等於排開的液體重量。

   $B = \rho_l V_l g$，其中 ρ_l 是液體的密度，V_l 是排開的液體體積。

   ◎ 沉體：$w_{app} = (\rho_m - \rho_l)V_m$，其中 ρ_m 是物體的密度，V_m 是物體的體積。

   ◎ 浮體：$w_{app} = 0 \rightarrow B = w_{air} \rightarrow \rho_l V_l = \rho_m V_m$(浮體浮力等於物重)。

   ◎◎ 沉入液體體積比例：$\dfrac{V_l}{V_m} = \dfrac{\rho_m}{\rho_l}$。

   ◎◎ 浮出液面體積比例：$\dfrac{V_m - V_l}{V_m} = 1 - \dfrac{\rho_m}{\rho_l}$。

※歷年試題集錦※

1. A hollow sphere of inner radius 8.0 cm and outer radius 9.0 cm floats half submerged in a liquid of specific gravity 0.80. Find the density of the material of which the sphere is made.
   (A) 2.1×10^3 kg/m³ (B) 1.3×10^3 kg/m³ (C) 1.5×10^3 kg/m³ (D) 1.7×10^3 kg/m³ (E) 1.9×10^3 kg/m³

   (92 高醫)

答案：(B)。

解說：利用浮體浮力等於物重 $\rho_l V_l = \rho_m V_m$，$V = \dfrac{4\pi}{3}r^3$。

需注意在 MKS 制單位下比重 0.80 代表密度為 800 kg/m³。

$800 \times \dfrac{1}{2} \times \dfrac{4\pi}{3} \times 0.09^3 = \rho_m \times \dfrac{4\pi}{3} \times (0.09^3 - 0.08^3)$，

$p_m = 400 \times \dfrac{9^3}{9^3 - 8^3} = 1.3 \times 10^3 (\text{kg/m}^3)$。

2. A hollow sphere of inner radius 8.0 cm and outer radius 9.0 cm floats half-submerged in a liquid of density 800 kg/m³. What is the density of the material of which the sphere is made?
(A) 1.1×10^3 kg/m³ (B) 1.3×10^3 kg/m³ (C) 1.8×10^3 kg/m³ (D) 2.4×10^3 kg/m³
(E) 4.8×10^3 kg/m³

(93高醫)

解析：同前一題，正確答案為(B)。

3. A layer of oil with density 800 kg/m³ floats on top of a volume of water with density 1,000 kg/m³. A block floats at the oil-water interface with 1/4 of its volume in oil and 3/4 of its volume in water, as shown in the figure below. What is the density of the block?

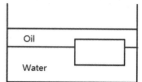

(A) 200 kg/m³ (B) 850 kg/m³ (C) 950 kg/m³ (D) 1,50 kg/m³ (E) 1,800 kg/m³

(106 高醫)

答案：(C)。

解說：利用浮體浮力等於物重 $\rho_l V_l = \rho_m V_m$。

假設物體體積為 V，則 $\rho V = 800 \times \frac{1}{4}V + 1000 \times \frac{3}{4}V$

$\rightarrow \rho = 950$ (kg/m³)。

4. The density of ice is 0.920 g/cm³ while that of sea water is 1.025 g/cm³. What fraction of an iceberg is submerged?
(A) 0.898 (B) 0.927 (C) 0.976 (D) 1.087 (E) 1.114

(106 高醫)

答案：(A)。

解說：沉入液體體積比例：$\frac{V_l}{V_m} = \frac{\rho_m}{\rho_l}$。

$\frac{V_l}{V_m} = \frac{0.92}{1.025} = 0.898$。

5. The density of wood, water and unknown liquid are 0.8 g/cm^3, 1.0 g/cm^3, and 1.2 g/cm^3, respectively. The volume ratio of the wood that can be seen in water and unknown liquid is
    (A) 5/6 (B) 3/4 (C) 2/3 (D) 1/2 (E) 1/4

(109 高醫)

答案：無答案。

解說：利用浮出液面體積比例：$\frac{V_m - V_l}{V_m} = 1 - \frac{\rho_m}{\rho_l}$。

假設水上可見體積為 V_1，未知液體上可見體積為 V_2，則

$$\frac{V_1}{V_2} = \frac{1 - \frac{\rho_{wood}}{\rho_{water}}}{1 - \frac{\rho_{wood}}{\rho_{unknown}}} = \frac{1 - \frac{0.8}{1}}{1 - \frac{0.8}{1.2}} = 0.6 \text{。}$$

6. A balloon is to be filled with helium and used to suspend a mass of 300 kg in air. If the mass of the balloon is neglected, which of the following gives the approximate volume of helium required? (The density of air is 1.29 kg/m^3 and the density of helium is 0.18 kg/m^3)
    (A) 50 m^3 (B) 95 m^3 (C) 135 m^3 (D) 270 m^3 (E) 540 m^3

(109 高醫)

答案：(D)。

解說：浮體浮力等於物重(包含氦氣重量)。

假設氣球的體積為 V，則有 $V\rho_{air} = m + V\rho_{He}$。

$$V = \frac{m}{(\rho_{air} - \rho_{He})} = \frac{300}{(1.29 - 0.18)} = 270 \ (\text{m}^3) \text{。}$$

重點五 連續方程式(equation of continuity)

1. 理想(不可壓縮)流體：$A_1 v_1 = A_2 v_2$，其中 v_1、v_2 分別是位置 1、位置 2 的流速，A_1、A_2 分別是位置 1、位置 2 的截面積。

2. 可壓縮流體：$\rho_1 A_1 v_1 = \rho_2 A_2 v_2$，$\rho_1$、$\rho_2$ 分別是位置 1、位置 2 的密度。

3. 流量(flow rate)

   ◎ 體積流量(volume flow rate)：$R_V = \dfrac{dV}{dt} = Av$。

   ◎ 質量流量(mass flow rate)：$R_m = \dfrac{dm}{dt} = \rho R_V = \rho Av$。

※歷年試題集錦※

1. Water is flowing at 4.0 m/s in a circular pipe. If the diameter of the pipe decreases to 1/2 its former value, what is the velocity of the water downstream?
   (A) 16 m/s (B) 4.0 m/s (C) 1.0 m/s (D) 8.0 m/s (E) 2.0 m/s

   (107高醫)

答案：(A)。

解說：利用 $A_1 v_1 = A_2 v_2$ → $\dfrac{v_1}{v_2} = \dfrac{A_2}{A_1} = \left(\dfrac{D_2}{D_1}\right)^2$。

$\dfrac{v_1}{v_2} = \left(\dfrac{1}{2}\right)^2 = \dfrac{1}{4}$ → $v_2 = 4v_1 = 4 \times 4 = 16$ (m/s)。

2. A steam of water of density ρ, cross-sectional area A, and speed v strikes a wall that is perpendicular to the direction of the stream, as shown in the figure below. The water then flows sideways across the wall. The force exerted by the stream on the wall is_____.

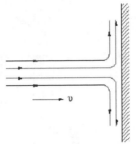

(A) $\rho v^2 A$ (B) $\rho vA/2$ (C) ρghA (D) $v^2 A/\rho$ (E) $v^2 A/2\rho$

(107高醫)

答案:(A)。

解說:水流撞擊牆壁產生的力等於水流動量的變化率,即 $F = \frac{dp}{dt}$。

假設 dt 時間內水流距離為 dl,則該段距離的水質量為 $dm = \rho A dl$,

所以動量為 $dp = dm \times v = \rho Avdl$。

因此,$F = \frac{dp}{dt} = \rho Av \frac{dl}{dt} = \rho Av^2$。

重點六　柏努利方程式(Bernoulli's equation)

1. $P_1 + \frac{1}{2}\rho v_1{}^2 + \rho g y_1 = P_2 + \frac{1}{2}\rho v_2{}^2 + \rho g y_2$。

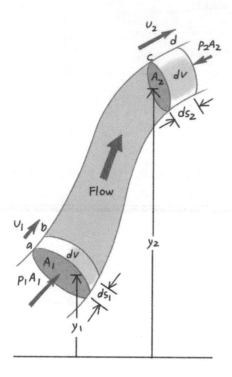

※歷年試題集錦※

---

1. Water enters a house through a pipe with an inside diameter of 2.0 cm at an absolute pressure of 4.0×10^5 Pa. A 1.0 cm-diameter pipe leads to the second-floor bathroom 5.0 m above. When the flow speed at the inlet pipe is 1.5 m/s, find the water pressure in the bathroom. ($\rho_{water} = 1000$ kg/m³)

   (A) 0.17×10^5 Pa (B) 0.32×10^5 Pa (C) 0.49×10^5 Pa (D) 0.66×10^5 Pa

   (E) 3.3×10^5 Pa

   (94高醫)

答案：(E)。

解說：利用 $P_1 + \frac{1}{2}\rho v_1{}^2 + \rho g y_1 = P_2 + \frac{1}{2}\rho v_2{}^2 + \rho g y_2$。

$$p_2 = p_1 + \frac{1}{2}\rho(v_1{}^2 - v_2{}^2) + \rho g(y_1 - y_2)。$$

$$p_2 = 4 \times 10^5 + \frac{1}{2} \times 1000 \times (1.5^2 - 6^2) + 1000 \times 9.8 \times (-5)$$

$$= 3.3 \times 10^5 \ \text{(Pa)}。$$

---

2. A tank containing water to a height of 16.0 m also contains air above the water at a gauge pressure of 1.00 atm. Water flows out from the bottom through a small hole. What is the water's speed?

   (A) 13 m/s (B) 19 m/s (C) 4.2 m/s (D) 23 m/s (E) 6.5 m/s

   (106 高醫)

答案：(D)。

解說：利用 $P_1 + \frac{1}{2}\rho v_1{}^2 + \rho g y_1 = P_2 + \frac{1}{2}\rho v_2{}^2 + \rho g y_2$。

$$v_2 = \sqrt{\frac{2(P_1 - P_2)}{\rho} + v_1{}^2 + 2g(y_1 - y_2)}。$$

因為底部小孔的截面積相對於水槽截面積非常的小，所以由連續方程式可知水面處的流速非常小，可以忽略，即假設 $v_1 = 0$。因此

$$v_2 = \sqrt{\frac{2 \times 1.013 \times 10^5}{1000} + 2 \times 9.8 \times 16} = 22.7 \ \text{(m/s)}。$$

3. The wing of an airplane has an area of 1 m², and its wing thickness is 0.5 m. Air flows over the top at 20 m/s and under the wing at 10m/s. The density of air is 1.2 kg/m³. What is the net force on the wing due to Bernoulli effect? (Gravitational acceleration $g = 10$ m/s²)

(A) 12 N (B) 15 N (C) 18 N (D) 183 N (E) 186 N

(108 高醫)

答案：(E)。

解說：機翼上下流速不同，造成上下壓力不同而產生力。

利用 $P_1 + \frac{1}{2}\rho v_1{}^2 + \rho g y_1 = P_2 + \frac{1}{2}\rho v_2{}^2 + \rho g y_2$ 與 $F = PA$。

$$F = A(P_2 - P_1) = A\rho\left[g(y_1 - y_2) + \frac{v_1{}^2 - v_2{}^2}{2}\right]。$$

$$F = 1 \times 1.2 \times \left[10 \times 0.5 + \frac{20^2 - 10^2}{2}\right] = 186 \ (\text{N})。$$

4. A large tank of water has a hose connected to it. The tank is sealed at the top and has compressed air between the water surface and the top. When the water height h is 3.5 m the pressure of the compressed air is 4.0×10^5 Pa. Take the atmospheric pressure to be 1.0×10^5 Pa. What is the speed of the water when it flows out of the hose if h is 3.5 m?

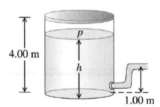

(A) 30.8 m/s (B) 28.4 m/s (C) 26.8 m/s (D) 25.5 m/s (E) 23.4 m/s

(108 高醫)

答案：(D)。

解說：利用 $P_1 + \frac{1}{2}\rho v_1{}^2 + \rho g y_1 = P_2 + \frac{1}{2}\rho v_2{}^2 + \rho g y_2$ 並且容器頂端速度很小，可以忽略流速，所以

$$v_2 = \sqrt{\frac{2(P_1 - P_2)}{\rho} + 2g(y_1 - y_2)} = \sqrt{\frac{2 \times (4-1) \times 10^5}{1000} + 2 \times 9.8 \times 2.5} = 25.5$$

(m/s)。

5. Water flows through a horizontal pipe and then out into the atmosphere, where $d_2/d_1 = 2$. The speed of the water at the output of the pipe is $v_1 = 10$ m/s. The density of water is $1 g/cm^3$. What is the gauge pressure at the left section? (1 atm = 1.01×10^5 Pa)

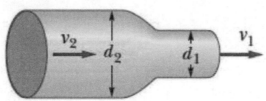

(A) 4.6 atm (B) 4.8 atm (C) 5.0 atm (D) 5.2 atm (E) 5.4 atm

(109 高醫)

答案：無答案。

解說：利用 $P_1 + \frac{1}{2}\rho v_1^2 + \rho g y_1 = P_2 + \frac{1}{2}\rho v_2^2 + \rho g y_2$ 與 $A_1 v_1 = A_2 v_2$。

因為直徑比 $d_2/d_1 = 2$，所以

$A_2/A_1 = 4 \rightarrow v_2 = \frac{A_1}{A_2}v_1 = \frac{1}{4} \times 10 = 2.5$ (m/s)。

由於管中心高度相同，$y_1 = y_2$，所以

$P_2 - P_1 = \frac{1}{2}\rho(v_1^2 - v_2^2) = \frac{1000}{2} \times (10^2 - 2.5^2) \times \frac{1}{1.01 \times 10^5} = 0.46$ (atm)。

6. A tube with three openings has three different cross-sectional areas
    (A1:A2:A3 = 2:1:3), as shown in the figure. The pressure difference is 25 Pa
    between A1 and A2. If $v_1 = 0.125$ (m/s), find the density of the fluid (kg/m^3).

    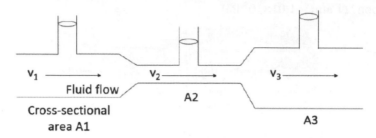

    (A) 561 (B) 982 (C) 1067 (D) 1534 (E) 1698

    (110 高醫)

答案：(C)。

解說：利用 $v_1A_1 = v_2A_2$ 以及 $P_1 + \frac{1}{2}\rho v_1{}^2 + \rho g y_1 = P_2 + \frac{1}{2}\rho v_2{}^2 + \rho g y_2$。

$$P_1 - P_2 = \frac{1}{2}\rho(v_2{}^2 - v_1{}^2) \; \rightarrow \; \rho = \frac{2(P_1 - P_2)}{v_2{}^2 - v_1{}^2} = \frac{2(P_1-P_2)}{\left(\left(\frac{v_2}{v_1}\right)^2 - 1\right)v_1{}^2} = \frac{2(P_1-P_2)}{\left(\left(\frac{A_1}{A_2}\right)^2 - 1\right)v_1{}^2}。$$

$$\rho = \frac{2 \times 25}{\left(\left(\frac{2}{1}\right)^2 - 1\right) \times 0.125^2} = 1067 (\text{kg/m}^3)。$$

---

7. Water pressurized to 3.5×10^5 Pa is flowing at 5.0 m/s in a horizontal pipe
    which contracts to 1/3 its former area. What are the pressure and flow speed
    of the water after the contraction?
    (A) 2.5×10^5 Pa, 15 m/s (B) 3.0×10^5 Pa, 10 m/s (C) 3.0×10^5 Pa, 15 m/s
    (D) 4.5×10^5 Pa, 1.5 m/s (E) 5.5×10^5 Pa, 1.5 m/s

    (110 高醫)

答案：(A)。

解說：$v_1A_1 = v_2A_2$，$P_1 + \frac{1}{2}\rho v_1{}^2 + \rho g y_1 = P_2 + \frac{1}{2}\rho v_2{}^2 + \rho g y_2$

$$v_2 = \frac{A_1}{A_2}v_1 = \frac{1}{1/3} \times 5 = 15(\text{m/s})。$$

$$P_2 = P_1 + \frac{1}{2}\rho v_1{}^2 - \frac{1}{2}\rho v_2{}^2 = 3.5 \times 10^5 + \frac{1}{2} \times 10^3 \times (5^2 - 15^2)$$

$$\rightarrow P_2 = 2.5 \times 10^5 (\text{Pa})。$$

重點七　黏度與紊流

1. 根據層狀理論，維持通過圓柱管(半徑 R，長度 L)固定流量所需要的壓力差

    正比於 $\frac{L}{R^4}$。

※歷年試題集錦※

1. There is a laminar flow in a tube. When both the radius and length of the tube
    are doubled, how many times of flow resistance is changed?

    (A) $\frac{1}{64}$ (B) $\frac{1}{32}$ (C) $\frac{1}{16}$ (D) $\frac{1}{8}$ (E) $\frac{1}{4}$

    (107高醫)

答案：(D)。

解說：圓柱管兩端壓力差越大，流阻越大，所以利用 $\Delta P \propto \frac{L}{R^4}$。

$\frac{\Delta P_2}{\Delta P_1} = \frac{L_2}{L_1} \times \left(\frac{R_1}{R_2}\right)^4 = 2 \times \left(\frac{1}{2}\right)^4 = \frac{1}{8}$。

第九章 振盪

重點一 振盪的描述

1. 回復力(restoring force)：使有位移(相對於平衡點)的物體能回到平衡點的力，其方向與位移的方向相反。

2. 循環(cycle)：一次完整的振盪稱為一次循環。

3. 振幅(amplitude)：相對於平衡點的最大位移。

4. 週期(period)：完成一次循環所需要的時間。

5. 頻率(frequency)：單位時間內完成的循環次數。單位為 1 Hz = 1 cycle/s。

6. 角頻率(angular frequency)：單位時間內完成的弧度量。單位為 rad/s。

7. 週期與頻率的關係：$f = \frac{1}{T}$、$\omega = 2\pi f = \frac{2\pi}{T}$。

重點二 簡諧運動(SHM，simple harmonic oscillation)

1. 回復力：$F = -kx$。

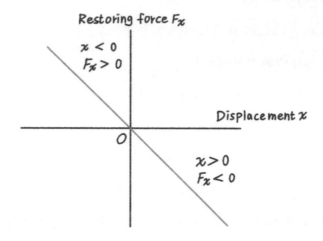

2. 物體位移：$x(t) = A\cos(\omega t + \phi)$，其中 A 為振幅，ω 為角頻率，ϕ是起始的相位。

3. 物體速度：$v(t) = \dfrac{dx(t)}{dt} = -\omega A\sin(\omega t + \phi)$，其中最大速率為

   $v_{max} = \omega A$。

4. 物體加速度：$a(t) = -\omega^2 A\cos(\omega t + \phi)$，其中最大加速度大小為

   $a_{max} = \omega^2 A$。

5. 角頻率：$\omega = \sqrt{\dfrac{k}{m}}$。

6. 週期：$T = 2\pi\sqrt{\dfrac{m}{k}}$。

7. 能量情形

   ◎ 最大位移處有最大位能，沒有動能。

   ◎ 平衡點處有最大動能，沒有位能。

   ◎ 能量守恆：$E = \dfrac{1}{2}mv^2 + \dfrac{1}{2}kx^2 = \dfrac{1}{2}mv_{max}^2 = \dfrac{1}{2}kA^2$。

1. A 1.00 kg mass is attached to a horizontal spring. The spring is initially stretched by 0.100 m and the mass is released from rest there. After 0.500 s, the speed of the mass is zero. What is the maximum speed of the mass?
    (A) 0.326 m/s (B) 0.438 m/s (C) 0.510 m/s (D) 0.593 m/s (E) 0.628 m/s

    (93 高醫)

答案：(E)。

解說：經 0.5 s，物體速率又為 0，表示歷經半周期，所以 $T = 1$ s。

利用 $v_{max} = \omega A = \frac{2\pi A}{T} \rightarrow v_{max} = \frac{2\pi \times 0.1}{1} = 0.628$ (m/s)。

2. A block whose mass m is 650 g is fastened to a spring whose spring constant k is 65 N/m. The block is pulled a distance $x = 11$ cm from its equilibrium position at $x = 0$ on a frictionless surface and released from rest at $t = 0$. What is the angular frequency of the resulting oscillation motion?
    (A) 8 rad/s (B) 9 rad/s (C) 10 rad/s (D) 11 rad/s (E) 12 rad/s

    (106 高醫)

答案：(C)。

解說：利用角頻率 $\omega = \sqrt{\frac{k}{m}}$。

$\omega = \sqrt{\frac{65}{0.65}} = 10$ (rad/s)。

3. A wheel has a radius of 0.4 m and rotates at an angular velocity of 4 rad/s. A peg at the edge of the wheel is at the heighted point at $t = 0$. What is the period of the motion of the shadow?
    (A) 1.51 s (B) 1.57 s (C) 2.05 s (D) 2.36 s (E) 3.14 s

    (106 高醫)

答案：(B)。

解說：由 $\omega = 2\pi f = \frac{2\pi}{T} \rightarrow T = \frac{2\pi}{\omega}$。

$T = \frac{2\pi}{4} = 1.57$ (rad/s)。

4. The mass in the figure slid es on a frictionless surface. If $m = 2$ kg, $k_1 = 800$ N/m, and $k_2 = 450$ N/m, what is approximate the frequency of oscillation (in Hz)?

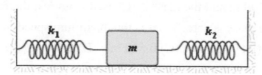

(A) 2 (B) 4 (C) 6 (D) 8 (E) 10

(108 高醫)

答案：(B)。

解說：利用 $f = \dfrac{\omega}{2\pi} = \dfrac{1}{2\pi}\sqrt{\dfrac{k}{m}}$。

當物體從平衡點位移 x 距離時，物體受到的回復力大小為

$F = k_1 x + k_2 x = (k_1 + k_2)x$。

因此 $f = \dfrac{1}{2\pi}\sqrt{\dfrac{800+450}{2}} = 3.98$ (Hz)。

5. Consider the block and spring system shown in the drawing. On the earth's surface the natural frequency is ω. The system is then transported into moon's surface (Gravitational acceleration: $g_{Moon} = g_{Earth}/6$). How will the natural frequency of the system change?

(A) 6ω (B) $\sqrt{6}\,\omega$ (C) $\omega/6$ (D) $\omega/\sqrt{6}$ (E) The frequency doesn't change

(109 高醫)

答案：(E)。

解說：由角頻率 $\omega = \sqrt{\dfrac{k}{m}}$ 知頻率與重力加速度無關，所以頻率不變。

6. An unusual spring has a restoring force of magnitude $F = (2.00$ N/m$)x + (1.00$ N/m²$)x^2$, where x is the stretch of the spring from its equilibrium length. A 3.00 kg object is attached to this spring and released from rest after stretching the spring 1.50 m. If the object slides over a frictionless horizontal surface, how fast is it moving when the spring returns to its equilibrium length?
(A) 5.84 m/s (B) 4.33 m/s (C) 2.06 m/s (D) 5.48 m/s (E) 1.50 m/s

(109 高醫)

答案：(E)。

解說：平衡點處有最大動能，沒有位能。

回復力作功：$W = \int_{x=0}^{x=1.5}(2x + x^2)dx = \left(x^2 + \frac{x^3}{3}\right)\Big|_0^{1.5} = 3.375$，

由功能定理求最大速率：$v_{max} = \sqrt{\frac{2W}{m}} = \sqrt{\frac{2\times3.375}{3}} = 1.5$(m/s)。

7. A mass-spring system is shown in the figure where the spring constant $k = 100$ N/m and the mass is 4 kg. Assuming the initial velocity is 3.5 m/s, what is the amplitude of the motion?

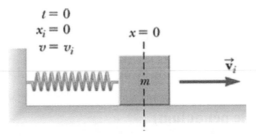

(A) 0.5 m (B) 0.7 m (C) 0.8 m (D) 0.9 m (E) 1.2 m

(110 高醫)

答案：(B)。

解說：$\frac{1}{2}mv_{max}^2 = \frac{1}{2}kA^2$。

$A = \sqrt{\frac{m}{k}}v_i = \sqrt{\frac{4}{100}} \times 3.5 = 0.7$(m)。

重點三　角簡諧運動(angular SHM)與扭擺(torsion pendulum)

1.　恢復力矩：$\tau_z = I\alpha = -\kappa\theta$，其中 I 為轉動慣量，α 為角加速度，κ 為扭轉常數，θ 為角位移。

2.　角頻率：$\omega = \sqrt{\dfrac{\kappa}{I}}$。

3.　週期：$T = 2\pi\sqrt{\dfrac{I}{\kappa}}$。

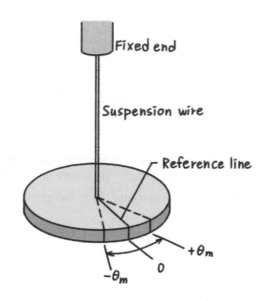

重點四　單擺(simple pendulum)

1.　單擺擺角很小時，回復力為 $F = -mg\theta$；或回復力矩為 $\tau = -mgL\theta$。

2.　角頻率：$\omega = \sqrt{\dfrac{g}{L}}$，其中 L 為擺長，g 為重力加速度。

3.　週期：$T = 2\pi\sqrt{\dfrac{L}{g}}$。

重點五 複擺，物理擺(physical pendulum)

1. 擺角很小時，回復力矩為 $\tau = -mgh\theta$，其中 m 為複擺質量，h 為複擺的質量中心至支點的距離。

2. 角頻率：$\omega = \sqrt{\dfrac{mgh}{I}} = \sqrt{\dfrac{mgh}{I_{cm}+mh^2}}$，其中 I 為複擺相對於支點的轉動慣量，I_{cm} 為複擺相對於質量中心的轉動慣量。

3. 週期：$T = 2\pi\sqrt{\dfrac{I}{mgh}} = 2\pi\sqrt{\dfrac{I_{cm}+mh^2}{mgh}}$。

※歷年試題集錦※

---

1. A uniform rod of mass m and length L is freely pivoted at one end. What is the period of its oscillation? ($I_{system} = \frac{1}{3}mL^2$)

   (A) $2\pi(L/g)^{\frac{1}{2}}$ (B) $2\pi(2L/3g)^{\frac{1}{2}}$ (C) $2\pi(L/3g)^{\frac{3}{2}}$ (D) $2\pi(L/3g)^{\frac{1}{2}}$

   (E) $2\pi(3L/g)^{\frac{1}{2}}$

   (92 高醫)

答案：(B)。

解說：利用 $T = 2\pi\sqrt{\dfrac{I}{mgh}}$。

因為是均勻棒，所以質心至支點的距離為 $h = \dfrac{L}{2}$。

因此，$T = 2\pi\sqrt{\dfrac{\frac{1}{3}mL^2}{mg\frac{L}{2}}} = 2\pi\sqrt{\dfrac{2L}{3g}}$。

2. A uniform solid ball with mass M is supported by a massless rod. Derive the period of the pendulum with a small displacement.

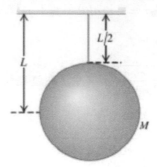

(A) $T = 2\pi(1.1L/g)^{1/2}$ (B) $T = 2\pi(1.8L/g)^{1/2}$ (C) $T = 2\pi(1.5L/g)^{1/2}$
(D) $T = 2\pi(0.9L/g)^{1/2}$ (E) $T = 2\pi(0.7L/g)^{1/2}$

(108 高醫)

答案：(A)。

解說：利用$T = 2\pi\sqrt{\dfrac{I}{mgh}} = 2\pi\sqrt{\dfrac{I_{cm}+mh^2}{mgh}}$。

因為是均勻實心球，所以

$I_{cm} = \dfrac{2}{5}m\left(\dfrac{L}{2}\right)^2 = \dfrac{1}{10}mL^2$，且質心距離支點為$h = L$。

因此$T = 2\pi\sqrt{\dfrac{\frac{1}{10}mL^2+mL^2}{mgL}} = 2\pi\sqrt{\dfrac{1.1L}{g}}$。

重點六 阻尼振盪(damped oscillation)

1. 阻尼振盪：$m\frac{d^2x}{dt^2} + b\frac{dx}{dt} + kx = 0$。

2. 欠阻尼(underdamped)

   ◎ 條件：$b < 2\sqrt{km}$。

   ◎ 位移：$x(t) = Ae^{-\frac{b}{2m}t}\cos(\omega't + \phi)$，其中 A 為振幅。

   ◎ 角頻率：$\omega' = \frac{\sqrt{4km-b^2}}{2m} = \sqrt{\frac{k}{m} - \frac{b^2}{4m^2}}$。

2. 臨界阻尼(critical damped)條件：$b = 2\sqrt{km}$。

3. 過阻尼(overdamped)條件：$b > 2\sqrt{km}$。

4. 阻尼功率：$\frac{dE}{dt} = -bv^2$。

重點七 強制振盪(forced oscillation)與共振(resonance)

1. 強制振盪：$m\frac{d^2x}{dt^2} + b\frac{dx}{dt} + kx = F_{max}\cos(\omega_d t)$。

2. 振幅：$A = \frac{F_{max}}{\sqrt{(k-m\omega_d{}^2)^2 + b^2\omega_d{}^2}}$。

3. 當 $\omega_d \to \sqrt{\frac{k}{m}}$ 時，振幅 A 趨近於極大值，並且阻尼越小，振幅越高。

4. 共振(resonance)：驅動頻率(ω_d)接近系統的自然角頻率(ω')時，振幅達到最高

   值，稱為共振。

第十章 波動

重點一 週期波

1. 波長(wavelength)：週期波中一個完整波形的長度，或說從某一點到下一個波的相同對應點的距離。符號常記作 λ。

2. 週期(period)：一個完整的波通過空間某固定點所花費的時間。符號記作 T。

3. 波速(wave speed)：波在介質中傳遞的速率，所以 $v = \frac{\lambda}{T} = \lambda f$，其中 f 為頻率，是週期的倒數$(f = \frac{1}{T})$。

4. 振幅(amplitude)：介質中，質點位移的最大量。

5. 波動方程式：$\frac{\partial^2 y(x,t)}{\partial x^2} = \frac{1}{v^2}\frac{\partial^2 y(x,t)}{\partial t^2}$。

1. Compared to the graph below, which graph in choices shows that the amplitude and the frequency are doubled?

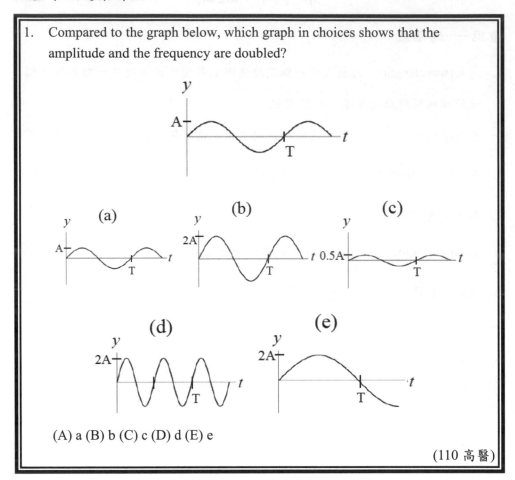

(A) a (B) b (C) c (D) d (E) e

(110 高醫)

答案：(D)。

解說：振幅變2倍($2A$)。

頻率變兩倍($2f$)，週期變一半($T/2$)。

重點二 正弦波

1. 波函數(wave function)：$y(x, t) = A \cos(kx - \omega t + \phi)$。

2. (角)波數[(angular) wave number]：$k = \frac{2\pi}{\lambda}$。

3. 角頻率(angular frequency)：$\omega = 2\pi f = \frac{2\pi}{T} = \frac{2\pi v}{\lambda} = kv$。

4. 介質質點的速度：$v_y(x, t) = -\omega A \sin(kx - \omega t + \phi)$，最大速率 $v_{max} = \omega A$。

5. 介質質點的加速度：$a_y(x, t) = -\omega^2 A \cos(kx - \omega t + \phi)$，

   最大加速度大小為 $a_{max} = \omega^2 A$。

※歷年試題集錦※

1. A transverse wave on a string is given by
   $y = (2.0 \text{ cm}) \times \sin\pi[(200 \text{ /s})t - (0.8 \text{ /cm})x]$.
   What is the maximum particle speed?
   (A) 200π cm/sec (B) 370π cm/sec (C) 400π cm/sec (D) 350π cm/sec
   (E) 450πcm/sec.

   (92 高醫)

答案：(C)。

解說：利用質點最大速率 $v_{max} = \omega A$。

　　　從波函數觀察出 $\omega = 200\pi$ rad/s，振幅 $A = 2$ cm。

　　　所以 $v_{max} = 200\pi \times 2 = 400\pi$ (cm/s)。

2. One rope is wiggled with frequency f = 2.0 Hz, amplitude A = 1.0 m, and wave speed v = 4.0 m/s. What is the mathematical description of this wave?
(A) $y(x, t) = \cos\pi(2x - t)$ (B) $y(x, t) = \cos\pi(2x + t)$ (C) $y(x, t) = \cos\pi(x - 2t)$
(D) $y(x, t) = \cos\pi(x + t)$ (E) $y(x, t) = \cos\pi(x - 4t)$

(108 高醫)

答案：(E)。

解說：波函數 $y(x, t) = A\cos(kx - \omega t)$，其中 $\omega = 2\pi f$，$k = \frac{2\pi}{\lambda} = \frac{2\pi f}{v}$。

$$y(x, t) = 1 \times \cos\left(\frac{2\pi \times 2}{4}x - 2\pi \times 2t\right) = \cos(\pi x - 4\pi t) = \cos\pi(x - 4t)。$$

3. The wave function of the string wave is given by
$y(x, t) = 0.2\ \text{m} \times h[(20\ \text{m}^{-1})x + (10\ \text{s}^{-1})t]$,
where h denotes a general function. The speed of a wave is _____.
(A) 2 m/s (B) 1.5 m/s (C) 1 m/s (D) 0.5 m/s (E) 0.25 m/s

(109 高醫)

答案：(D)。

解說：利用 $\omega = kv \rightarrow v = \frac{\omega}{k}$。

從波函數觀察出 $\omega = 10$ rad/s，$k = 20$ m^{-1}。

$v = \frac{10}{20} = 0.5$ (m/s)。

重點三　繩波

1. 波速：$v = \sqrt{\frac{F}{\mu}}$，其中 F 是繩子的張力，μ 是繩子的質量線密度。

2. 傳遞功率

　　◎ 平均功率：$P_{ave} = \frac{1}{2}\mu v \omega^2 A^2$。

　　◎ 瞬間最大功率：$P_{max} = 2P_{ave}$。

※歷年試題集錦※

1. One rope with weight 2.0 kg and length 10.0 m is tied on a shelf and stretched taut by a 98 kg box at the bottom. What is the speed v of a transverse wave on the rope? (Gravitational acceleration $g = 10$ m/s^2)
   (A) 10.0 m/s (B) 10.7 m/s (C) 70.0 m/s (D) 70.7 m/s (E) 100.0 m/s

   (109高醫)

答案：(C)。

解說：利用 $v = \sqrt{\frac{F}{\mu}}$，

　　　由於繩子質量遠小於物體質量，所以將其忽略。

　　　因此 $v = \sqrt{\frac{98 \times 10}{\frac{2}{10}}} = 70$ (m/s)。

重點四 相量(phasor)

1. 相量的描述如下圖，可以看成是一個複數，也類似一個向量，以波的最大位移為相量的大小，方向由三角函數的幅角(相位角)來決定。

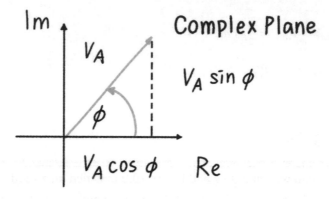

2. 兩個頻率相同(ω)的波重疊的相量處理：

例如 $y_1(x, t) = E_1\cos(k_1x - \omega t)$ 與 $y_2(x, t) = E_2\cos(k_2x - \omega t)$ 重疊，如下圖可得合

成振幅為 $E_P = \sqrt{E_1{}^2 + E_2{}^2 + 2E_1E_2\cos\phi}$ ，其中 $\phi = (k_2 - k_1)X$。

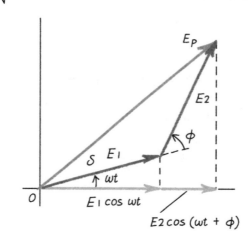

1. Three sinusoidal waves of the same frequency travel along a string in positive direction of an x axis. Their amplitudes are y_1, $\frac{y_1}{2}$ and $\frac{y_1}{3}$, and their phase constants are 0, $\frac{\pi}{2}$, and π, respectively. What is the phase constant of resultant wave?

   (A) 30° (B) 37° (C) 45° (D) 53° (E) 60°

   (93 高醫)

答案：(B)。

解說：利用相量計算。

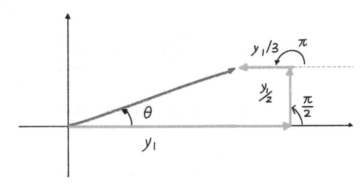

$$\tan\theta = \frac{y_1 \sin 0 + \frac{y_1}{2} \sin \frac{\pi}{2} + \frac{y_1}{3} \sin \pi}{y_1 \cos 0 + \frac{y_1}{2} \cos \frac{\pi}{2} + \frac{y_1}{3} \cos \pi} = \frac{\frac{1}{2}}{\frac{2}{3}} = \frac{3}{4} \rightarrow \theta = \tan^{-1}\frac{3}{4} = 37° \ 。$$

重點五 端點固定的繩弦駐波(standing wave)

1. 波函數：$y(x, t) = 2A \sin kx \sin \omega t$。

2. 波長：$\lambda_n = \frac{2L}{n}$，其中 L 為繩長，n 為駐波數。

3. 頻率：$f_n = \frac{nv}{2L}$，其中 $v = \sqrt{\frac{F}{\mu}}$ 為波速。

4. 基頻(fundamental frequency)：$f_1 = \frac{v}{2L}$。

5. 諧頻(harmonic frequency)：$f_n = nf_1$。

   $n = 2$ 稱為第二諧頻或第一泛音(overtone)，

   $n = 3$ 為第三諧頻或第二泛音，依此類推。

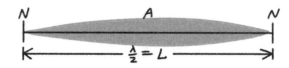

(b) $n = 2$: second harmonic, f_2 (first overtone)

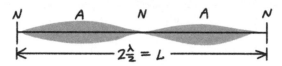

(c) $n = 3$: third harmonic, f_3 (second overtone)

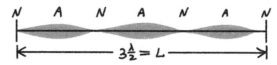

(d) $n = 4$: fourth harmonic, f_4 (third overtone)

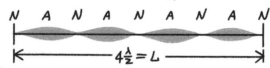

1. A standing sound wave pattern on a long string is described by

    $y(x, t) = 0.008 \times \sin(10\pi x)\cos(20\pi t)$ (all in SI unit).

    The distance between two nodes is _____.

    (A) 0.1 m (B) 0.2 m (C) 0.3 m (D) 0.4 m (E) 0.5 m

    (109高醫)

答案：(A)。

解說：利用駐波的波函數$y = 2A \sin kx \cos \omega t$。

　　　觀察波函數可知$k = 10\pi \rightarrow \frac{2\pi}{\lambda} = 10\pi \rightarrow \lambda = 0.2$ (m)。

　　　相鄰節點之間的距離為半波長，所以為 0.1 m。

2. Two waves traveling in opposite directions interfere to produce a standing wave described by $y = 3\sin(2x)\cos(5t)$ where x is in m and t is in s. What is the wavelength of the interfering waves?

    (A) 3.14 m (B) 1.00 m (C) 2.00 m (D) 6.28 m (E) 12.00 m

    (110 高醫)

答案：(A)。

解說：利用駐波的波函數$y = 2A \sin kx \cos \omega t$且$k = \frac{2\pi}{\lambda}$。

　　　$\lambda = \frac{2\pi}{k} = \frac{2\pi}{2} = \pi = 3.14$(m)。

第十一章 聲音

重點一 聲波

1. 聲音的知覺

    ◎ 響度(loudness)：壓力振幅越大，響度知覺越大。

    ◎ 音調(高)(pitch)：頻率越高，音調越高。

    ◎ 音色(品)(timbre)：不同物體所發的聲音，即使頻率相同，會因為複雜的
       諧波內容而有不同的知覺，這個不同稱為音色(品)。

2. 波速

    ◎ 流體：$v = \sqrt{\dfrac{B}{\rho}}$，其中 ρ 為密度，B 為容積模數。

    ◎ 固體棒：$v = \sqrt{\dfrac{Y}{\rho}}$，$Y$ 為楊氏模數。

    ◎ 理想氣體：$v = \sqrt{\dfrac{\gamma RT}{M}}$，其中 γ 是熱容比(ratio of heat capacities)，

       R 是氣體常數(8.314J/mol·K)，T 是絕對溫度，M 為莫耳質量。

重點二　強度(intensity)

1. 定義：在垂直於傳播方向的表面上，每單位面積上波動所傳輸能量的時間平均值，也就是單位面積上傳輸的平均功率。

2. 如果波動在所有方向的傳播是等量的，則 $I = \frac{P}{4\pi r^2}$，其中 P 是傳輸功率。

3. 強度平方反比定律(inverse-square law for intensity)：$\frac{I_1}{I_2} = \frac{r_2^2}{r_1^2}$。

4. 聲波強度：$I = \frac{1}{2}\sqrt{\rho B}\,\omega^2 A^2$，其中 A 為振幅，ω 為角頻率，ρ 為密度，B 為容積模數。因此，強度與振幅平方成正比。

※歷年試題集錦※

1. To decrease the intensity of the sound you are hearing from your speaker system by a factor of 36, you can
    (A) reduce the amplitude by a factor of 18 and increase your distance from the speaker by a factor of 2.
    (B) reduce the amplitude by a factor of 4 and increase your distance from the speaker by a factor of 3.
    (C) reduce the amplitude by a factor of 2 and increase your distance from the speaker by a factor of 3.
    (D) reduce the amplitude by a factor of 3 and increase your distance from the speaker by a factor of 12.
    (E) reduce the amplitude by a factor of 3 and increase your distance from the speaker by a factor of 4.

    (94 高醫)

答案：(C)。

解說：利用強度與振幅平方成正比，與距離平方成反比。

(A) $\frac{1}{18^2} \times \frac{1}{2^2} = \frac{1}{1296}$；(B) $\frac{1}{4^2} \times \frac{1}{3^2} = \frac{1}{144}$；(C) $\frac{1}{2^2} \times \frac{1}{3^2} = \frac{1}{36}$；

(D) $\frac{1}{3^2} \times \frac{1}{12^2} = \frac{1}{1296}$　(E) $\frac{1}{3^2} \times \frac{1}{4^2} = \frac{1}{144}$。

2. A star radiates uniformly in all directions. At a distance of 5.0×10^{12} m from the star, the intensity of the radiation from the star is 15 W/m². What is the total power output of the star?

(A) 3.2×10^{38} W (B) 4.7×10^{27} W (C) 3.8×10^{26} W

(D) 7.5×10^{13} W (E) 1.1×10^{15} W

(106 高醫)

答案：(B)。

解說：利用 $I = \dfrac{P}{4\pi r^2} \rightarrow P = 4\pi r^2 I$。

$P = 4\pi \times (5 \times 10^{12})^2 \times 15 = 4.7 \times 10^{27} (\text{W})$。

重點三 分貝(decibel)

1. $\beta = (10\text{dB}) \log \frac{I}{I_0}$，其中 I_0 為聽覺的強度閾值，大約是 $10^{-12}\,\text{W/m}^2$。

2. $\Delta\beta = \beta_2 - \beta_1 = (10\text{dB}) \log \frac{I_2}{I_1}$。

※歷年試題集錦※

1. At a distance of 50 m from a jet fighter which is in the process of take-off, the sound level is 120 dB. What is the sound level at a distance of 500 m? Assume that the jet is a point source of sound.
   (A) 120 dB (B) 100 dB (C) 110 dB (D) 80 dB (E) 90 dB

   (95 高醫)

答案：(B)。

解說：利用 $\frac{I_1}{I_2} = \frac{r_2{}^2}{r_1{}^2}$，$\beta = (10\text{dB}) \log \frac{I}{I_0}$

$\beta_2 - \beta_1 = (10\text{dB}) \log \frac{I_2}{I_1} = (20\text{dB}) \log \frac{r_1}{r_2}$。

$\beta_2 - 120 = 20 \times \log \frac{50}{500} = -20 \rightarrow \beta_2 = 100$ (dB)。

2. A sound wave from a sound generator radiates uniformly in all directions in 22.0°C air. The sound intensity level is 50 dB at a distance of 4.00 m from the sound generator. The frequency of the sound wave is 500 Hz. At what distance from the sound generator is the sound intensity level 30 dB?
(A) 12.6 m (B) 40.0 m (C) 80.0 m (D) 6.67 m (E) 16.0 m

(106 高醫)

答案：(B)。

解說：利用 $\beta = (10\text{dB}) \log \frac{I}{I_0} \rightarrow I = I_0 \times 10^{\frac{\beta}{10}}$，又

$$\frac{I_1}{I_2} = \frac{r_2{}^2}{r_1{}^2} \rightarrow \frac{r_2}{r_1} = \sqrt{\frac{I_1}{I_2}} = \sqrt{10^{\frac{\beta_1 - \beta_2}{10}}} = 10^{\frac{\beta_1 - \beta_2}{20}}。$$

$$\frac{r_2}{4.00} = 10^{\frac{50-30}{20}} = 10 \rightarrow r_2 = 40.0(\text{m})。$$

3. A violin is played with an initial intensity I_i changing to a final intensity I_f. If $I_f = 5I_i$, what is the difference in sound intensity level (dB) between these two extremes?
(A) 10(log5) (B) 5 (C) 10 (D) 10(log2) (E) 2(log5)

(107 高醫)

答案：(A)。

解說：利用 $\beta = (10\text{dB}) \log \frac{I}{I_0}$。

$$\beta = (10\text{dB}) \log \frac{5I_i}{I_i} = 10(\log 5) \ (\text{dB})。$$

重點四 共振管與拍

1. 兩端開口的共振管

   ◎ 波長：$\lambda_n = \frac{2L}{n}$，$n = 1, 2, 3, \ldots$。

   ◎ 頻率：$f_n = \frac{v}{\lambda_n} = \frac{nv}{2L}$，$n = 1, 2, 3, \ldots$。

   ◎ 諧頻與泛音(overtone)

n	1	2	3	...
諧頻	第一諧頻(基頻)	第二諧頻	第三諧頻	...
泛音	-	第一泛音	第二泛音	...

2. 一端開口一端閉口的共振管

   ◎ 波長：$\lambda_n = \frac{4L}{n}$，$n = 1, 3, 5, \ldots$。

   ◎ 頻率：$f_n = \frac{v}{\lambda_n} = \frac{nv}{4L}$，$n = 1, 3, 5, \ldots$。

   ◎ 諧頻與泛音(overtone)

n	1	3	5	...
諧頻	第一諧頻(基頻)	第三諧頻	第五諧頻	...
泛音	-	第一泛音	第二泛音	...

3. 拍(beat)

   ◎ 拍的頻率：$f_B = |f_1 - f_2|$。

   ◎ 拍的週期：$T_B = \frac{1}{f_B} = \frac{1}{|f_1 - f_2|} = \frac{T_1 T_2}{|T_2 - T_1|}$。

   ◎ 平均頻率：$f' = \frac{f_1 + f_2}{2}$。

1. Two stationary tuning forks (350 and 352 Hz) are struck simultaneously. The resulting sound is observed to:
   (A) beat with a frequency of 2 beats/s (B) beat with a frequency of 351 beats/s
   (C) be loud but not beat (D) be Doppler shifted by 2 Hz
   (E) have a frequency of 702 Hz

   (106 高醫)

答案：(A)。

解說：利用 $f_B = |f_1 - f_2|$。

   $f_B = |352 - 350| = 2(\text{Hz})$。

2. A pipe open at both ends has a fundamental frequency of f. A second pipe closed at one end and open at the other end has the same fundamental frequency. What is the ratio of the length of the pipe open at both ends to the length of the pipe closed at one end?
   (A) 1 (B) 2 (C) 1/2 (D) 4 (E) 1/4

   (107 高醫)

答案：(B)。

解說：利用兩端開口 $f_n = \dfrac{nv}{2L}$，$n = 1, 2, 3, \ldots \rightarrow$ 管長為 $L = \dfrac{v}{2f_1}$。

   一端開口一端閉口 $f_n = \dfrac{nv}{4L}$，$n = 1, 3, 5, \ldots$

   $\rightarrow$ 管長為 $L' = \dfrac{v}{4f_1}$，f_1 為基頻頻率。

   $\dfrac{L}{L'} = \dfrac{\frac{v}{2f_1}}{\frac{v}{4f_1}} = 2$。

11-7

3. The superposition of two waves $y_1 = (0.007\text{cm}) \cos\left[2\pi\left(\frac{156t}{\text{s}}\right)\right]$ and $y_2 = (0.007\text{cm}) \cos\left[2\pi\left(\frac{150t}{\text{s}}\right)\right]$ at the location $x = 0$ in space results in

(A) Beats at a beat frequency of 6 Hz in a 153 Hz tone.
(B) A tone at a frequency of 156 Hz, as well as beats at a beat frequency of 6 Hz in a 153 Hz tone.
(C) Beats at a beat frequency of 3 Hz.
(D) A pure tone at a frequency of 153 Hz.
(E) A pure tone at a frequency of 156 Hz.

(108 高醫)

答案：(A)。

解說：利用 $f_B = |f_1 - f_2|$、$f' = \frac{f_1 + f_2}{2}$。

$$f_B = |156 - 150| = 6(\text{Hz}) \text{，} f' = \frac{150 + 156}{2} = 153(\text{Hz})。$$

11-8

重點五　都普勒效應、超音速與震波

1. 都普勒效應：$f_L = \frac{v \pm v_L}{v \mp v_S} f$，其中 f_L 為收聽者聽到的頻率，f 為聲源的頻率，v

    為聲速，v_L 為聽者的速率，v_S 為聲源的速率。

    ◎ 分子部分

    當收聽者接近聲源時，用(+)號；當收聽者遠離聲源時，用(-)號。

    ◎ 分母部分

    當聲源接近收聽者時，用(-)號；當聲源遠離收聽者時，用(+)號。

2. 聲源以超音速($v_S > v$)(supersonic)接近時，波前形成一個錐體，稱為馬赫錐

    (Mach cone)，如下圖。

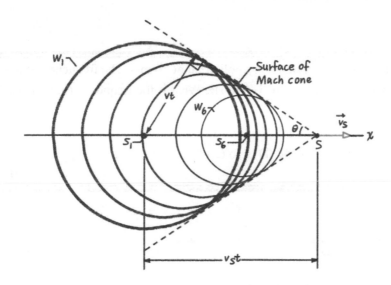

    ◎ 當錐面通過空間中某一位置時，一束波前導致空氣壓力急驟地上升和下

    　降，因而產生震波(shock wave)形式。

    ◎ 馬赫數(Mach number)：Mach $= \frac{v_S}{v}$。

    ◎ 馬赫錐角度：$\sin\theta = \frac{v}{v_S} = \frac{1}{Mach}$。

---

1. A girl is sitting near the open window of a train that is moving at a velocity 10.00 m/s to the east. The girl's uncle stands near the tracks and watches the train move away. The locomotive whistle emits sound at the frequency of 500.0 Hz. The air is still. What frequency does the uncle hear? (The speed of sound is 343 m/s .)

    (A) 471.7 Hz (B) 485.8 Hz (C) 500.0 Hz (D) 515.0 Hz (E) 530.0 Hz

    (93 高醫)

答案：(B)。

解說：利用 $f_L = \frac{v \pm v_L}{v \mp v_S} f$。

$$f_L = \frac{343+0}{343+10} \times 500 = 485.8 \text{(Hz)} 。$$

---

2. A car approaches a stationary police car at 36 m/s. The frequency of the siren (relative to the police car) is 500 Hz. What is the frequency (in Hz) heard by an observer in the moving car as he approaches the police car? (Assume the velocity of sound in air is 343m/s.)

    (A) 220 (B) 383 (C) 448 (D) 526 (E) 552

    (107 高醫)

答案：(E)。

解說：利用 $f_L = \frac{v \pm v_L}{v \mp v_S} f$。

$$f_L = \frac{343+36}{343+0} \times 500 = 552 \text{(Hz)} 。$$

3. An ambulance moves at a speed of 50 km/hr, and its siren emitting sound at a frequency of 5.0×10^2 Hz. What frequency of sound is heard by a runner who is running at 4m/s approaching each other in the opposite direction (the speed of sound in air is 345 m/s)?

(A) 47 Hz (B) 475 Hz (C) 506 Hz (D) 527 Hz (E) 555 Hz

(108 高醫)

答案：(D)。

解：利用 $f_L = \frac{v \pm v_L}{v \mp v_S} f$。

$$f_L = \frac{345+4}{345-50 \times \frac{1000}{3600}} \times 5 \times 10^2 = 527 (\text{Hz})。$$

4. A police car chases fugitives on the highway at 144 km/hr, its siren emitting sound at a frequency of 500 Hz. What frequency is heard by a passenger in a car traveling at 108 km/hr in the opposite direction as the police car and car approach each other? Assume the speed of sound in the air is 345 m/s.

(A) 420 Hz (B) 495 Hz (C) 545 Hz (D) 595 Hz (E) 625 Hz

(109 高醫)

答案：無答案。

解說：利用 $f_L = \frac{v \pm v_L}{v \mp v_S} f$。

先進行單位換算：144 km/hr − 40 m/s；108 km/hr = 30 m/s。

因為聽者以 30 m/s 接近而發聲者以 40 m/s 接近中，所以

$$f_L = \frac{345+30}{345-40} \times 500 = 615 (\text{H})。$$

5. Two cars are approaching to each other. Car A moves at speed $v_A = 108.0$ km/hr, and the car B at $v_B = 72.0$ km/hr. The car A sends out a horn sound traveling in air with speed of 343 m/s. The horn's sound frequency as detected by the car B is 1000 Hz. The horn's sound frequency that car A sends out is _____.

(A) 1212 Hz (B) 1154 Hz (C) 948 Hz (D) 862 Hz (E) 821 Hz

(109高醫)

答案：(D)。

解說：$f_L = \frac{v \pm v_L}{v \mp v_S} f$。

先進行單位換算：108 km/hr = 30 m/s；72 km/hr = 20 m/s。

因為聽者以 20 m/s 接近而發聲者以 30 m/s 接近中，所以

$f_B = 1000 = \frac{343+20}{343-30} f \rightarrow f = \frac{313}{363} \times 1000 = 862(\text{Hz})$。

6. A car approaches a stationary police car at 36 m/s. The frequency of the siren (relative to the police car) is 500 Hz. What is the frequency (in Hz) heard by an observer in the moving car as he approaches the police car? (Assume the velocity of sound in air is 343 m/s.)

(A) 220 (B) 383 (C) 448 (D) 526 (E) 552

(110 高醫)

答案：(E)。

解說：都卜勒效應 $f_L = \frac{v \pm v_L}{v \mp v_S} f$。

$f_L = \frac{343+36}{343} \times 500 = 552(\text{Hz})$。

第十二章 溫度與熱

重點一 熱平衡與溫度

1. 熱平衡(thermal equilibrium)：當兩個系統達熱平衡時，這兩個系統具有相同的溫度。反之亦然。

2. 熱力學第零定律(the zeroth law of thermodynamics)

    若系統 C 分別與系統 A、系統 B 達熱平衡，則系統 A 與系統 B 也達熱平衡。

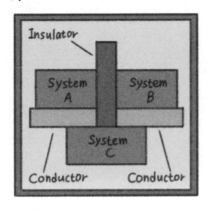 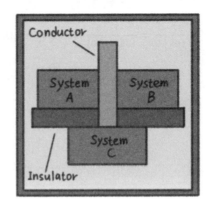

3. 溫標

    ◎ 攝氏溫標(Celsius temperature scale)：將水的冰點溫度訂為 0，水的沸點溫度訂為 100，以 °C 表示。

    ◎ 華氏溫標(Fahrenheit temperature scale)：將水的冰點溫度訂為 32，而水的沸點溫度訂為 212，以 °F 表示。

    ◎ 互換公式：$T_F = \frac{9}{5}T_C + 32$、$T_C = \frac{5}{9}(T_F - 32)$。

    ◎ 絕對溫標與攝氏溫標的關係：$T_K = T_C + 273.15$。

1. On a new temperature scale (ºL), water boils at 155.00ºL and freezes at – 10.00ºL. Calculate the normal human body temperature using this temperature scale. On the Celsius scale, normal human body temperature is 37.0ºC, and water boils at 100.0ºC and freezes at 0.0ºC.
   (A) 57.30ºL (B) 47.35ºL (C) 51.05ºL (D) 61.05ºL (E) 41.05ºL

   (108 高醫)

答案：(C)。

解說：利用溫度差成等比關係。

$$\frac{37-0}{100-0} = \frac{x-(-10)}{155-(-10)} \rightarrow x = 51.05(ºL)。$$

重點二 熱膨脹

1. 線膨脹(linear expansion)：

   ◎ 當溫度變化不是很大時，物棒的長度變化量(ΔL)與溫度變化量(ΔT)成正比。

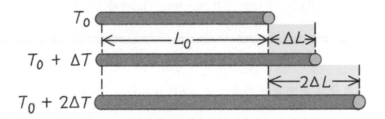

   ◎ 當溫度變化量固定時，物棒的長度變化量(ΔL)也與物體棒原長度(L_0)成正比。

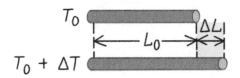

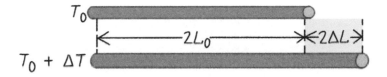

   ◎ 公式：$\Delta L = L - L_0 = \alpha L_0 \Delta T$，也可以寫成 $L = L_0(1 + \alpha \Delta T)$，其中 α 為線膨脹係數(coefficient of linear expansion)。

2. 體膨脹(volume expansion)

   ◎ 當溫度變化不是很大時，物體的體積變化量(ΔV)與溫度變化量(ΔT)和原體積(V_0)成正比。

   ◎ 公式：$\Delta V = V - V_0 = \beta V_0 \Delta T$，其中 β 為體膨脹係數(coefficient of volume expansion)。

   ◎ 對固體而言，$\beta = 3\alpha$。

3. 熱應力(thermal stress)：$\dfrac{F}{A} = -Y\alpha\Delta T$，$Y$ 是楊氏模數，α 是線膨脹係數。

---

1. Imagine an aluminum cup of 0.10 liter capacity filled with glycerin at 22°C. How much glycerin will spill out of the cup if the temperature of the cup and glycerin is raised to 28°C? (The coefficient of volume expansion of glycerin is 5.1×10^{-4} /°C，the coefficient of linear expansion of aluminum is 2.3×10^{-5} /°C)

   (A) 292.2 mm^3 (B) 264.6 mm^3 (C) 26.6 mm^3 (D) 345.1 mm^3 (E) 487.4 mm^3

   (92 高醫)

答案：(B)。

解說：甘油膨脹量減去容量膨脹量，所以 $\Delta V = V_0 (\beta_{gly} - 3\alpha_{Al}) \Delta T$，其中 β_{gly} 為

甘油的體膨脹係數，α_{Al} 為鋁的線膨脹係數。

$$\Delta V = 0.1 \times (5.1 \times 10^{-4} - 3 \times 2.3 \times 10^{-5}) \times (28 - 22)$$

$$= 2.646 \times 10^{-4} (L)。$$

所以 $\Delta V = 264.6 \ (mm^3)$。

重點三 熱量

1. 熱量(quantity of heat)

   ◎ 溫度變化所傳遞的熱量為 $Q = mc\Delta T$ 或 $dQ = mcdT$，其中 m 是物質
   質量，c 是物質的比熱(specific heat)。

   ◎ 熱量單位：卡(calorie)。1 卡定義為 1g 的純水從 14.5°C 上升至 15.5°C 所
   需要吸收的熱量。

   ◎ 與單位焦耳的關係：1 cal = 4.186 J。

   ◎ 比熱是指單位質量的物質，在單位溫度變化下所對應的熱量，即 $c = \frac{Q}{m\Delta T}$
   或 $c = \frac{1}{m}\frac{dQ}{dT}$。

   ◎ 熱容(heat capacity)：系統在單位溫度變化下所對應的熱量，即質量與比
   熱的乘積(mc)。

   ◎ 莫耳熱容量(molar heat capacity)：1 莫耳物質在單位溫度變化下所對應的
   熱量，即 $C = Mc$，其中 M 是莫耳質量，所以 $Q = nC\Delta T$ 或 $dQ = ncdT$。

2. 相變

   ◎ 給定壓力下，相變發生在特定溫度，同時伴隨吸熱或放熱以及體積和密
   度的變化。

   ◎ 熔化熱(latent heat of fusion)：單位質量從固相熔化成液相所需的熱量
   例如：冰在 0°C 熔化成水的熔化熱為 $L_f = 3.34 \times 10^5$ J/kg = 79.6 cal/g。

   ◎ 汽化熱(latent heat of vaporization)：單位質量從液相汽化成氣相所需的熱
   量。例如：水在 100°C 汽化成水蒸氣的汽化熱為
   $L_v = 2.256 \times 10^6$ J/kg = 539 cal/g。

   ◎ 熱量計算：$Q = mL_f$，$Q = mL_v$。

1. Two different samples have the same mass and temperature. Equal quantities of energy are absorbed as heat by each. Their final temperatures may be different because the samples have different:
   (A) thermal conductivities (B) coefficients of expansion (C) densities
   (D) volumes (E) heat capacities

   (106 高醫)

答案：(E)。

解說：利用 $Q = mc\Delta T$。

　　當吸熱(Q)和質量(m)相同時，溫差(ΔT)不同，則比熱(c)不同。

2. If 10 kg of ice at 0°C is mixed with 100 kg of water at 80°C and is additionally heated with 4620 kJ, what is the final temperature of the water? (The heat capacity constant of water is 4.2l J·kg^{-1}·K^{-1}, and the latent heat of fusion of water is 333kJ·kg^{-1}.)
   (A) 45°C (B) 55°C (C) 65°C (D) 70°C (E) 75°C

   (107 高醫)

答案：(E)。

解說：假設平衡溫度為T，則冰與80°C水的總吸熱等於額外的加熱。

$$10 \times 333 + 10 \times 4.2 \times (T - 0) + 100 \times 4.2 \times (T - 80) = 4620$$

$$\rightarrow T = 75.5 \ (°C)$$

3. Please calculate the specific heat capacity of a metal if 15.0 g of it requires 169.6 J to change the temperature from 25.00°C to 32.00°C?
   (A) 0.619 J/g°C (B) 11.3 J/g°C (C) 24.2 J/g°C (D) 1.62 J/g°C
   (E) 275 J/g°C

   (110 高醫)

答案：(D)。

解說：$c = \frac{Q}{m\Delta T}$。

$c = \frac{169.6}{15 \times (32-25)} = 1.62$ (J/g°C)。

重點四 熱傳機制

1. 熱流率(heat current)：單位時間內通過物體所傳遞的能量，即 $H = \frac{dQ}{dt}$。

2. 傳導：熱流率與截面積大小、溫度差成正比，和長度成反比。

   ◎ 公式：$H = -kA\frac{dT}{dx} = -kA\frac{\Delta T}{\Delta x}$，其中 k 是熱傳導係數，$\frac{dT}{dx}$ 或 $\frac{\Delta T}{\Delta x}$ 為溫度梯度 (temperature gradient)。負號指出熱流是朝向低溫方向傳遞。

   ◎ 熱阻(thermal resistance)：$H = -\frac{A\Delta T}{R} \rightarrow R = \frac{L}{k}$。

   ◎ 不同物質合成的傳導：$H = -\frac{A\Delta T}{\sum R_i} = -\frac{A\Delta T}{\sum \frac{L_i}{k_i}}$。

3. 對流

   ◎ 強迫對流(forced convection)：流體透過幫浦(泵)進行循環的對流。

   ◎ 自然對流(natural convection)或自由對流(free convection)：因為熱膨脹導致密度變化所引起的對流。

   ◎ 對流產生的熱量傳播正比於表面積大小。

   ◎ 流體的黏性(viscosity)會減緩自然對流，這會給出一層熱絕緣薄膜。

   ◎ 強迫對流會減少這層薄膜的厚度，這就是所謂的風寒效應(wind-chilled factor)。

   ◎ 對流的熱流率大約正比於流體本體和表面之間溫差的 $\frac{5}{4}$ 次方。

4. 輻射(radiation)

   ◎ Stefan-Boltzmann 定律：$H = Ae\sigma T^4$，其中 T 是絕對溫度，$\sigma = 5.67 \times 10^{-8}$ W/m²·K⁴ 為 Stefan-Boltzmann 常數。

   ◎ 放射率(emissivity)：相同溫度下某表面輻射速率與理想表面輻射速率的比值，$0 < e < 1$。

   ◎ 考慮環境溫度(T_s)，總輻射率為 $H_{net} = Ae\sigma\left(T^4 - T_s^4\right)$，其中 T 為物體溫度，T_s 為環境溫度。

---

1. A stainless steel container has a surface area of 0.5 m^2 and thick ness of 2 cm. If the container is fully filled with 57°C hot water and the temperature in the room is 27°C , what is the rate of energy loss through the container? (The thermal conductivity of stainless steel is 80 W/m/K)
    (A) 30 kW (B) 60 kW (C) 120 kW (D) 180 kW (E) 210 kW

    (108 高醫)

答案：(B)。

解說：利用 $H = -kA\dfrac{dT}{dx} = -kA\dfrac{\Delta T}{\Delta x}$。

$$H = -80 \times 0.5 \times \frac{27-57}{0.02} = 60000(\text{W}) = 60 \text{ (kW)} 。$$

---

2. One surface is remained at temperature of 300 K and its heat current in radiation is H. When it was heated to 600 K, what is the heat current in radiation of this surface comparing to that at 300 K?
    (A) 32H (B) 16H (C) 8H (D) 4H (E) 2H

    (109 高醫)

解答：(B)。

解說：利用Stefan-Boltzmann定律，$H = Ae\sigma T^4$。

因為溫度變為2倍，所以熱流率變為$2^4 = 16$倍。

---

3. A styrofoam container used as a picnic cooler contains a block of ice at 0°C. If 225 g of ice melts in 1 hour, how much heat energy (Joule) per second is passing through the walls of the container? (The heat of fusion of ice is 3.33×10^5 J/kg).
    (A) 20.8 (B) 124.8 (C) 1800.0 (D) 7492.5 (E) 749250.0

    (110 高醫)

答案：(A)。

解說：$P = \dfrac{Q}{\Delta t} = \dfrac{mL_f}{\Delta t} = \dfrac{0.225\times3.33\times10^5}{3600} = 20.8(\text{W})$。

第十三章 氣體動力論

重點一 氣體方程式與相圖

1. 理想氣體方程式(ideal-gas equation)

   ◎ $pV = nRT$，其中 p 是壓力、V 是氣體體積、n 是氣體莫耳數、T 是氣體

   溫度，R 是理想氣體常數 8.314 J/mol·K = 0.0821 L·atm/mol·K。

   ◎ $pM = \rho RT$，其中 ρ 是氣體密度，M 是氣體莫耳分子量。

2. 凡得瓦方程式(van der Waals equation)

   ◎ $\left(p + \dfrac{an^2}{V^2}\right)(V - nb) = nRT$，其中 a、b 是與氣體種類有關的常數。

3. p-V-T 圖

   ◎ 理想氣體方程式的 p-V-T 圖

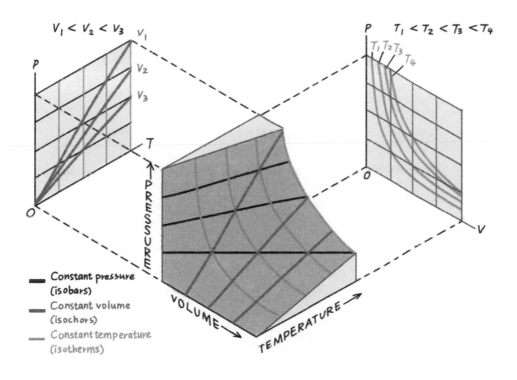

◎ 一般物質的 *p-V-T* 圖

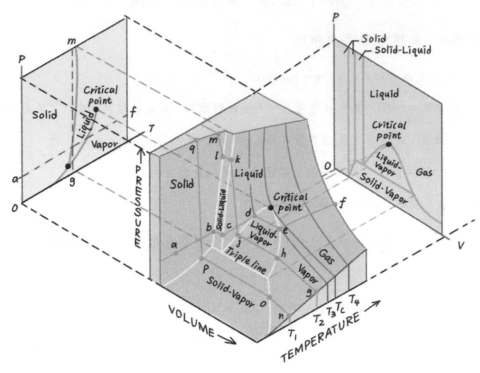

4. 相圖

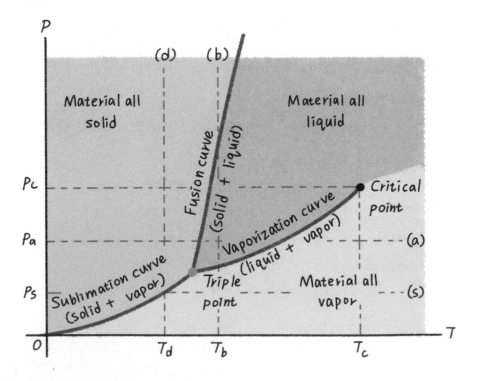

1. Examine the phase diagram for the substance Bogusium (Bo) and select the correct statement.

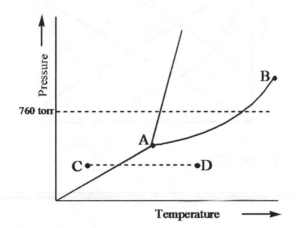

(A) Bo changes from a liquid to a gas as one follows the line from C to D.

(B) The triple point for Bo is at a higher temperature than the melting point for Bo.

(C) Bo changes from a solid to a liquid as one follows the line from C to D.

(D) Point B represents the critical temperature and pressure for Bo.

(E) Bo(s) has a lower density than Bo(l).

(108 高醫)

答案：(D)。

解說：(A)(C)沿 C 至 D，Bo 由固體變成氣體。

　　　(B)三相點溫度低於熔點溫度。

　　　(E)固體密度高於液體密度。

2. Which of the lines in the figure below is the best representation of the relationship between the volume of a gas and its pressure, other factors remaining constant?

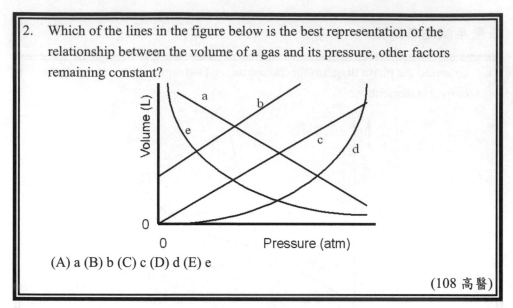

(A) a (B) b (C) c (D) d (E) e

(108 高醫)

答案:(E)。

解說:$pV = $ 常數 $\rightarrow V$ 與 p 成反比。

重點二　分子動力模型

1. 波茲曼常數(Boltzmann constant)：$k_B = \frac{R}{N_A} = 1.38 \times 10^{-23}$ J/molecule·K，其中 $N_A = 6.02 \times 10^{23}$ molecules/mol 為亞弗加厥數(Avogadro's number)。

2. 壓力與分子動能

   ◎ 平均總動能：$K_{tr} = \frac{1}{2}Nm(v^2)_{ave} = \frac{3}{2}nRT = \frac{3}{2}pV$。

   ◎ 每個分子的平均動能：$\frac{1}{2}m(v^2)_{ave} = \frac{3}{2}k_BT$。

重點三　分子的碰撞

1. 單位時間的碰撞次數：$\frac{dN}{dt} = \frac{4\pi\sqrt{2}r^2vN}{V}$，其中 r 為分子半徑，v 是分子速率，N 是分子數量，V 是體積。

2. 平均自由時間(mean free time)：$t_{mean} = \frac{V}{4\pi\sqrt{2}r^2vN}$。

3. 平均自由徑(mean free path)：$\lambda = vt_{mean} = \frac{V}{4\pi\sqrt{2}r^2N} = \frac{kT}{4\pi\sqrt{2}r^2p}$。

重點四　分子速率

1. 最可能速率(most probable speed)：$v_{mp} = \sqrt{\frac{2RT}{M}} = \sqrt{\frac{2k_BT}{m}}$，其中 M 為莫耳分子量，m 為分子質量。

2. 平均速率：$v_{ave} = \sqrt{\frac{8RT}{\pi M}} = \sqrt{\frac{8k_BT}{\pi m}}$。

3. 均方根速率(root-mean-square speed)：$v_{rms} = \sqrt{(v^2)_{ave}} = \sqrt{\frac{3RT}{M}} = \sqrt{\frac{3k_BT}{m}}$。

4. $v_{mp} < v_{ave} < v_{rms}$。

---

1. Suppose that the temperature at the center of the Sun is $2.00×10^7$ K, what is the average translational kinetic energy of a proton in the Sun's center? ($k = 1.38×10^{-23}$ J/K)
   (A) $1.38×10^{-16}$ J (B) $4.14×10^{-16}$ J (C) $5.52×10^{-16}$ J
   (D) $7.64×10^{-16}$ J (E) $8.96×10^{-16}$ J

   (93 高醫)

答案：(B)。

解說：每個分子的平均動能為$\frac{3}{2}k_B T$。

$$\frac{3}{2} × 1.38 × 10^{-23} × 2 × 10^7 = 4.14 × 10^{-16} \ (J)。$$

---

2. Calculate the ratio of the root-mean-square velocities (μ_{rms}) of H_2 to SO_2.
   (A) 1.0 (B) 0.18 (C) 32 (D) 5.6 (E) 180

   (109 高醫)

答案：(D)。

解說：$v_{rms} = \sqrt{\frac{3RT}{M}}$。

$$\frac{v_{H_2}}{v_{SO_2}} = \sqrt{\frac{M_{SO_2}}{M_{H_2}}} = \sqrt{\frac{64}{2}} = 4\sqrt{2} = 5.7。$$

第十四章 熱力學

重點一 熱力系統做功

1. 系統對環境做功：$dW = pdV \rightarrow W = \int_{V_1}^{V_2} pdV$。

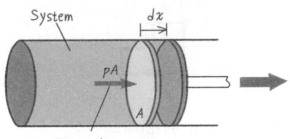

2. 系統做功等於 pV 圖曲線下的面積。

   ◎ 體積膨脹，系統對外界作正功。

   ◎ 體積收縮，系統對外界作負功，或說外界對系統作正功。

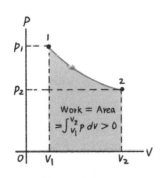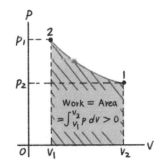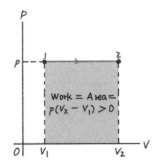

3. 等壓程序的功：$W = p(V_2 - V_1) = nR(T_2 - T_1)$。

4. 等溫程序的功：$W = \int_{V_1}^{V_2} nRT \dfrac{dV}{V} = nRT \ln \dfrac{V_2}{V_1}$。

1. If a gas undergoes a series of pressure (P) and volume (V) changes, as shown below, how much work is done by the gas along the path a→b→c→d →e→f→a

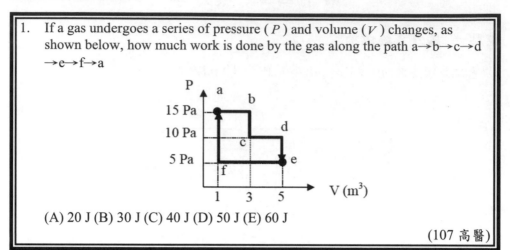

(A) 20 J (B) 30 J (C) 40 J (D) 50 J (E) 60 J

(107 高醫)

答案：(B)。

解說：循環程序所作的功為封閉曲線內的面積。

$W = 3 \times 5 \times 2 = 30$ (J)。

重點二 熱力學第一定律

1. 內能(internal energy)：系統中所有組成粒子的動能以及所有粒子之間相互作用之位能總和。

2. 熱力學第一定律

   ◎ $dU = dQ - dW$ 或 $\Delta U = Q - W$。

   ◎ 正負規定：系統吸熱 Q 為正值，系統放熱 Q 為負值；系統對外界作功 W 為正值，外界對系統作功 W 為負值。

   ◎ 內能變化(ΔU、dU)與路徑無關，但是熱量(Q、dQ)和功(W、dW)則與路徑有關。

3. 循環程序(cyclic process)：系統的最終狀態回到初始狀態的程序。

   ◎ $\Delta U = 0$。

   ◎ $Q = W$。

4. 絕熱程序(adiabatic process)：系統沒有熱量進出的程序。

   ◎ $Q = 0$。

   ◎ $\Delta U = -W$。

5. 定容程序(isochoric process)：系統體積保持固定的程序。

   ◎ $W = 0$。

   ◎ $\Delta U = Q$。

6. 等壓程序(isobaric process)：系統壓力保持固定的程序。

   ◎ $W = p\Delta V = p(V_2 - V_1)$。

   ◎ $\Delta U = Q - p\Delta V$。

7. 等溫程序(isothermal process)：系統溫度保持固定的程序。

   ◎ $\Delta U = Q - W$。

   ◎ 系統熱量的進出必須足夠緩慢才能維持熱平衡。

8. 絕熱、等容、等壓、等溫四種熱力程序在 pV 圖上的路徑。

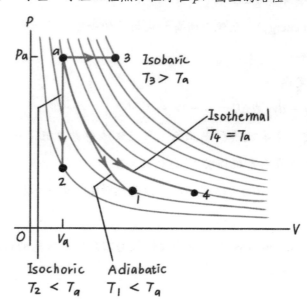

1. In process *ab*, 20 J of heat is added to the system. In process *bd*, 80 J of heat is added to the system. Find the internal energy change ΔU in process *abd*

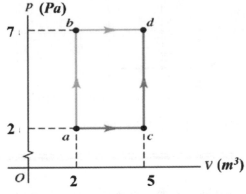

(A) 21 J (B) 59 J (C) 79 J (D) 101 J (E) 121 J

(108 高醫)

答案：(C)。

解說：利用 $\Delta U = Q - W$。

$\Delta U_{abd} = Q_{abd} - W_{abd}$。

$W_{abd} = 7 \times (5 - 2) = 21$ (J)。

$Q_{abd} = Q_{ab} + Q_{bd} = 20 + 80 = 100$ (J)。

$\Delta U_{abd} = 100 - 21 = 79$ (J)。

2. In process ab, 20 J of heat is added to the system. In process bd, 80 J of heat is added to the system. Find the internal energy change ΔU in process *acd*?

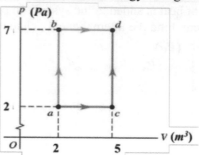

(A) 0 J (B) 20 J (C) 59 J (D) 79 J (E) 100 J

(109 高醫)

答案:(D)。

解說:內能變化只和始終狀態有關,與路徑無關,所以$\Delta U_{acd} = \Delta U_{abd}$。

$\Delta U_{ab} = Q_{ab} - W_{ab} = 20 - 0 = 20$ (J)。

$\Delta U_{bd} = Q_{bd} - W_{bd} = 80 - 7 \times 3 = 59$ (J)。

$\Delta U_{acd} = \Delta U_{abd} = \Delta U_{ab} + \Delta U_{bd} = 20 + 59 = 79$ (J)。

本題與上題可以算是同樣的題目。

3. As a gas is held within a closed chamber, it passes through the cycle shown in the figure. Along path *ab*, the change in the internal energy is 3.0 J and the magnitude of the work done is 5.0 J. Along path *ca*, the energy transferred to the gas as heat is 2.5 J. How much the change in the internal energy along path *bc*?

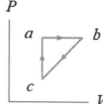

(A) +5.5 J (B) +10.5 J (C) -0.5 J (D) -10.5 J (E) -5.5 J

(109高醫)

答案:(E)。

解說:利用循環程序$\Delta U = 0$。

$\Delta U_{bc} = -(\Delta U_{ca} + \Delta U_{ab}) = -(Q_{ca} - W_{ca} + \Delta U_{ab})$。

因為程序 ca 是等容程序,所以 $W_{ca} = 0$。

$\Delta U_{bc} = -(2.5 - 0 + 3) = -5.5$ (J)。

4. Which of the following answers is a correct description of the corresponding process as indicated in the figure?

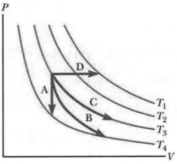

   (A) Isobaric (B) Adiabatic (C) Isovolumetric (D) Isothermal
   (E) None of the above is correct.

(110 高醫)

答案：(B)。

解說：(A)等容(isochoric)。

　　　(B)絕熱(adiabatic)。

　　　(C)等溫(isothermal)。

　　　(D)等壓(isobaric)。

5. How much is the internal energy change of a gas that expands from i to f as indicated in the figure if there is also a frictional heat loss of 10 J?

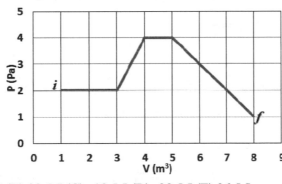

   (A) -34.5 J (B) 22.5 J (C) -18.5 J (D) -28.5 J (E) 36.5 J

(110 高醫)

答案：(D)。

解說：$\Delta U = Q - W$。

　　　曲線下的面積為氣體對環境做功，$W = 18.5(J)$。

　　　$\Delta U = (-10) - (18.5) = -28.5(J)$。

重點三 理想氣體的熱力程序

1. 絕熱自由膨脹

   ◎ $Q = 0$ 且 $W = 0 \rightarrow \Delta U = 0$。

   ◎ 理想氣體的內能只和溫度有關,和其壓力與體積無關,即 $U(T)$。

2. 莫耳熱容(molar heat capacity)

   ◎ 等容莫耳熱容:$dU = dQ = nC_V dT$,其中 C_V 為等容莫耳熱容。

   ◎ 等壓莫耳熱容:$C_p - C_V = R$,其中 C_p 為等壓莫耳熱容。

   ◎ 熱容比:$\gamma = \dfrac{C_p}{C_V}$。

3. 能量均分定理(equipartition of energy):每個分子的每一個速度組成(自由度) 所伴隨的平均動能為 $\dfrac{1}{2}kT$。

4. 單原子氣體

   ◎ 等容莫耳熱容:$C_V = \dfrac{3}{2}R$。

   ◎ 等壓莫耳熱容:$C_p = \dfrac{5}{2}R$。

   ◎ 熱容比:$\gamma = \dfrac{5}{3}$。

5. 雙原子氣體:多出兩個轉動自由度。一般暫不考慮振動自由度。

   ◎ 等容莫耳熱容:$C_V = \dfrac{5}{2}R$。

   ◎ 等壓莫耳熱容:$C_p = \dfrac{7}{2}R$。

   ◎ 熱容比:$\gamma = \dfrac{7}{5}$。

6. 理想氣體的絕熱程序

   ◎ 溫度與體積的關係:$T_1 V_1^{\gamma-1} = T_2 V_2^{\gamma-1}$。

   ◎ 壓力與體積的關係:$p_1 V_1^{\gamma} = p_2 V_2^{\gamma}$。

   ◎ 作功:$W = nC_V(T_1 - T_2) = \dfrac{C_V}{R}(p_1 V_1 - p_2 V_2) = \dfrac{1}{\gamma-1}(p_1 V_1 - p_2 V_2)$。

※歷年試題集錦※

1. A sample of 770 mol of nitrogen gas is maintained at a constant pressure of 1.0 atm in a flexible container. The gas is heated from 40°C to 180°C. What is the change in internal energy? (C_p = 6.95 cal/mol·°C, R = 8.315 J//mol·K)
(A) 3.32×10^4 J (B) 2.24×10^6 J (C) 6.22×10^6 J (D) 7.12×10^7 J (E) 8.82×10^7 J

(93 高醫)

答案：(B)。

解說：利用 $dU = dQ = nC_V dT$、$C_p - C_V = R$。

$\Delta U = nC_V \Delta T = n(C_p - R)\Delta T$。

氮氣為雙原子分子，所以

$\Delta U = 770 \times (6.95 \times 4.182 - 8.315) \times (180 - 40) = 2.24 \times 10^6$ (J)。

注意單位的換算：熱功當量 1 cal = 4.182 J。

2. In which process will the internal energy of the system NOT change?
(A) An adiabatic expansion of an ideal gas.
(B) The evaporation of a quantity of a liquid at its boiling point.
(C) An isothermal compression of an ideal gas.
(D) An isobaric expansion of an ideal gas.
(E) The freezing of a quantity of liquid at its melting point

(94高醫)

答案：(C)。

解說：(A) 絕熱膨脹時，系統對外界作功，$\Delta U = -W < 0$。

(B) 液體在沸點氣化時，液體吸熱並且體積膨脹，系統對外界作功，

$\Delta U = Q - W \neq 0$。

(C) 理想氣體的內能只和溫度有關，所以在等溫程序中內能不變。

(D) 理想氣體等壓膨脹時，溫度上升，內能增加。

(E) 液體在熔點固化時，液體放熱。通常體積變化(可能膨脹可能收縮)較

少，可以忽略對外界所作的功，所以 $\Delta U \cong Q$

3. Which is an incorrect statement for heat capacity of ideal gases?
   (A) C_V is identical for monatomic ideal gases
   (B) Molecular motion of monatomic ideal gas is zero
   (C) C_V of polyatomic ideal gas is larger than C_V of monatomic ideal gas
   (D) $C_p > C_V$ in all ideal gases
   (E) $C_p = \frac{5}{2}R$ for monatomic ideal gas

(109 高醫)

答案：(B)。

解說：(B)單原子分子的運動不為 0。

4. Two moles of an ideal gas undergo isothermal expansion from a volume of 1.0 L to a volume of 10.0 L against a constant external pressure of 1.0 atm. Calculate the changes of internal energy (ΔE). (1 L·atm = 101.3 J)
   (A) 9.12×10^2 J (B) 1.82×10^3 J (C) -9.12×10^2 J (D) -1.82×10^3 J
   (E) 0 J

(109 高醫)

答案：(E)。

解說：等溫程序內能不變。

5. Consider an adiabatic and reversible expansion process from state I to state II. Which of the following statements is true?
   (A) $P_1V_1 = P_2V_2$
   (B) $T_1V_1{}^\gamma = T_2V_2{}^\gamma$, $\gamma = C_p/C_V$
   (C) The final temperature will be higher than the initial temperature.
   (D) The final volume of the gas is much greater than the expansion were carried out isothermally.
   (E) The work delivered to the surrounding is much smaller than the expansion were carried out isothermally.

(110 高醫)

答案：(E)。

解說：(A) $P_1V_1{}^\gamma = P_2V_2{}^\gamma$。

(B) $T_1V_1{}^{\gamma-1} = T_2V_2{}^{\gamma-1}$。

從絕熱和等溫的 pV 圖可以看出

(C)絕熱膨脹程序的最後溫度低於等溫膨脹程序。

(D)絕熱膨脹程序的最後體積小於等溫膨脹程序。

(E)絕熱膨脹程序對環境的作功(路徑曲線下面積)少於等溫膨脹程序。

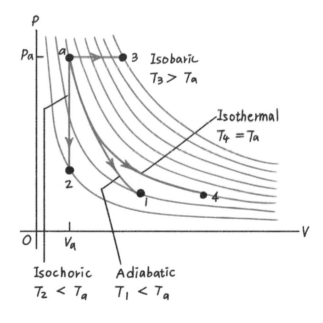

重點四 熱機(heat machine)

1. 將來自熱庫(hot reservoir)的部分熱量轉換成機械能(功)並於冷庫(cool reservoir)釋放部分熱量的機器。

2. 單一循環程序：$\Delta U = 0 = Q - W \rightarrow W = Q = |Q_H| - |Q_C|$，其中 Q_H 為來自熱庫的熱量，Q_C 為於冷庫釋放的熱量。

3. 熱效率(heat efficiency)：$e = \dfrac{W}{|Q_H|} = 1 - \dfrac{|Q_C|}{|Q_H|}$。

※歷年試題集錦※

1. A Carnot engine operates between two temperatures T_H and T_C. It takes in 600 J of heat from high-temperature reservoir at $T_H = 327°C$ in each cycle and gives up 200 J to the low-temperature (T_C) reservoir. What is the thermal efficiency of the cycle?
   (A) 67% (B) 33% (C) 75% (D) 50% (E) 25%

   (106 高醫)

答案：(A)。

解說：利用 $e = \dfrac{W}{|Q_H|} = 1 - \dfrac{|Q_C|}{|Q_H|}$。

$e = 1 - \dfrac{200}{600} = 0.67 = 67\%$。

重點五 冷凍機(refrigerator)與熱泵(heat pump)

1. 伴隨著功的輸入從冷庫攫取熱量釋放於熱庫中的機器。

2. 單一循環程序：$|W| = |Q_H| - |Q_C|$。

3. 冷凍機性能係數(COP，coefficient of performance)：$K_r = \frac{|Q_C|}{|W|} = \frac{|Q_C|}{|Q_H| - |Q_C|}$。

4. 熱泵性能係數(COP，coefficient of performance)：$K_h = \frac{|Q_H|}{|W|} = \frac{|Q_H|}{|Q_H| - |Q_C|}$。

重點六 熱力學第二定律

1. Kelvin-Planck statement：對任何系統而言，不可能進行如下的程序，從單一溫度的熱庫吸收熱能並完全轉換成機械能而還能使系統回到一開始的狀態。

2. Clausius statement：不可能有任何的程序只是將熱能從低溫物體傳到高溫物體(而不作功)。

3. 兩種敘述是等價的。

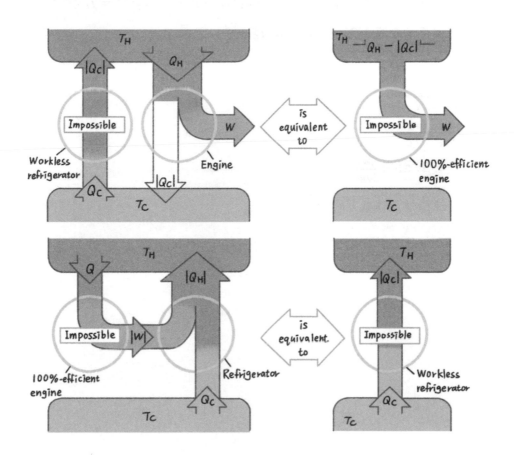

重點七 卡諾循環(Carnot cycle)

1. 卡諾循環的四個步驟：等溫膨脹 → 絕熱膨脹 → 等溫壓縮 → 絕熱壓縮。

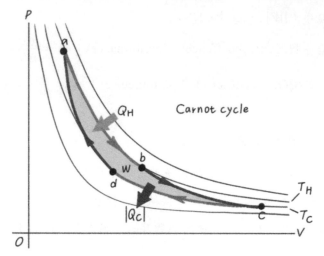

2. 等溫膨脹程序：$Q_H = W_{ab} = nRT_H ln\frac{V_b}{V_a}$。

3. 絕熱膨脹程序：$\Delta U_{bc} = -W_{bc} = nC_V(T_C - T_H)$，$T_H V_b{}^{\gamma-1} = T_C V_c{}^{\gamma-1}$。

4. 等溫壓縮程序：$Q_C = W_{cd} = nRT_C ln\frac{V_d}{V_c}$。

5. 絕熱膨脹程序：$\Delta U_{da} = -W_{da} = nC_V(T_H - T_C)$，$T_C V_d{}^{\gamma-1} = T_H V_a{}^{\gamma-1}$。

6. $\frac{V_b}{V_a} = \frac{V_c}{V_d}$。

7. $\frac{|Q_H|}{|Q_C|} = \frac{T_H}{T_C}$。

8. 熱效率：$e = \frac{|W|}{|Q_H|} = 1 - \frac{T_C}{T_H}$。

9. 冷凍機性能係數：$K_r = \frac{|Q_C|}{|W|} = \frac{T_C}{T_H - T_C}$。

10. 熱泵性能係數：$K_h = \frac{|Q_H|}{|W|} = \frac{T_H}{T_H - T_C}$。

1. A Carnot engine operates between a hot reservoir at 320 K and a cold reservoir at 260 K. If it absorbs 500 J of heat at the hot reservoir, how much work does it deliver?
   (A) 34 J (B) 57 J (C) 94 J (D) 73 J (E) 109 J

   (92 高醫)

答案：(C)。

解說：利用卡諾循環的熱效率 $e = \frac{|W|}{|Q_H|} = 1 - \frac{T_C}{T_H} \rightarrow |W| = \left(1 - \frac{T_C}{T_H}\right)|Q_H|$。

$|W| = \left(1 - \frac{260}{320}\right) \times 500 = 94$ (J)。

2. A company that produces pulsed gas heaters claims their efficiency is approximately 90%. If an engine operates between 250°C and 25°C, what is its maximum thermodynamic efficiency?
   (A) 43% (B) 56% (C) 65% (D) 83% (E) 90%

   (94 高醫)

答案：(A)。

解說：利用 $e = \frac{|W|}{|Q_H|} = 1 - \frac{T_C}{T_H}$。

$e = 1 - \frac{273+25}{273+250} = 0.43 = 43\%$。

3. An engine is designed to obtain energy from the temperature gradient of the ocean. What is the thermodynamic efficiency of such an engine if the temperature of the surface of the water is 15°C and the temperature below the surface is 5°C?
   (A) 96% (B) 67% (C) 31% (D) 17% (E) 3.5%

   (107 高醫)

答案：(E)。

解說：利用 $e = \frac{|W|}{|Q_H|} = 1 - \frac{T_C}{T_H}$。

利用 $e = 1 - \frac{273+5}{273+15} = 0.035 = 3.5\%$。

4. A Carnot engine takes 2000 J of heat from a reservoir at 500 K, does some work, and discards some heat to reservoir at 300K. What is its efficiency
(A) 0.2 (B) 0.3 (C) 0.4 (D) 0.5 (E) 0.6

(108高醫)

答案：(C)。

解說：利用 $e = \frac{|W|}{|Q_H|} = 1 - \frac{T_C}{T_H}$。

$e = 1 - \frac{300}{500} = 0.4$。

---

5. Which step is one of the Carnot cycle?
(A) Isobaric compression (B) Isochoric compression
(C) Isothermal compression (D) Isochoric expansion (E) Isobaric expansion

(109高醫)

答案：(C)。

解說：卡諾循環的四個步驟：等溫膨脹→絕熱膨脹→等溫壓縮→絕熱壓縮。

isobaric(等壓的)；isochoric(等容的)；isothermal(等溫的)。

---

6. What is the efficiency if a Carnot engine transfers 9.5×10^3 J of energy from a hot reservoir during a cycle and dumps 2×10^3 J heat to a cold reservoir?
(A) 0.69 (B) 0.84 (C) 0.79 (D) 0.65 (E) 0.72

(110 高醫)

答案：(C)。

解說：$e = \frac{|W|}{|Q_H|} = \frac{|Q_H| - |Q_C|}{|Q_H|}$。

$e = \frac{(9.5-2) \times 10^3}{9.5 \times 10^3} = 0.79$。

重點八 熵(entropy)

1. 熵的定義：在溫度 T 的極微可逆程序(infinitesimal reversible process)中熵的極微變化為 $dS = \frac{dQ}{T}$，其中 dQ 為可逆程序中的熱量。

2. 熵是系統的狀態函數，也就是說，狀態 1 的熵為 S_1，狀態 2 的熵為 S_2，則系統由狀態 1 變化到狀態 2 的熵變化為 $\Delta S = S_2 - S_1$，與其變化路徑無關。

3. 可逆程序：$\Delta S = \int_1^2 \frac{dQ}{T}$。

4. 不可逆程序的熵變化無法使用可逆程序的計算方法(即上述的 1.~3.)。但是，可以找出一條連結相同始終狀態的可逆程序來計算。

5. 熱力學第二定律：當包含所有與程序有關的系統時，沒有一個程序可以使總熵減少，即 $\Delta S_{total} \geq 0$。

6. 微觀觀點

   ◎ 對任何熱力系統而言，最可能的巨觀狀態是具有最多相應的微觀狀態，其亦正是具有最大亂度和最大熵的巨觀狀態。

   ◎ 假設 w 代表一個給定巨觀狀態下可能的微觀狀態數量，則此狀態下的熵為 $S = k \ln w$，其中 k 為波茲曼常數。

   ◎ $\Delta S = k \ln \frac{w_2}{w_1}$。

※歷年試題集錦※

1. One mole of an ideal gas expands slowly and isothermally at temperature T until its volume is doubled. The change of entropy of this gas for this process is:
   (A) $R\ln2$ (B) $\frac{\ln2}{T}$ (C) 0 (D) $RT\ln2$ (E) $2R$

   (92 高醫)

答案：(A)。

解說：利用 $\Delta S = \int_1^2 \frac{dQ}{T}$。

因為等溫膨脹，所以理想氣體的內能不變，即

$dU = dQ - dW = 0 \rightarrow dQ = dW = pdV$。

因此 $\Delta S = \int_1^2 \frac{dQ}{T} = \int_1^2 \frac{pdV}{T} = \int_V^{2V} \frac{nRdV}{V} = nR\ln2$。

由於是 1 莫耳，所以 $\Delta S = R\ln2$。

2. An ideal gas is allowed to undergo a free expansion. If its initial volume is V_1 and its final volume is V_2, the change in entropy is
   (A) $nRln\frac{V_2}{V_1}$ (B) $nRTln\frac{V_2}{V_1}$ (C) $nkln\frac{V_2}{V_1}$ (D) 0 (E) $nR\frac{V_2}{V_1}$

(94 高醫)

答案：(A)。

解說：自由膨脹為不可逆程序，因此要找出一條連結相同始終狀態的可逆程序來計算。

當理想氣體進行自由膨脹時，內能不變，溫度不變。因此可以找出連結起始狀態(p_1, V_1, T)與終點狀態(p_2, V_2, T)的可逆等溫程序計算。

$\Delta S = \int_1^2 \frac{dQ}{T} = \int_1^2 \frac{pdV}{T} = \int_{V_1}^{V_2} \frac{nRdV}{V} = nRln\frac{V_2}{V_1}$。

3. A cup of tea is made with 0.250 kg of 85ºC water. Then, the cup of tea cools down to room temperature 20.0ºC. What is the entropy change of the water while it cools? (For water, c = 4200 J/Kg·K)
   (A) 200 J/K (B) 230 J/K (C) 1050ln(1.22) J/K
   (D) 1050ln(0.818) J/K (E) 190 J/K

(106 高醫)

答案：(D)。

解說：假想有一個熱量進出極為緩慢而能維持平衡的一系列極微可逆等溫程序，則熵的變化為$\Delta S = \int_1^2 \frac{dQ}{T} = \int_{T_1}^{T_2} \frac{mcdT}{T} = mcln\frac{T_2}{T_1}$。

$\Delta S = 0.25 \times 4200 \times ln\frac{273+20}{273+85} = 1050ln(0.818)$ (J/K)$= -210$ (J/K)。

4. One mole of an ideal gas at 20°C is expanded isothermally and reversibly from 100 L to 200 L. Which statement is correct?
   (A) $\Delta S_{gas} = 0$ (B) $\Delta S_{surr} = 0$ (C) $\Delta S_{univ} = 0$ (D) $\Delta S_{gas} = R\ln 2$
   (E) $\Delta S_{gas} = \Delta S_{surr}$

   (106 高醫)

答案：(C)(D)。

解說：利用 $\Delta S = \int_1^2 \frac{dQ}{T}$。

因為是等溫膨脹，理想氣體的內能不變，所以

$dU = dQ - dW = 0 \rightarrow dQ = dW = pdV$。

因此 $\Delta S_{gas} = \int_1^2 \frac{dQ}{T} = \int_1^2 \frac{pdV}{T} = \int_V^{2V} \frac{nRdV}{V} = nR\ln 2$。

由於是 1 莫耳，因此 $\Delta S_{gas} = R\ln 2$。

又因為是可逆程序，所以 $\Delta S_{univ} = 0 \rightarrow \Delta S_{surr} = -\Delta S_{gas} = -R\ln 2$。

---

5. What is the entropy change for one mole ideal gas that expands from volume V to $4V$ in a free expansion process?
   (A) $4R$ (B) $2R$ (C) $(\ln4)R$ (D) $(\ln2)R$ (E) R

   (108 高醫)

答案：(C)。

解說：利用 $\Delta S = \int_1^2 \frac{dQ}{T}$。

因為 $n = 1$，所以 $\Delta S = \int_1^2 \frac{dQ}{T} = \int_1^2 \frac{pdV}{T} = \int_V^{4V} \frac{RdV}{V} = R\ln 4$。

---

6. There is a 1 kg gallium block and its melting point is around 30°C. What is the change of entropy when it was melted from solid to liquid at 30°C? (The fusion heat of gallium is $L_f = 80.18$ kJ/kg)
   (A) 0 (B) 0.265 kJ/K (C) 0.374 kJ/K (D) 2.673 kJ/K (E) 3.779 kJ/K

   (108 高醫)

答案：(B)。

解說：進行狀態變化時，溫度不變，所以 $\Delta S = \int_1^2 \frac{dQ}{T} = \frac{Q}{T} = \frac{mL_f}{T}$。

$\Delta S = \frac{1 \times 80.18}{273 + 30} = 0.265$ (kJ/K)。

7. A 30.0 g bullet shoot into an ice at speed of 2.4×10^2 m/s and stay inside. Assume the kinetic energy is transfer to thermal energy, and absorbed by the ice, what is the change in entropy of the ice?
(A) 86.4 J/K (B) 27.0 J/K (C) 31.6 J/K (D) 2.7 J/K (E) 3.16 J/K

(109高醫)

答案：(E)。

解說：冰吸收子彈的全部動能，所以

$$\Delta S = \frac{Q}{T} = \frac{mv^2}{2T} = \frac{0.03\times(2.4\times10^2)^2}{2\times273} = 3.16 \ (J/K)。$$

8. When the same temperature increase in a system, the change in entropy, ΔS, is the largest in a reversible _____.
(A) constant-volume process (B) constant-pressure process
(C) adiabatic process (D) process in which no heat is transferred
(E) process in which no work is performed

(110高醫)

答案：(B)。

解說：(A)(E) $\Delta S = \int_1^2 \frac{dQ}{T} = \int_1^2 \frac{nC_V dT}{T} = nC_V \ln\frac{T_2}{T_1}$。

(B) $\Delta S = \int_1^2 \frac{dQ}{T} = \int_1^2 \frac{nC_p dT}{T} = nC_p \ln\frac{T_2}{T_1}$。

(C)(D) $\Delta S = 0$。

因為$T_2 > T_1$且$C_P > C_V$，所以可逆等壓程序的熵最大。

9. A solid melt at 100°C by absorbing 2450 kJ heat. How much is the entropy change in this melting process?
(A) 8.23 kJ/K (B) 4.32 kJ/K (C) 7.43 kJ/K (D) 6.57 kJ/K (E) 5.69 kJ/K

(110高醫)

答案：(D)。

解說：$\Delta S = \frac{Q}{T}$。

$$\Delta S = \frac{2450}{373} = 6.57 \ (kJ/K)。$$

10. Please calculate the ΔS if ΔH_{vap} is 66.8 kJ/mol, and the boiling point is 83.4°C at 1 atm, when the substance is vaporized at 1 atm.
    (A) -187 J/K mol (B) 187 J/K mol (C) 801 J/K mol (D) -801 J/K mol
    (E) 0

(110高醫)

答案：(B)。

解說：$\Delta S = \dfrac{Q}{T}$。

$\Delta S = \dfrac{66.8 \times 10^3}{83.4 + 273} = 187$ (J/K mol)。

第十五章 靜電力及電場

重點一 基本電荷

1. 電子或質子所帶的電量是一個基本單位,即 $e = 1.6 \times 10^{-19}$ C。

2. 所有帶電體所帶的電量都是基本電荷的整數倍。

3. 電荷守恆原理(principle of conservation of charge):任何封閉系統中的總電荷數量為定值。

重點二 庫倫定律(Coulomb's law)

1. 兩個點電荷之間的靜電力大小與兩點電荷的帶電量乘積成正比,並且與兩點電荷之間的距離平方成反比。

2. $F = \frac{1}{4\pi\epsilon_0}\frac{q_1 q_2}{r^2}$,其中 $k = 9 \times 10^9$ N·m²/C² ,$\epsilon_0 = 8.85 \times 10^{-12}$ C²/N·m² 為真空的電容率(permittivity)或稱電常數(electric constant)。

3. $F > 0$ 表示排斥力;$F < 0$ 表示吸引力。

---

1. A proton with speed $v = 3.00 \times 10^5$ m/s orbits just outside a charged sphere. The radius of the orbit is 1.0 cm. What is the charge on the sphere? (The mass of a proton is 1.67×10^{-27} kg.)
   (A) 1.04×10^{-9} C (B) 3.47×10^{-8} C (C) 6.23×10^{-8} C
   (D) 6.50×10^{-8} C (E) 8.28×10^{-7} C

   (93 高醫)

答案：(A)。

解說：假設帶電球體的電量為 Q，質子所電量為 $e = 1.6 \times 10^{-19}$ C。

由質子所受靜電力即為向心力，所以

$$\frac{1}{4\pi\epsilon_0}\frac{eQ}{r^2} = \frac{mv^2}{r} \rightarrow Q = \frac{4\pi\epsilon_0 mv^2 r}{e}。$$

$$Q = \frac{1.67 \times 10^{-27} \times (3 \times 10^5)^2 \times 0.01}{9 \times 10^9 \times 1.6 \times 10^{-19}} = 1.04 \times 10^{-9}(C)。$$

---

2. Three charge particles are situated as illustrated. Particle 1 and 2 are fixed, while particle 3 is free to move. If there is no net force on the particle 3, what is the charge ratio q_2/q_1?

   (A) 2 (B) 2/3 (C) 3 (D) -2/3 (E) -2

   (109 高醫)

答案：無答案。

解說：利用 $F = \frac{1}{4\pi\epsilon_0}\frac{q_1 q_2}{r^2}$。

因為 q_3 受合力為 0，所以 $\vec{F}_{1 \to 3} + \vec{F}_{2 \to 3} = 0 \rightarrow \vec{F}_{1 \to 3} = -\vec{F}_{2 \to 3}$。

$$\frac{q_1}{(3L)^2} = -\frac{q_2}{(2L)^2} \rightarrow \frac{q_2}{q_1} = -\frac{4}{9}。$$

無選項符合。

3. Three point charges align along the *x*-axis as shown in the figure. What is the equilibrium position *x* of the charge q_2. (The electrical constant is k_e).

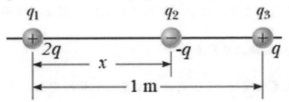

(A) 0.45 m (B) 0.62 m (C) 0.36 m (D) 0.78 m (E) 0.59 m

(110 高醫)

答案：(E)。

解說：$F = \dfrac{kqQ}{r^2}$。

　平衡點合力為0。

　$\left|\dfrac{2q}{x^2}\right| = \left|\dfrac{q}{(1-x)^2}\right| \rightarrow x^2 - 4x + 2 = 0 \rightarrow x = 2 \pm \sqrt{2}(+不合)$，

　所以$x = 0.59$(m)。

重點三 電場

1. 當空間中有電荷存在時，就會使其周遭的空間範圍產生電場。

2. 以測試電荷(q_0)的概念來定義電場：$\vec{E} = \dfrac{\vec{F}}{q_0}$。

3. 若空間中某位置的電場為$\vec{E}$，則在該位置的電荷所受到的電力為$\vec{F} = q\vec{E}$。

4. 正電荷受力方向與電場方向相同，負電荷受力方向與電場方向相反。

5. 點電荷的電場：$\vec{E} = \dfrac{q}{4\pi\epsilon_0 r^2}\hat{r}$，其中$\hat{r} = \dfrac{\vec{r}}{r}$為由點電荷指向外的單位向量。

6. 正電荷的電場方向為指向外，負電荷的電場方向為指向內。

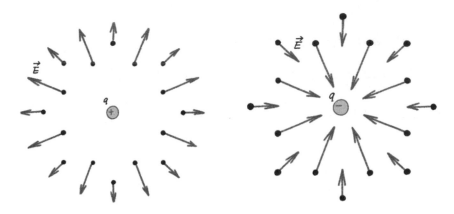

7. 電場具有向量加成性，即$\vec{E} = \vec{E_1} + \vec{E_2} + \cdots$。

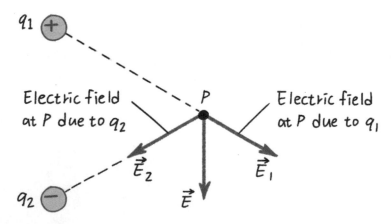

8. 連續電荷分布的電場：$\vec{E} = \frac{1}{4\pi\epsilon_0} \int \frac{dq}{r^2} \hat{r}$(注意各方向分量)。

◎ 線電荷密度(linear charge density)：$dq = \lambda dl$，其中λ是線電荷密度，dl是長度微分。

◎ 面電荷密度(surface charge density)：$dq = \sigma dA$，其中σ是面電荷密度，dA是面積微分。

◎ 體電荷密度(volume charge density)：$dq = \rho dV$，其中ρ是體電荷密度，dV是體積微分。

※歷年試題集錦※

---

1. Two point charges $q_1 = 2.1 \times 10^{-8}$ C and $q_2 = -4q_1$ are fixed in two places 50 cm apart. The point charge q_1 is at the right side of q_2. Find the point at which the electric field is zero, along the straight line passing through the two charges. The point is _____ .
   (A) 50 cm to the right of q_1 (B) 50 cm to the left of q_2
   (C) 100 cm to the right of q_1 (D) 100 cm to the left of q_2
   (E) The middle point between q_1 and q_2

   (93 高醫)

答案：(A)。

解說：總電場為 0 代表兩電場大小相等，方向相反。

因此，假設 q_2 在原點，q_1 在 0.5 m 處，若在 x 處的電場為 0，則

$|E_1| = |E_2| \rightarrow \left|\frac{q_1}{x^2}\right| = \left|\frac{q_2}{(x-0.5)^2}\right|$。

$x^2 = 4(x-0.5)^2 \rightarrow x = \frac{1}{3}$或$x = 1$。

當$x = \frac{1}{3}$時，兩電荷所產生的電場方向相同，不符合題意，

所以$x = 1$為正解。因此電場為 0 的位置在 q_1 右側 0.5 m 處。

2. There are two point charges -Q, and $2Q$ located at the distance $2d$, and $4d$ from the origin O, respectively. What is the electric field at the origin O? (Vacuum permittivity is ε_0)

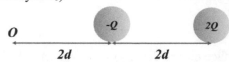

(A) 0 (B) $E = \frac{1}{4\pi\epsilon_0}\frac{Q}{d}$ (C) $E = \frac{1}{4\pi\epsilon_0}\frac{Q^2}{d^2}$ (D) $E = \frac{1}{4\pi\epsilon_0}\frac{Q}{8d^2}$ (E) $E = \frac{1}{4\pi\epsilon_0}\frac{3Q}{8d^2}$

(108 高醫)

答案：(D)。

解說：利用 $\vec{E} = \frac{q}{4\pi\epsilon_0 r^2}\hat{r}$。

$$\vec{E} = \frac{1}{4\pi\epsilon_0} \times \left[\frac{-Q}{4d^2}(-\hat{\imath}) + \frac{2Q}{16d^2}(-\hat{\imath})\right]\hat{r} = \frac{1}{4\pi\epsilon_0}\frac{Q}{8d^2}\hat{\imath}$$ ，

其中 $\hat{\imath}$ 為 +x 方向的單位向量。

重點四 電偶極(electric dipole)

1. 一對電性相反，電量(q)相等，距離為 d 的兩個點電荷。

2. 電偶極矩(electric dipole moment)

   ◎ 大小為 $p = qd$。

   ◎ 方向由負電荷指向正電荷。

3. 外加均勻電場

   ◎ 力矩：$\vec{\tau}_p = \vec{p} \times \vec{E}$，大小為 $\tau_p = pE \sin\phi = qdE \sin\phi$。

   ◎ 位能：$U_p = -\vec{p} \cdot \vec{E}$。

   ◎◎ 當 $\vec{p}$ 與 $\vec{E}$ 同方向($\phi = 0$)時，位能有最小值。

   ◎◎ 當 $\vec{p}$ 與 $\vec{E}$ 反方向($\phi = \pi$)時，位能有最大值。

   ◎◎ 當 $\vec{p}$ 與 $\vec{E}$ 垂直($\phi = \frac{\pi}{2}$)時，位能為 0。

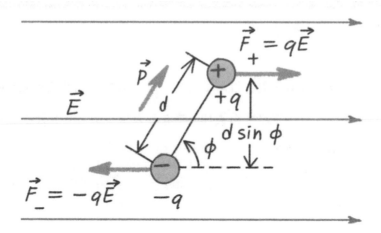

1. There is an electric dipole in an electric field, as shown below. Which of the following statement is incorrect?

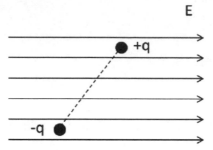

(A) The dipole rotates clockwise.

(B) The torque on +q points up.

(C) The electric dipole moment is proportional to the distance from -q to +q.

(D) The dipole has a max potential energy when it is perpendicular to E.

(E) The electric dipole moment points from -q to +q.

(108 高醫)

答案：(B)(D)。

解說：利用 $\vec{\tau}_p = \vec{p} \times \vec{E}$、$U_p = -\vec{p} \cdot \vec{E}$。

    (B) 電偶極方向由負電荷指向正電荷，所以力矩方向指向紙面(向下)。

    (D) 電偶極方向與電場方向夾180°時有最大值；夾0°時有最小值；垂直時，電位能為0。

重點五 高斯定律(Gauss's law)

1. 電通量(electric flux)：在一截面上的電場(電力線)數量，即 $\Phi_E = \int \vec{E} \cdot d\vec{A}$。

2. 高斯定律：$\oint_S \vec{E} \cdot d\vec{A} = \dfrac{Q_{in}}{\epsilon_0}$，其中 S 為一封閉曲面，Q_{in} 為封閉曲面 S 內所

   包圍的電量。

   ◎ 總電通量的朝內或朝外取決於封閉曲面內總電荷的正與負。

   ◎ 封閉曲面外的電荷沒有貢獻任何的電通量。

   ◎ 總電通量正比於封閉曲面內的電量，但與封閉曲面的大小無關。

※歷年試題集錦※

1. An infinite cylinder of radius R has a hole of radius a along its central axis. The rest of the cylinder has a uniform charge density ρ C/m^3. Determine the electric field in the region $a < r < R$.

   (A) $\dfrac{\rho}{2\epsilon_0}\left(r - \dfrac{a^2}{r}\right)$ (B) $\dfrac{\rho}{2\epsilon_0}\left(\dfrac{R^2 - a^2}{r}\right)$ (C) $\dfrac{\rho}{2\epsilon_0}\dfrac{a^2}{r}$

   (D) $\dfrac{\rho}{2\epsilon_0}\left(\dfrac{a^2}{r-a}\right)$ (E) $\dfrac{\rho}{2\epsilon_0}\left(\dfrac{R^2}{r-a}\right)$

   (92 高醫)

答案：(A)。

解說：利用高斯定律。

先計算所包圍的電量：$Q_{in} = \pi\rho(r^2 - a^2)L$。

$E \cdot 2\pi r L = \dfrac{Q_{in}}{\epsilon_0} = \dfrac{\pi\rho(r^2-a^2)L}{\epsilon_0} \rightarrow E = \dfrac{\rho(r^2-a^2)}{2\epsilon_0 r} = \dfrac{\rho}{2\epsilon_0}\left(r - \dfrac{a^2}{r}\right)$。

2. A 5.0 nC point charge is embedded at the center of a nonconducting sphere (radius = 2.0 cm) which has a charge of -8.0 nC distributed uniformly throughout its volume. What is the magnitude of the electric field at a point that is 1.0 cm from the center of the sphere? (where electric constant $k = 9.0 \times 10^9$ N·m^2/C^2)

(A) 9.0×10^4 N/C (B) 1.8×10^5 N/C (C) 2.7×10^5 N/C

(D) 3.6×10^5 N/C (E) 7.2×10^5 N/C

(107高醫)

答案：(D)。

解說：利用高斯定律。

先計算包圍電量

$$Q_{in} = \rho V + Q_{embedded} = \frac{-8}{\frac{4\pi}{3} \times 0.02^3} \times \frac{4\pi}{3} \times 0.01^3 + 5 = 4 \text{ (nC)} \text{。}$$

$$E \cdot 4\pi r^2 = \frac{Q_{in}}{\epsilon_0} \rightarrow E = \frac{Q_{in}}{4\pi\epsilon_0 r^2} = \frac{9 \times 10^9 \times 4 \times 10^{-9}}{0.01^2} = 3.6 \times 10^5 \text{(N/C)} \text{。}$$

3. Two charges of 15 pC and −40 pC are inside a cube with sides that are of 0.40 m length. Determine the net electric flux through the surface of the cube. (ϵ_0 = 8.85×10^{-12} C^2/N·m^2)

(A) 2.8 N·m^2/C (B) -2.8 N·m^2/C (C) 1.1 N·m^2/C

(D) -1.1 N·m^2/C (E) -0.47 N·m^2/C

(108 高醫)

答案：(B)。

解說：利用高斯定律。

$$\oint_S \vec{E} \cdot d\vec{A} = \frac{Q_{in}}{\epsilon_0} = \frac{(15-40) \times 10^{-12}}{8.85 \times 10^{-12}} = -2.8 (\text{N·m}^2/\text{C}) \text{。}$$

4. There is a solid insulating sphere with radius R and total charge Q. Which diagram is correct for electric field E at any point inside or outside the sphere?

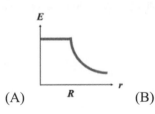
(A)

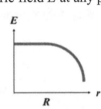
(B)

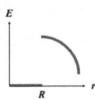
(C)

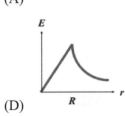
(D)

(E)

(109 高醫)

答案：(D)。

解說：對電荷均勻分布的絕緣球而言，

$r < R$：$E = \dfrac{Q}{4\pi\epsilon_0 R^3}r$，球內電場大小與半徑成正比；

$r \geq R$：$E = \dfrac{Q}{4\pi\epsilon_0 r^2}$，球外電場大小與半徑平方成反比。

5. What is the electric flux through a surface in between two parallel planes shown in the figure if $w = 2$ cm, $l = 5$ cm, $E = 500$ N/C and $\theta = 30°$?

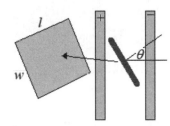

(A) 0.52 N·m²/C (B) 0.26 N·m²/C (C) 0.81 N·m²/C (D) 0.43 N·m²/C
(E) 0.36 N·m²/C

(110 高醫)

答案：(D)。

解說：$\Phi_E = \int \vec{E} \cdot d\vec{A} = EA\cos\theta$。

$\Phi_E = 500 \times 0.02 \times 0.05 \times \cos 30^o = 0.433$ (N·m²/C)。

重點六 導體上的電荷

1. 在靜電(沒有電流)的情況下,導體內部不會有電場存在,所以導體多餘的電量都會分布在導體的表面上。

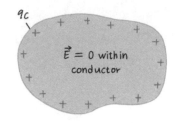

2. 當導體內部存在空腔並且空腔內仍沒有電量分布,則導體的多餘電量仍分布在外層表面。

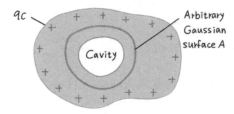

3. 當導體內部存在空腔並且空腔內存在電量分布,則導體內表面會有和空腔內相反電性的總電量分布,而導體外表面的總電量分布為原導體的多餘電量加上空腔內的電量。

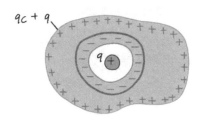

4. 導體表面上的電場永遠與表面垂直,並且$E_\perp = \dfrac{\sigma}{\epsilon_0}$,其中 σ 是面電荷密度。

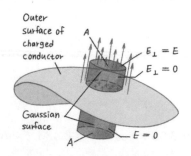

※歷年試題集錦※

---

1. Which of the following graphs represents the magnitude of the electric field as a function of the distance from the center of a solid charged conducting sphere of radius R?

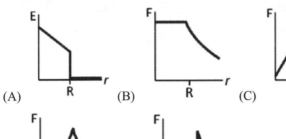

(A)   (B)   (C)

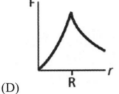

(D)   (E)

(106 高醫)

答案：(E)。

解說：導體之內，電場為 0；導體之外電場與距離平方成反比。

---

2. Two parallel thin planes of charge electrical charge density 2.5×10^8 C/m^2. What is the electric field in the region between the two planes? Assume that the vacuum electric permittivity is $\varepsilon_0 = 8.9 \times 10^{-12}$ C^2/N·m^2.
   (A) 2.8×10^{18} N/C (B) 5.6×10^{19} N/C (C) 1.4×10^{18} N/C (D) 2.8×10^{19} N/C
   (E) 4.2×10^{19} N/C

(110 高醫)

答案：(D)。

解說：$E = \dfrac{\sigma}{\varepsilon_0}$。

若兩平行帶電板帶相反電荷，則 $E = \dfrac{2.5 \times 10^8}{8.9 \times 10^{-12}} = 2.8 \times 10^{19}$ (N/C)。

若兩平行帶電板帶相同電荷，則 $E = 0$ (N/C)。

只有(D)選項。

第十六章 電位與電容

重點一 電位能

1. 測試電荷 q_0 的電位能

   ◎ 均勻電場：$U = q_0 E y$，其中 y 是與 E 同方向的位移量。

   ◎ 點電荷：$U = \dfrac{1}{4\pi\epsilon_0} \dfrac{q_0 q}{r}$。

   ◎◎ 兩電荷電性相同時，電位能為正值。

   ◎◎ 兩電荷電性相反時，電位能為負值。

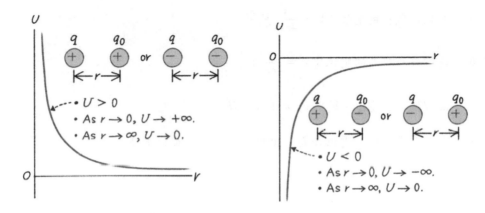

   ◎ 多個點電荷：$U = \dfrac{q_0}{4\pi\epsilon_0}\left(\dfrac{q_1}{r_1} + \dfrac{q_2}{r_2} + \dfrac{q_3}{r_3} + \cdots\right)$。

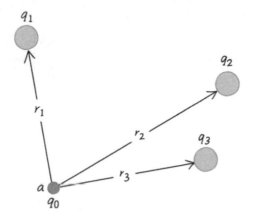

2. 多電荷之間的總電位能：$U = \dfrac{1}{4\pi\epsilon_0}\sum_{i<j}\dfrac{q_i q_j}{r_{ij}}$，其中 r_{ij} 是電荷 q_i 和 q_j 之間的距離。

3. 電子伏特(electron volt)：一種能量單位，1 eV = 1.6×10^{-19} J。

重點二 電位

1. 電場中的任一位置上,單位(正)電荷的電位能稱為該位置的電位:$V = \dfrac{U}{q_0}$。

2. 電位的單位:伏特(volt),$1\text{ V} = 1\text{ J/C}$。

3. 電位差:$V_{ab} = V_a - V_b$,也稱為電壓,表示點 a 相對於點 b 的電位。

   ◎ V_{ab} 就是單位(正)電荷由 a 移動到 b 時電場所作的功。

   ◎ V_{ab} 也是單位(正)電荷由 b 反抗電力慢慢移動到 a 時所需要的功。

4. 點電荷產生的電位:$V = \dfrac{1}{4\pi\epsilon_0}\dfrac{q}{r}$。

5. 多個點電荷的電位:$V = \dfrac{1}{4\pi\epsilon_0}\sum_i \dfrac{q_i}{r_i}$。

6. 連續分布電荷的電位:$V = \dfrac{1}{4\pi\epsilon_0}\int \dfrac{dq}{r}$。

7. 由電場計算電位:$V_a - V_b = \int_a^b \vec{E}\cdot d\vec{l}$。

8. 靠近正電荷時,電位升高;遠離正電荷時,電位下降。

9. 靠近負電荷時,電位下降;遠離負電荷時,電位上升。

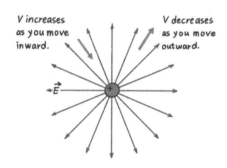

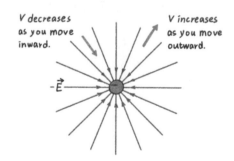

10. 等位面(equipotential surface)：空間中具有相等電位的鄰近點所形成的表面。

◎ 在等位面上移動位置的電荷不受電場作功。

◎ 電荷在相同最初與最終等位面間的位移所受的功一樣，與路徑無關。

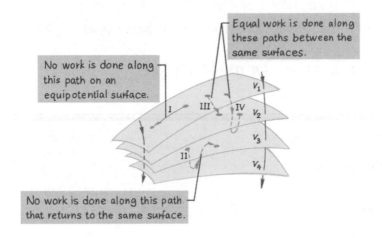

◎ 電場必與等位面互相垂直。

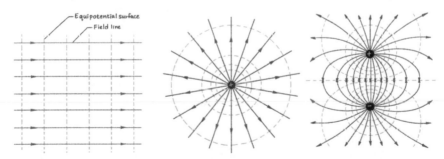

◎ 當電荷都靜止時，整個導體都具有相同的電位，電場會在導體表面上的每一點與表面垂直。

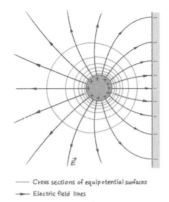

10. 電位梯度(potential gradient)：$\vec{E} = -\vec{\nabla}V$。

1. A proton is projected toward a fixed nucleus of charge $+Ze$ with velocity V_0. Initially the two particles are very far apart. When the proton is at a distance R from the nucleus, its velocity has decreased to $\frac{1}{2}V_0$. How far from the nucleus will the proton be when its velocity has dropped to $\frac{1}{4}V_0$?

(A) $\frac{1}{16}R$ (B) $\frac{1}{4}R$ (C) $\frac{1}{2}R$ (D) $\frac{4}{5}R$ (E) $\frac{6}{7}R$

(93 高醫)

答案：(D)。

解說：利用能量守恆。

$$\frac{1}{2}mV_0{}^2 = \frac{1}{4\pi\epsilon_0}\frac{Ze^2}{R} + \frac{1}{2}m\left(\frac{1}{2}V_0\right)^2 = \frac{1}{4\pi\epsilon_0}\frac{Ze^2}{x} + \frac{1}{2}m\left(\frac{1}{4}V_0\right)^2 。$$

$$\frac{1}{4\pi\epsilon_0}\frac{Ze^2}{R} = +\frac{3}{8}mV_0{}^2 \text{且} \frac{1}{4\pi\epsilon_0}\frac{Ze^2}{x} = +\frac{15}{32}mV_0{}^2$$

$$\rightarrow \frac{x}{R} = \frac{\frac{3}{8}}{\frac{15}{32}} = \frac{4}{5}, \ x = \frac{4}{5}R 。$$

2. A nonconducting sphere of radius R has a total charge Q spread uniformly throughout its volume. What is the potential energy of the sphere? ($k = \frac{1}{4\pi\epsilon_0}$)

(A) $\frac{kQ^2}{R}$ (B) $\frac{kQ^2}{2R}$ (C) $\frac{2kQ^2}{3R}$ (D) $\frac{2kQ^2}{5R}$ (E) $\frac{3kQ^2}{5R}$

(95 高醫)

答案：(E)。

解說：利用 $U = qV$。

在半徑 r 處的電位為 $V(r) = k \frac{Q\frac{r^3}{R^3}}{r} = kQ\frac{r^2}{R^3}$。

在該處厚度 dr 球殼的電位能為

$dU = Vdq = kQ\frac{r^2}{R^3} \times \left(\frac{Q}{\frac{4}{3}\pi R^3}\right) \times 4\pi r^2 dr = \frac{3kQ^2}{R^6}r^4 dr$。

加總從 0 到 R 的所有球殼電位能：$U = \int dU = \frac{3kQ^2}{R^6}\int_0^R r^4 dr = \frac{3kQ^2}{5R}$。

3. The mass of α particle is 6.601×10^{-27} kg. If the α particle falls through the 100 kV potential difference, then the velocity of the α particle is: ($e = 1.602\times10^{-19}$ C)
(A) 3.1×10^6 m/s (B) 3.1×10^5 m/s (C) 3.1×10^4 m/s
(D) 3.1×10^3 m/s (E) 3.1×10^2 m/s.

(106 高醫)

答案：(A)。

解說：利用 $qV - \frac{1}{2}mv^2 \rightarrow v = \sqrt{\frac{2qV}{m}}$。

$v = \sqrt{\frac{2\times(2\times1.6\times10^{-19})\times100\times10^3}{6.601\times10^{-27}}} = 3.1 \times 10^6 \text{(m/s)}$。

16-5

4. The electric potential in an xy plane is given by $V = (1.0\,\text{V/m}^2)x^2 - (2.0\,\text{V/m}^2)y^2$. What is the magnitude of the electric field at the point (3.0 m, 2.0 m)?

(A) 5.0 N/C (B) 6.0 N/C (C) 8.0 N/C (D) 10 N/C (E) 14 N/C

(106 高醫)

答案：(D)。

解說：利用 $\vec{E} = -\left(\frac{\partial V}{\partial x}\hat{\imath} + \frac{\partial V}{\partial y}\hat{\jmath} + \frac{\partial V}{\partial z}\hat{k}\right)$。

$$\vec{E} = -2x\hat{\imath} + 4y\hat{\jmath} \rightarrow \vec{E}_{(3,2)} = -6\hat{\imath} + 8\hat{\jmath}。$$

$$E = |\vec{E}| = \sqrt{6^2 + 8^2} = 10(\text{N/C})。$$

---

5. A series of 3 uncharged concentric spherical conducting shells surround a small central charge q. The potential at a point outside the third shell, at distance r from the center, and relative to $V = 0$ at ∞, is

(A) $-3k_e q/r$ (B) $+3k_e q/r$ (C) $-(\ln 3)\,k_e q/r$ (D) $+(\ln 3)\,k_e q/r$ (E) $+k_e q/r$

(108 高醫)

答案：(E)。

解說：利用 $V = \frac{kq}{r}$。

球殼導體外的電位好像電荷集中在球心處的電位 $V = \frac{kq}{r}$。

6. A solid conducting sphere (radius = 5.0 cm) has a charge of 0.25 nC distributed uniformly on its surface. If point A is located at the center of the sphere and point B is 15 cm from the center, what is the magnitude of the electric potential difference between these two points ? ($k_e = 9 \times 10^9\ N \cdot m^2/C^2$)
    (A) 15 V (B) 23 V (C) 30 V (D) 45 V (E) 60 V

    (108 高醫)

答案：(C)。

解說：利用 $V = \dfrac{kq}{r}$。

    導體內部電位等於導體表面電位，所以電位差為

$$\Delta V = kQ \left(\frac{1}{r} - \frac{1}{R}\right) = 9 \times 10^9 \times 0.25 \times 10^{-9} \times \left(\frac{1}{0.05} - \frac{1}{0.15}\right) = 30(V)。$$

7. A conducting sphere is charged up such that the potential on its surface is 100 V (relative to infinity). If the sphere's radius were twice as large, but the charge on the sphere were the same, what would be the potential on the surface relative to infinity?
    (A) 25 V (B) 50 V (C) 100 V (D) 200 V (E) 400 V

    (109高醫)

答案：(B)。

解說：利用 $V = \dfrac{1}{4\pi\epsilon_0} \dfrac{q}{r}$。

    電量保持不變，所以電位與半徑成反比。

    半徑變2倍，電位變1/2倍，所以為電位變為50 V。

8. A charged dust particle of mass m = 32 mg and charge value q =100 nC is releasing from plate 1 with zero speed, where V_1 = 130 V, and V_2 = –30 V. The dust particle velocity when reaching plate 2 is,

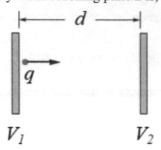

(A) 0.03 m/s (B) 0.05 m/s (C) 0.75 m/s (D) 1.00 m/s (E) 1.25 m/s

(109高醫)

答案：(D)。

解說：利用 $q\Delta V = \frac{1}{2}mv^2$。

$$v = \sqrt{\frac{2q\Delta V}{m}} = \sqrt{\frac{2\times100\times10^{-9}\times160}{32\times10^{-6}}} = 1(\text{m/s})。$$

重點三 電容(capacitance)

1. 電容器(capacitor)：任何被絕緣體(或真空)隔離的兩個導體形成一個電容器。

    ◎ 絕大多數的實際應用上，每一個導體一開始沒帶任何電量，然後將電子從某一導體轉移至另一導體，這個過程稱為充電(charging)。結果，兩個導體帶有相等電量而電性相反，但總電量仍維持為0。

    ◎ 電路符號

    $$\dashv\vdash \qquad \dashv\mathrel{\vert}\vdash$$

    ◎ 充電時，經常是接上電池。一旦導體上建立了 Q 與 $-Q$ 的電量，移開電池後，此時導體之間有固定的電位差 V_{ab}，剛好等於電池的端電壓。

    ◎ 帶正電荷的導體電位高，帶負電荷的導體電位低。

    ◎ 導體間任何位置的電場正比於電量 Q，所以電位差 V_{ab} 也正比於 Q。

2. 電容(capacitance)

    ◎ 電容器上電量與電位差的比值：$C = \dfrac{Q}{V_{ab}}$。

    ◎ 單位：法拉第(farad)，1 F = 1 C/V。

    ◎ 電容是電容器儲存能量的一種測量。在給定的電位差下，當 C 越大時，每一個導體上的電量 Q 就越多，儲存的能量就越多。

    ◎ 電容的值取決於導體的形狀、大小以及導體之間絕緣體的性質。

重點四 常見電容器的電容

1. 平行板的電容：$C = \epsilon_0 \dfrac{A}{d}$。

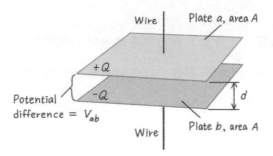

2. 柱面電容：$C = \dfrac{2\pi\epsilon_0 L}{\ln(r_b/r_a)}$。

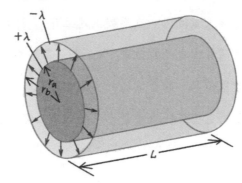

3. 球面電容：$C = \dfrac{4\pi\epsilon_0 r_a r_b}{r_b - r_a}$。

   當 $r_b \to \infty$，$C \to 4\pi\epsilon_0 r_a$。

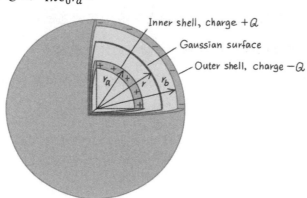

4. 電容器串聯的等價電容：$\dfrac{1}{C_{eq}} = \dfrac{1}{C_1} + \dfrac{1}{C_2} + \cdots$。

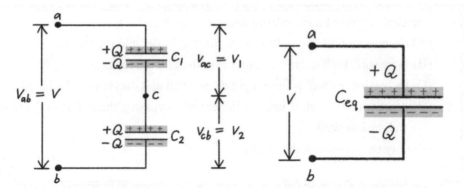

5. 電容器並聯的等價電容：$C_{eq} = C_1 + C_2 + \cdots$。

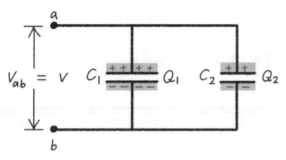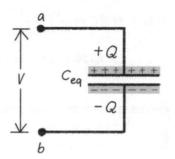

6. 電容器儲存的能量：$U = \dfrac{Q^2}{2C} = \dfrac{1}{2}CV^2 = \dfrac{1}{2}QV$。

7. 能量密度：$u_E = \dfrac{1}{2}\epsilon_0 E^2$。

---

1. The capacitance of a cylindrical capacitor can be increased by:
   (A) decreasing both the radius of the inner cylinder and the length.
   (B) increasing both the radius inner cylinder and the length.
   (C) increasing the radius outer cylindrical shell and decreasing the length.
   (D) decreasing the radius inner cylinder and increasing the radius of the outer cylindrical shell.
   (E) only by decreasing the length.

   (106 高醫)

答案：(B)。

解說：利用 $C = \dfrac{2\pi\epsilon_0 L}{\ln(r_b/r_a)}$。

　　　L、r_a(內半徑)增加；r_b(外半徑)降低 → C 增加。

---

2. A 3 μF capacitor is connected in series with a 6 μF capacitor. When a 300 V potential difference is applied across this combination, the total energy stored in the two capacitors is _____.
   (A) 0.09 J (B) 0.18 J (C) 0.27 J (D) 0.41 J (E) 0.81 J

   (107 高醫)

答案：(A)。

解說：利用電容器串聯 $\dfrac{1}{C_{eq}} = \dfrac{1}{C_1} + \dfrac{1}{C_2}$ 以及儲存能量 $U = \dfrac{1}{2}CV^2$。

　　　$\dfrac{1}{C_{eq}} = \dfrac{1}{3} + \dfrac{1}{6} = \dfrac{1}{2}$ → $C_{eq} = 2$(μF)。

　　　$U = \dfrac{1}{2} \times 2 \times 10^{-6} \times 300^2 = 0.09$(J)。

3. A cloud layer is 1000 m above the planet with the area of 1.00×10^6 m², considered as the plates of a parallel plate capacitor. If an electric field strength is greater than 3.00×10^6 N/C, it causes lightning, what is the maximum charge the cloud can hold? ($\epsilon_0 = 8.85 \times 10^{-12}$ C²/N·m²)
(A) 28.55 C (B) 26.55 C (C) 24.55 C (D) 22.55 C (E) 20.55 C

(108 高醫)

答案：(B)。

解說：利用 $C = \epsilon_0 \frac{A}{d}$，$Q = CV = CEd$ → $Q = \epsilon_0 \frac{A}{d} Ed = \epsilon_0 AE$。

$Q = 8.85 \times 10^{-12} \times 1 \times 10^6 \times 3 \times 10^6 = 26.55$(C)。

4. Four capacitors are connected as shown in the figure. How much is the total charges stored in capacitors if $\Delta V_{ab} = 15$ V.

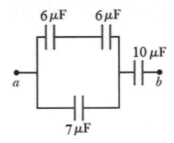

(A) 30 μC (B) 45 μC (C) 60 μC (D) 75 μC (E) 90 μC

(110 高醫)

答案：(D)。

解說：利用電容串並聯公式 $C_{series} = \frac{C_1 C_2}{C_1 + C_2}$、$C_{parallel} = C_1 + C_2$ 以及 $Q = CV$。

$C_{total} = \frac{\left(\frac{6 \times 6}{6+6} + 7\right) \times 10}{\left(\frac{6 \times 6}{6+6} + 7\right) + 10} = 5$(μF)，$Q = 5 \times 15 = 75$(μC)。

重點五 介電質(dielectrics)

1. 大部分電容器都會在兩個導體板之間插入非導體物質，稱為介電質。

2. 介電質提供三個功能：

   ◎ 解決機械問題。維持金屬板相隔非常小的距離而不會接觸。

   ◎ 增加電容器導體板之間最大可能的電位差。可以容忍更強的電場而不會
   介電崩潰(dielectric breakdown)。同時也增加電荷和電能的儲存。

   ◎ 在給定尺寸上給出更大的電容。

3. 介電常數(dielectric constant)：$K = \frac{C}{C_0}$。

   ◎ 當電量固定時，$Q = CV = C_0 V_0 \rightarrow V = \frac{V_0}{K} \rightarrow E = \frac{E_0}{K}$。

   ◎ 誘發面電荷密度(induced surface charge density)：$\sigma_i = \sigma \left(1 - \frac{1}{K} \right)$。

4. 含介電質的平板電容器

   ◎ 介電質的電容率(permittivity)：$\epsilon = K\epsilon_0$。

   ◎ 介電質內的電場：$E = \frac{E_0}{K} = \frac{\sigma}{K\epsilon_0} = \frac{\sigma}{\epsilon} = \frac{V}{d}$。

   ◎ 含介電質的平板電容：$C = KC_0 = K\epsilon_0 \frac{A}{d} = \epsilon \frac{A}{d}$。

   ◎ 能量密度：$u_E = \frac{1}{2}K\epsilon_0 E^2 = \frac{1}{2}\epsilon E^2$。

5. 介電崩潰或介電擊穿(dielectric breakdown)：當介電質受到很強電場作用
   時，會有部分介電質變成導體。

6. 介電質所能容忍不發生介電崩潰的最大電場強度稱為介電強度(dielectric
   strength)。

7. 高斯定律修正：$\oint K\vec{E} \cdot d\vec{A} = \frac{Q_{in,free}}{\epsilon_0} \rightarrow \oint \vec{E} \cdot d\vec{A} = \frac{Q_{in,free}}{K\epsilon_0} = \frac{Q_{in,free}}{\epsilon}$。

1. The square plates of a 9000 pF capacitor measure 90 mm by 90 mm and are separated by a dielectric which is 0.29 mm thick. The voltage rating of the capacitor is 300 V. The dielectric strength of the dielectric, in kV/m , is closest to _____.

    (A) 930 (B) 1000 (C) 1100 (D) 1200 (E) 1300

    (93 高醫)

答案：(B)。

解說：利用 $E = \dfrac{V}{d}$。

$$E = \frac{300}{0.29 \times 10^{-3}} = 1.03 \times 10^6 \text{ (V/m)} = 1.03 \times 10^3 \text{ (kV/m)}。$$

2. A parallel plate capacitor of capacitance C_0 has plates of area A with separation d between them. When it is connected to a battery of voltage V_0, it has charge of magnitude Q_0 on its plates. While it is connected to the battery, the space between the plates is filled with a material of dielectric constant 3. After the dielectric is added, the magnitude of the charge on the plates and the potential difference between them are

    (A) $3Q_0$, $3V_0$ (B) $\frac{1}{3}Q_0$, $\frac{1}{3}V_0$ (C) Q_0, $\frac{1}{3}V_0$ (D) Q_0, V_0 (E) $3Q_0$, V_0

    (94 高醫)

答案：(E)。

解說：連接電池不變，所以電壓(V_0)不變。

$$C = \frac{Q}{V} \rightarrow Q = CV_0 = KC_0V_0 = KQ_0 = 3Q_0。$$

3. An air filled parallel plate capacitor has a capacitance of 1 μF. The plate separation is then doubled and a wax dielectric is inserted, completely filling the space between the plates. As a result, the capacitance becomes 2 μF. The dielectric constant of the wax is _____.
   (A) 0.25 (B) 0.5 (C) 2.0 (D) 4.0 (E) 8.0

(95 高醫)

答案：(D)。

解說：利用 $C = K\epsilon_0 \frac{A}{d}$ → $\frac{K_2}{K_1} = \frac{C_2 d_2 A_1}{C_1 d_1 A_2}$。

因為 $\frac{A_1}{A_2} = 1$，$\frac{d_2}{d_1} = 2$ 且 $\frac{C_2}{C_1} = 2$，所以 $\frac{K_2}{K_1} = 2 \times 1 \times 2 = 4$。

$K_1 = 1 \to K_2 = 4$。

4. There are two parallel-plate capacitors with same plate area A. As the figure illustrated, C_1 is filled with two materials of dielectric constants κ and 2κ, while C_2 is filled with only one material. The capacitance ratio C_1 / C_2 is

   _____.

   (A) 0.5 (B) 1.0 (C) 1.5 (D) 2.0 (E) 2.5

(109 高醫)

解答：(C)。

解說：利用 $C = K\epsilon_0 \frac{A}{d}$ 以及電容器並聯的等價電容 $C_{eq} = C_1 + C_2$。

$C_1 = \kappa\epsilon_0 \frac{A/2}{d} + (2\kappa)\epsilon_0 \frac{A/2}{d} = 1.5\kappa\epsilon_0 \frac{A}{d}$，

$C_2 = \kappa\epsilon_0 \frac{A}{d}$，$\frac{C_1}{C_2} = 1.5$。

5. The voltage across a parallel-plate capacitor is measured to be 92.5 V. When a dielectric is inserted between the plates, the voltage drops to 23.4 V. What is the dielectric constant of the inserted material? Assume that the vacuum electric permittivity is $\varepsilon_0 = 8.9 \times 10^{-12}$ C^2/N·m^2.
   (A) 0.26 (B) 2.64 (C) 0.62 (D) 3.95 (E) 1.82

(110高醫)

答案：(D)。

解說：$Q = CV = C_0 V_0$，$K = \dfrac{C}{C_0}$。

$$K = \frac{C}{C_0} = \frac{V_0}{V} = \frac{92.5}{23.4} = 3.95。$$

第十七章 電流與電阻

重點一 電流

1. 假設 dt 時間內流過某截面的總電量為 dQ，則電流大小為 $I = \frac{dQ}{dt}$。

2. 以正電荷流動的方向為電流方向。

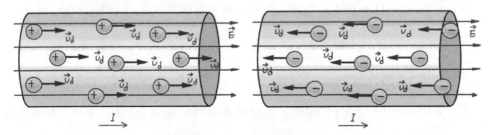

3. 單位：每秒通過 1 庫倫電量的電流為 1 安培，$1\,A = 1\,C/s$。

4. 電流密度(current density)：單位截面積上的電流，$J = \frac{I}{A}$，其中 A 為截面積。

5. 電流與漂移速度的關係

◎ 電流：$I = \frac{dQ}{dt} = nqv_d A$，其中 n 為電荷濃度(charge concentration)。

◎ 電流密度：$J = \frac{I}{A} = nqv_d$。

重點二　電阻

1. 電阻率(resistivity)：$\rho = \dfrac{E}{J}$，J 是電場 E 所導致的電流密度。

   ◎ 電阻率的倒數稱為電導率(conductivity)。

   ◎ 在小的溫度範圍內，金屬電阻率與溫度的關係為

   $\rho(T) = \rho_0[1 + \alpha(T - T_0)]$，其中 α 稱為電阻率的溫度係數(temperature coefficient of resistivity)。

2. 電阻(resistance)

   ◎ 電阻：$R = \dfrac{V}{I} = \rho\dfrac{L}{A}$，其中 V 是電阻器兩端的電位差，I 是電流，L 是電阻器的長度，A 是截面面積。

   ◎ 單位：歐姆(Ω)，$1\ \Omega = 1\ \text{V/A}$。

3. 歐姆定律：當電阻 R 為常數時，$V = IR$。

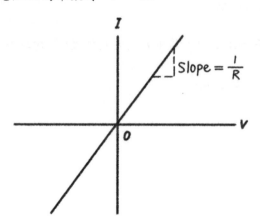

   ◎ 金屬電阻與溫度的關係：$R(T) = R_0[1 + \alpha(T - T_0)]$。

※歷年試題集錦※

1. A conducting wire has a 1.0 mm diameter , a 2.0 m length, and a 50 mΩ resistance. What is the resistivity of the material?
   (A) $1.96×10^{-8}$ Ω·m (B) $9.8×10^{-7}$ Ω·m (C) $1.0×10^{-7}$ Ω·m
   (D) $3.5×10^{-5}$ Ω·m (E) $6.8×10^{-8}$ Ω·m

   (92 高醫)

答案：(A)。

解說：利用 $R = \rho \frac{L}{A} \rightarrow \rho = \frac{RA}{L}$。

$$\rho = \frac{50×10^{-3}×\pi×0.0005^2}{2} = 1.96 × 10^{-8}(Ω·m)。$$

2. A thick spherical shell has an inner radius a and an outer radius $2a$. The material has resistivity ρ. When a potential difference is applied between the inner and outer surfaces, assuming the current is radial at all points, the resistance is _____.

   (A) $\frac{\rho}{2\pi a}$ (D) $\frac{\rho}{4\pi a}$ (C) $\frac{\rho}{8\pi a}$ (D) $\frac{2\rho}{\pi a}$ (E) $\frac{4\rho}{\pi a}$

   (95 高醫)

答案：(C)。

解說：利用 $R = \int \rho \frac{dL}{A}$。

$$R = \int_a^{2a} \frac{\rho dr}{4\pi r^2} = \frac{\rho}{4\pi}\left(-\frac{1}{r}\Big|_a^{2a}\right) = \frac{\rho}{8\pi a}。$$

17-3

3. A rod of semiconducting material with length L and cross-sectional area A lies along the x-axis between $x = 0$ and $x = L$. Its resistivity varies with x according to $\rho(x) = \rho_0 exp(-x/L)$. The material obeys Ohm's Law. What is the total resistance of the rod?

(A) $\rho_0(1 - e^{-L})$ (B) $\rho_0 (1 - e^{-L})/A$ (C) $\rho_0 (1 - e^{-1})/A$
(D) $\rho_0 L (1 - e^{-1})/A$ (E) $\rho_0 L(1 - e^{-L})/A$

(106 高醫)

答案：(D)。

解說：利用 $R = \int \rho \frac{dL}{A}$。

$$R = \int_0^L \frac{\rho_0}{A} e^{-\frac{x}{L}} dx = \frac{\rho_0}{A} \times \left(-Le^{-\frac{x}{L}} \Big|_0^L \right) = \frac{\rho_0 L}{A}(1 - e^{-1})。$$

4. A conductor of radius r, length ℓ, and resistivity ρ has resistance R. It is melted down and formed into a new conductor, also cylindrical, with one fourth the length of the original conductor. The resistance of the new conductor is _____.

(A) $\frac{1}{16}R$ (B) $\frac{1}{4}R$ (C) R (D) $4R$ (E) $16R$

(108 高醫)

答案：(A)。

解說：利用 $R = \rho \frac{L}{A}$。

$l_2 = \frac{1}{4}l_1$，又體積相等，所以 $A_2 = 4A_1$。

$\frac{R_2}{R_1} = \frac{1}{4} \times \frac{1}{4} = \frac{1}{16} \rightarrow R_2 = \frac{R}{16}$。

重點三 電動勢與電路

1. 電動勢(electromotive force)

   ◎ 理想電動勢：$V_{ab} = \varepsilon \rightarrow \varepsilon = V_{ab} = IR$。

   ◎ 有內電阻(internal resistance)：$V_{ab} = \varepsilon - Ir$，其中 r 為內電阻，V_{ab} 稱為端

   電壓(terminal voltage)。

   ◎ $\varepsilon - Ir = V_{ab} = IR \rightarrow I = \frac{\varepsilon}{R+r}$。

2. 電阻的消耗電功率(electric power)：$P = V_{ab}I = I^2 R = \frac{V_{ab}^2}{R}$。

3. 電源的電功率

   ◎ 放電時的輸出功率：$P = \varepsilon I - I^2 r$。

   ◎ 充電時的輸入功率：$P = \varepsilon I + I^2 r$。

※歷年試題集錦※

1. A battery has an emf of 15.0 V. The terminal voltage of the battery is 11.6 V when it is delivering 20.0 W of power to an external load resistor R. What is the internal resistance of the battery?
    (A) 4.97 Ω (B) 3.97 Ω (C) 2.97 Ω (D) 1.97 Ω (E) 0.97 Ω

    (95 高醫)

答案：(D)。

解說：利用 $V = \varepsilon - Ir \rightarrow r = \frac{\varepsilon - V}{I}$。

再利用 $P = IV \rightarrow I = \frac{P}{V}$，可得

$r = \frac{\varepsilon - V}{\frac{P}{V}} = \frac{V(\varepsilon - V)}{P}$。

$r = \frac{11.6 \times (15 - 11.6)}{20} = 1.97(\Omega)$。

2. A resistor in a circuit dissipates energy at a rate of 1 W. If the voltage across
   the resistor is doubled, what will be the new rate of energy dissipation?
   (A) 0.25 W (B) 0.5 W (C) 1 W (D) 2 W (E) 4 W

(106 高醫)

答案：(E)。

解說：利用 $P = \dfrac{V^2}{R}$。

電功率與電壓成平方正比，所以電壓變 2 倍，電功率變 4 倍。

第十八章 直流電路

重點一 電阻的串並聯

1. 串聯

◎ 電流相等：$I = I_1 = I_2 = I_3 = \cdots$。

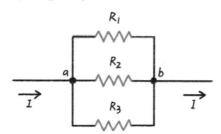

◎ 電壓相加：$V_{ab} = V_1 + V_2 + V_3 + \cdots = I(R_1 + R_2 + R_3 + \cdots)$。

◎ 等價電阻：$R_{eq} = R_1 + R_2 + R_3 + \cdots$。

◎ 電壓分配：$\dfrac{V_1}{R_1} = \dfrac{V_2}{R_2} = \cdots$ 或 $V_i = \dfrac{R_i}{R_{eq}} V_{ab}$。

◎ 總消耗功率：$P = IV_{ab} = \dfrac{V_{ab}^{\,2}}{R_{eq}} = I^2 R_{eq}$。

◎ 個別電阻的消耗功率：$P_i = I^2 R_i = \dfrac{R_i}{R_{eq}} P$。

2. 並聯

◎ 電壓相等：$V = V_1 = V_2 = V_3 = \cdots$。

◎ 電流相加：$I = I_1 + I_2 + I_3 + \cdots = V_{ab}\left(\dfrac{1}{R_1} + \dfrac{1}{R_2} + \dfrac{1}{R_3} + \cdots\right)$。

◎ 等價電阻：$\dfrac{1}{R_{eq}} = \dfrac{1}{R_1} + \dfrac{1}{R_2} + \dfrac{1}{R_3} + \cdots$。

◎ 電流分配：$I_1 R_1 = I_2 R_2 \cdots$ 或 $I_1 : I_2 : \cdots = \dfrac{1}{R_1} : \dfrac{1}{R_2} \cdots$。

◎ 總消耗功率：$P = IV_{ab} = \dfrac{V_{ab}^{\,2}}{R_{eq}} = I^2 R_{eq}$。

◎ 個別電阻的消耗功率：$P_i = \dfrac{V_{ab}^{\,2}}{R_i} = \dfrac{R_{eq}}{R_i} P$。

1. What is the equivalent resistance of the circuit in the figure

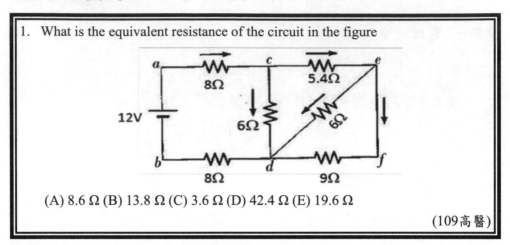

(A) 8.6 Ω (B) 13.8 Ω (C) 3.6 Ω (D) 42.4 Ω (E) 19.6 Ω

(109高醫)

答案：(E)。

解說：利用串聯 $R_{eq} = R_1 + R_2$、並聯 $\frac{1}{R_{eq}} = \frac{1}{R_1} + \frac{1}{R_2} \rightarrow R_{eq} = \frac{R_1 R_2}{R_1 + R_2}$。

$$R_{ed} = \frac{6 \times 9}{6+9} = 3.6 \text{,} \quad R_{cd} = \frac{6 \times (5.4+3.6)}{6+(5.4+3.6)} = 3.6 \text{,} \quad R_{ab} = 8 + 3.6 + 8 = 19.6(\Omega)\text{。}$$

重點二 克希赫夫規則(Kirchhoff's rule)

1. 接合點原則(junction rule)或電流定律(current law)

    ◎ 在接合點上，$\sum I_i = 0$，或說電流的流入總和等於流出總和。

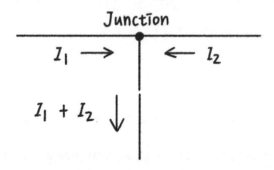

    ◎ 電流方向的指定可能與實際電流方向不同：若電流為正值，表示電流方向與指定方向相同；若電流為負值，則表示電流方向與指定方向相反。

2. 迴圈原則(loop rule)或稱電壓定律率(voltage law)

    ◎ 在任一迴圈中，$\sum V_i = 0$。

    ◎ 符號規定：

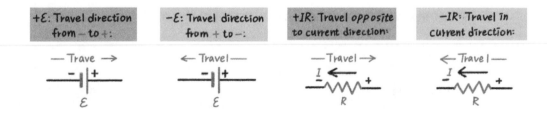

重點三 R-C 電路

1. 充電(charging)

◎ 任何時刻皆滿足 $\varepsilon - i(t)R - \frac{q(t)}{C} = 0$。

◎ 電容器上的電量：$q(t) = C\varepsilon\left(1 - e^{-\frac{t}{RC}}\right)$。

◎ 電流：$i(t) = \frac{\varepsilon}{R}e^{-\frac{t}{RC}}$。

◎ 初始充電電流為 $I_0 = \frac{\varepsilon}{R}$；最終電容器充滿電的電量為 $Q_f = C\varepsilon$。

◎ 時間常數或弛豫時間(time constant 或 relaxation time)：$\tau = RC$。

◎ 時間常數小，充電時間短(充電快)；時間常數大，充電時間長(充電慢)。

◎ 電阻小，充電快。

2. 能量

◎ 充電時，電池輸出的電功率等於電阻的消耗功率加上電容器儲存功率，

即 $\varepsilon I = i^2 R + \frac{iq}{C}$。

◎ 電池提供總能量為 $E = Q_f\varepsilon = C\varepsilon^2$，電容器儲存總能量

$U_C = \frac{Q_f\varepsilon}{2} = \frac{C\varepsilon^2}{2} = \frac{E}{2}$。

3. 放電(discharging)

◎ 任何時刻皆滿足 $-i(t)R - \frac{q(t)}{C} = 0$。

◎ 電容器上的電量：$q(t) = Q_0 e^{-\frac{t}{RC}}$。

◎ 電流：$i(t) = -\frac{Q_0}{RC}e^{-\frac{t}{RC}}$，負號表示電容器放電。

◎ 初始放電電流為 $I_0 = -\frac{Q_0}{RC}$。

◎ 電量剩下初始電量的一半時所需時間：$\tau_{1/2} = RC\ln 2$

※歷年試題集錦※

---

1. Four circuits have the form shown in figure. The capacitor is initially uncharged and the switch S is open. The values of the emf E, resistance R, and capacitance C for each of the circuits are

　　Circuit 1: $E = 24$ V, $R = 4$ Ω, $C = 1$ μF
　　Circuit 2: $E = 18$ V, $R = 6$ Ω, $C = 9$ μF
　　Circuit 3: $E = 12$ V, $R = 1$ Ω, $C = 6$ μF
　　Circuit 4: $E = 10$ V, $R = 5$ Ω, $C = 5$ μF

Rank the circuits according to the current just after switch S is closed least to greatest.

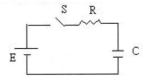

(A) 1, 4, 3, 2 (B) 3, 1, 4, 2 (C) 4, 3, 2, 1 (D) 4, 2, 1, 3 (E) 3, 1, 2, 4

(92 高醫)

答案：(D)。

解說：利用 $I_0 = \frac{\varepsilon}{R}$。

$$I_{10} = \frac{24}{4} = 6(A) \text{，} I_{20} = \frac{18}{6} = 3(A) \text{，} I_{30} = \frac{12}{1} = 12(A) \text{，} I_{40} = \frac{10}{5} = 2(A) \text{。}$$

$I_{40} < I_{20} < I_{10} < I_{30}$。

---

2. A 1.0 μF capacitor with an initial stored energy of 0.50 J is discharged through a 1.0 MΩ resistor. What is the current through the resistor when the discharge starts?
   (A) 1.0×10^{-3} A (B) 2.0×10^{-3} A (C) 1.0×10^{-2} A (D) 2.0×10^{-2} A (E) 5.0×10^{-2} A

(93 高醫)

答案：(A)。

解說：利用 $I_0 = -\frac{Q_0}{RC}$、$U = \frac{Q^2}{2C}$ → $I_0 = -\frac{\sqrt{2CU}}{RC} = -\sqrt{\frac{2U}{R^2C}}$。

$$I_0 = -\sqrt{\frac{2 \times 0.5}{(10^6)^2 \times 10^{-6}}} = -1 \times 10^{-3}(A) \text{，負號代表電流方向與充電時的電流}$$

方向相反。

18-5

3. A charged capacitor connected to a resistor and a switch, which is open for $t <$ 0. After the switch is closed at $t = 0$, the capacitor C is discharged through the resistor R. The energy stored in the capacitor decreases with time as it discharges. After how many time constants is this stored energy one eighth of its initial value? (ln2 = 0.693)

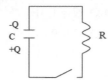

(A) 0.347RC (B) 0.693RC (C) 1.040RC (D) 1.386RC (E) 2.079RC

(94 高醫)

答案：(C)。

解說：利用放電時$q(t) = Q_0 e^{-\frac{t}{RC}}$以及儲存能量$U = \frac{Q^2}{2C}$，所以有

$$U = \frac{Q_0^2}{2C} e^{-\frac{2t}{RC}} = U_0 e^{-\frac{2t}{RC}} \text{。}$$

因為$\frac{U}{U_0} = \frac{1}{8}$，因此$e^{-\frac{2t}{RC}} = \frac{1}{8} \rightarrow -\frac{2t}{RC} = \ln\frac{1}{8} \rightarrow t = \frac{3RC}{2}\ln 2 = 1.040RC \text{。}$

4. The circuit shown below has been connected for a long time. Now the battery is disconnected. What is the time required for the capacitor to discharge to one fourth of its initial voltage in terms of R and C? ($\ln 2 = 0.693$)

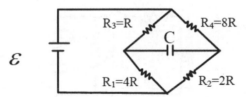

(A) $4.620RC$ (B) $2.495RC$ (C) $10.397RC$ (D) $4.990RC$ (E) $2.130RC$

(95 高醫)

答案：(D)。

解說：利用 $V = \frac{q}{C}$。

放電時，電路圖如下：

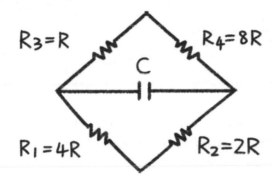

等價電阻為 $\frac{1}{R_{eq}} = \frac{1}{R+8R} + \frac{1}{4R+2R} = \frac{5}{18R}$ → $R_{eq} = \frac{18R}{5}$。

利用 $\tau_{1/2} = RC\ln 2$ 以及電壓正比於電量，所以電壓變為 1/4 所需的時間為

$2\tau_{1/2} = 2RC\ln 2$。

$2\tau_{1/2} = 2 \times \frac{18R}{5} C \times 0.693 = 4.990RC$。

5. The emf $\varepsilon = 1.2$ kV, $C = 6.5$ μF, $R_1 = R_2 = R_3 = 0.73$ MΩ. With C completely uncharged, switch S is suddenly closed (at $t = 0$). At $t = 0$, what is current i_1 in resistor R_1?

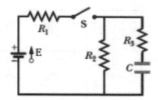

(A) 3.3×10^{-3} A (B) 3.3×10^{-4} A (C) 1.1×10^{-4} A (D) 1.1×10^{-3} A (E) 2.2×10^{-3} A

(106 高醫)

答案：(D)。

解說：當開始充電時，相當於電容被短路。所以等價電阻為

$$R_{eq} = R_1 + \frac{R_2 R_3}{R_2 + R_3} = \frac{3}{2} R_1 \ \rightarrow \ i_1 = \frac{\varepsilon}{R_{eq}} = \frac{\varepsilon}{\frac{3}{2}R} = \frac{2\varepsilon}{3R} \ 。$$

$$i_1 = \frac{2 \times 1.2 \times 10^3}{3 \times 0.73 \times 10^6} = 1.1 \times 10^{-3} (A) \ 。$$

6. A 2.0 kΩ resistor and an initially uncharged 6.0 μF capacitor are connected in series to a 12 V battery. A switch is closed to complete the circuit at $t = 0$. What is the voltage across the resistor at $t = 1.0$ s?
(A) 0 V (B) 12 V (C) 6 V (D) 3 V (E) 9 V

(107 高醫)

答案：(A)。

解說：利用 $V = iR$ 以及 $i = I_0 e^{-\frac{t}{RC}} \ \rightarrow \ V = I_0 R e^{-\frac{t}{RC}} = V_0 e^{-\frac{t}{RC}}$。

$$V = 12 \times e^{-\frac{1}{2 \times 10^3 \times 6 \times 10^{-6}}} = 12 \times e^{-83.3} \approx 0 (V) \ 。$$

註：時間常數小，充電快。因為時間常數為 $\tau = 0.012(s)$，相當於 1 s 的 1/83.3，所以 1 s 的時間已經幾乎完成充電。

7. A circuit contain s a resistance and a charged capacitance. The resistance is 20 ohms, and the capacitance is 5 F. If the circuit is switched off, how long will it take when the current decreases to a half of initial value? (ln 2 = 0.69)
    (A) 34 s (B) 50 s (C) 69 s (D) 100 s (E) 127 s

(108 高醫)

答案：(C)。

解說：利用 $\tau_{1/2} = RCln2$。

$\tau_{1/2} = 20 \times 5 \times 0.693 = 69(s)$。

第十九章 磁力與磁場

重點一 移動電荷所受磁力

1. $\vec{F} = q\vec{v} \times \vec{B}$，其中 q 為電荷的電量，$\vec{v}$ 是電荷的速度，$\vec{B}$ 是磁場。

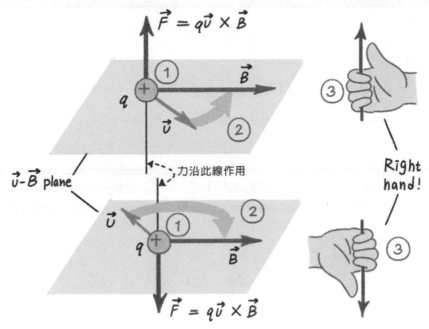

2. 磁場單位：特斯拉(tesla)，$1\ T = 1\ N/A \cdot m$；高斯(gauss)，$1\ G = 10^{-4}\ T$。

3. 同時有電場存在：$\vec{F} = q(\vec{E} + \vec{v} \times \vec{B})$。

※歷年試題集錦※

1. An electron moves through a uniform magnetic field given by $\vec{B} = B_x\hat{i} + 3B_x\hat{j}$. At a particular instant, the electron has the velocity $\vec{v} = (2.0\hat{i} + 4.0\hat{j})$ m/s and the magnetic force acting on it is $(6.4 \times 10^{-19}\text{N})\hat{k}$. Find B_x.
   (A) -2.0 T (B) -0.29 T (C) 0.29 T (D) 0.5 T (E) 2.0 T

   (92 高醫)

答案：(A)。

解說：利用 $\vec{F} = q\vec{v} \times \vec{B}$。

$$\vec{F} = (-1.6 \times 10^{-19}) \times (2\hat{i} + 4\hat{j}) \times (\hat{i} + 3\hat{j})B_x = -3.2 \times 10^{-19}B_x\hat{k}，$$

所以 $-3.2 \times 10^{-19}B_x\hat{k} = 6.4 \times 10^{-19}\hat{k} \rightarrow B_x = -2(\text{T})$。

2. An electron moves through a uniform magnetic field given by $\vec{B} = B_x \hat{\imath} +$ $(4.0B_x)\hat{\jmath}$. At a particular instant, the electron has velocity $\vec{v} = (2.0\hat{\imath} + 4.0\hat{\jmath})$ m/s and the magnetic force acting on it is $(6.4 \times 10^{-19}\text{N})\hat{k}$. Find B_x.
   (A) -1.6×10⁻¹⁹ T (B) -3.2×10⁻¹⁹ T (C) -0.22 T (D) -1.0 T (E) -2.0 T

(94 高醫)

答案：(D)。

解說：利用 $\vec{F} = q\vec{v} \times \vec{B}$。

$\vec{F} = (-1.6 \times 10^{-19}) \times (2\hat{\imath} + 4\hat{\jmath}) \times (\hat{\imath} + 4\hat{\jmath})B_x = -6.4 \times 10^{-19}B_x\hat{k}$，

所以 $-6.4 \times 10^{-19}B_x\hat{k} = 6.4 \times 10^{-19}\hat{k} \rightarrow B_x = -1$(T)。

3. A magnetic field is directed out of the page. Two charged particles enter from the top and take the paths shown in the figure. Which statement is **correct**?

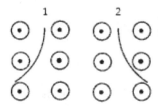

   (A) Particle 1 has a positive charge and particle 2 has a negative charge.
   (B) Particle 1 has a negative charge and particle 2 has a positive charge.
   (C) Both particles are negatively charged.
   (D) Both particles are positively charged.
   (E) The direction of the paths depends on the magnitude of the velocity, not the sign of the charge.

(107 高醫)

答案：(A)。

解說：利用右手定則 $(\vec{F} = q\vec{v} \times \vec{B})$。

依據題意可知，正電荷受向左之力，負電荷受向右之力。

所以粒子1帶正電，粒子2帶負電。

重點二 磁場中的電荷運動

1. 旋轉半徑：$R = \dfrac{mv}{|q|B}$，其中 m 為電荷質量，v 為電荷速率，q 為電量，B 為

   磁場。

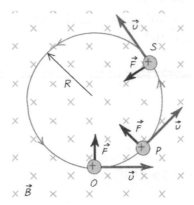

2. 迴旋加速器頻率：$f = \dfrac{\omega}{2\pi} = \dfrac{|q|B}{2\pi m} \rightarrow \omega = \dfrac{|q|B}{m}$。

3. 迴旋週期：$T = \dfrac{2\pi m}{|q|B}$。

4. 速度選擇器(velocity selector)：$v = \dfrac{E}{B}$。

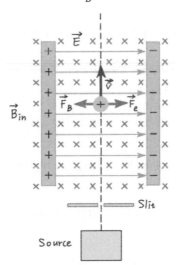

5. 質譜儀(mass spectrometer)：測量離子的質量；測量元素的同位素。

   ◎ 若電量相等，則質量越大，半徑越大。

   ◎ $\dfrac{m}{q} = \dfrac{rB_0B}{E}$，其中 m 為質量，q 為電量，E、B 為速度選擇器中的電場與磁

   場，B_0 為外磁場。

1. A cyclotron used to accelerate α particles ($m = 6.65 \times 10^{-27}$ kg; $q = 3.2 \times 10^{-19}$ Coul) has a radius of 0.50 m and a magnetic field of 1.8 T. What is the period of revolution of the α particles?
(A) 8.3×10^{-9} sec (B) 7.3×10^{-8} sec (C) 6.3×10^{-7} sec
(D) 5.3×10^{-6} sec (E) 4.3×10^{-5} sec

(92 高醫)

答案：(B)。

解說：利用 $T = \frac{2\pi m}{|q|B}$。

$$T = \frac{2\pi \times 6.65 \times 10^{-27}}{3.2 \times 10^{-19} \times 1.8} = 7.3 \times 10^{-8} (\text{s})。$$

2. Singly ionized chlorine atoms of 35 amu and 37 amu, traveling with speed 2.0×10^5 m/sec, enter perpendicularly a uniform magnetic field of 0.50 tesla. After bending through 180° the atoms strike a photographic film. What is the separation distance between the two spots on the film? (1.00 amu = 1.67×10^{-27} kg)
(A) 2.1 cm (B) 3.7 cm (C) 1.7 cm (D) 4.5 cm (E) 5.8 cm

(92 高醫)

答案：(C)。

解說：利用 $R = \frac{mv}{|q|B}$。

分隔距離為旋繞直徑的差異，所以 $d = 2(\Delta R) = \frac{2(\Delta m)v}{qB}$。

$$d = \frac{2 \times 2 \times 1.67 \times 10^{-27} \times 2 \times 10^5}{1.6 \times 10^{-19} \times 0.5} = 0.017(\text{m}) = 1.7(\text{cm})。$$

3. What is the cyclotron frequency of a proton in a magnetic field of magnitude 5.20 T? (The mass of a proton is 1.67×10^{-27} kg. The charge of a proton is 1.60×10^{-19} C)
(A) 1.98×10^8 rad/s (B) 2.98×10^8 rad/s (C) 3.98×10^8 rad/s (D) 4.98×10^8 rad/s (E) 5.98×10^8 rad/s

(95 高醫)

答案：(D)。

解說：利用 $\omega = \dfrac{|q|B}{m}$。

$\omega = \dfrac{1.6 \times 10^{-19} \times 5.2}{1.67 \times 10^{-27}} = 4.98 \times 10^8 \text{(rad/s)}$。

4. A cyclotron has a dee radius R and is operated at an oscillator frequency f in Hz. What is the magnitude of the magnetic field B needed for deuterons to be accelerated in the cyclotron? The mass of the deuteron is m in kilograms, f is in Hz, and B is in Tesla.

(A) $\dfrac{2\pi m f R}{q}$ (B) $\dfrac{2\pi m f}{Rq}$ (C) $\dfrac{2\pi m f}{q}$ (D) $\dfrac{2\pi m f}{R^2 q}$ (E) $\dfrac{2\pi m f R^2}{q}$

(106 高醫)

答案：(C)。

解說：由 $R = \dfrac{mv}{|q|B}$，$\dfrac{v}{R} = \omega = 2\pi f \rightarrow B = \dfrac{mv}{|q|R} = \dfrac{2\pi m f}{|q|}$。

5. A particle with mass m and charge q, moving with a velocity v, enters a region of uniform magnetic field B, as shown in the figure below. The particle strikes the wall at a distance d from the entrance slit. If the particle's velocity stays the same but its charge-to-mass ratio is doubled, at what distance from the entrance slit will the particle strike the wall?

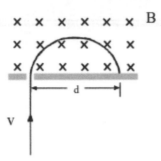

(A) $2d$ (B) $\sqrt{2}d$ (C) d (D) $\frac{1}{\sqrt{2}}d$ (E) $\frac{1}{2}d$

(106 高醫)

答案：(E)。

解說：由 $R = \frac{mv}{|q|B}$ 知，距離 d 與質量 m 成正比但與 q 電量成反比，也就是與荷質比 $(\frac{q}{m})$ 成反比。

當荷質比變為兩倍，則距離變為 1/2 倍。因此距離為 $\frac{1}{2}d$。

6. A proton moves around a circular path (radius = 2.0 mm) in a uniform 0.25 T magnetic field. What total distance does this proton travel during a 1.0 s time interval? ($m_p = 1.67 \times 10^{-27}$ kg, $q = 1.6 \times 10^{-19}$ C)
(A) 82 km (B) 59 km (C) 71 km (D) 48 km (E) 7.5 km

(107 高醫)

答案：(D)。

解說：利用 $R = \frac{mv}{|q|B} \rightarrow v = \frac{|q|BR}{m}$。

$v = \frac{1.6 \times 10^{-19} \times 0.002 \times 0.25}{1.67 \times 10^{-27}} = 4.8 \times 10^4 \text{(m/s)} = 48 \text{(km/s)}$，

行走距離為 $l = vt = 4.8$ km。

7. Two isotopes leave the slit at point S and into a magnetic field of magnitude 0.100 T pointing into the page, each has speed of 1.00×10^6 m/s. The first one contain one proton and has a mass of 1.67×10^{-27} kg and the other contains a proton and a neutron and has a mass of 3.34×10^{-27} kg. What is the distance that they could be separated when they strike a photographic plate ? ($e = 1.6 \times 10^{-19}$ C)

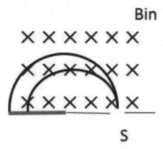

(A) 0520 m (B) 0.313 m (C) 0.210 m (D) 0.105 m (E) 0.104 m

(108 高醫)

答案：(C)。

解說：利用 $R = \dfrac{mv}{|q|B} \rightarrow d = 2(\Delta R) = \dfrac{2(\Delta m)v}{qB}$。

$$d = \frac{2 \times (3.34 - 1.67) \times 10^{-27} \times 1 \times 10^6}{1.6 \times 10^{-19} \times 0.1} = 0.21(m)。$$

8. It is known that the magnetic field of 0.17 T can cause an O_2^+ ion to move in a circular orbit of radius 2 m. Find the radius of circular orbit of a Na^{2+} ion with identical velocity in the same magnetic field. (Ion moves in direction perpendicular to the magnetic field.)

(A) 0.12 m (B) 0.25 m (C) 0.34 m (D) 0.52 m (E) 0.72 m

(110 高醫)

答案：(E)。

解說：$r = \dfrac{mv}{qB}$。

因為 v 和 B 不變，所以 $r \propto \dfrac{m}{q}$。

$$r_{Na^{2+}} = \frac{23}{32} \times \frac{1}{2} \times 2 = 0.72(m)。$$

重點三 載流導線

1. 磁場中所受磁力：$\vec{F} = I\vec{l} \times \vec{B}$。

2. 平行載流導線間的磁力

   ◎ 單位長度的受力：$\frac{F}{L} = \frac{\mu_0 II'}{2\pi r}$，其中 r 是兩導線間的距離，I、I' 分別為兩導線的電流，L 為導線長度。

   ◎ 電流方向相同，導線互相吸引；電流方向相反，導線互相排斥。

※歷年試題集錦※

1. A 5.0 A current flows along a wire with $\vec{l} = (1.5\hat{\imath} - 2.0\hat{\jmath})m$. The wire resides in a uniform magnetic field $\vec{B} = (0.1\hat{\imath} - 0.3\hat{k})T$. The magnetic force acting on the wire is described by $\vec{F} = (C\hat{\imath} + D\hat{\jmath} + E\hat{k})N$. What is the value of $C + D + E$?

   (A) 1.3 N (B) 6.3 N (C) 1.8 N (D) 4.3 N (E) 0.35 N

   (107高醫)

答案：(B)。

解說：利用 $\vec{F} = I\vec{l} \times \vec{B}$。

$$\vec{F} = 5 \times (1.5\hat{\imath} - 2\hat{\jmath}) \times (0.1\hat{\imath} - 0.3\hat{k}) = 3\hat{\imath} + 2.25\hat{\jmath} + 1\hat{k}。$$

$$C + D + E = 3 + 2.25 + 1 = 6.25。$$

2. There are two parallel, straight current carrying conductors with current $I_1 =$ 10 A and length $I_2 = 2$ A. Both of these two conductors are 1 m length, and the distance between them is 2 m. What is the force between these two parallel conductors? (Permeability constant is μ_0)

(A) $F = \frac{10\mu_0}{\pi}$ (B) $F = \frac{5\mu_0}{\pi}$ (C) $F = \frac{2\mu_0}{\pi}$ (D) $F = \frac{5\mu_0}{2\pi}$ (E) $F = \frac{\mu_0}{2\pi}$

(108 高醫)

答案：(B)。

解說：利用$\frac{F}{L} = \frac{\mu_0 II'}{2\pi r}$ → $F = \frac{\mu_0 II'}{2\pi r} L$。

$F = \frac{\mu_0 \times 10 \times 2}{2\pi \times 2} \times 1 = \frac{5\mu_0}{\pi}$。

---

3. A rod of 0.3 m carries a current of $I = 48.0$ A in the direction shown in the figure and rolls along the rails with a constant speed. A uniform magnetic field of magnitude 0.25 T is directed perpendicular to the rod and the rails. What is the force acting on the rod?

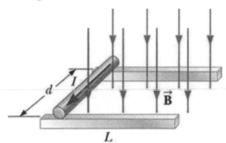

(A) 3.6 N (→) (B) 2.4 N (←) (C) 1.2 N (←) (D) 3.6 N (←) (E) 1.2 N (→)

(110 高醫)

答案：(A)(D)。

解說：$\vec{F} = I\vec{l} \times \vec{B}$。

因為等速運動所以合力為0。
載流導線受力：$F = 48 \times 0.3 \times 0.25 = 3.6$ (N)。
由右手定則可知力的方向為→。
抵銷磁力的外力為3.6 N(←)。
題目未說明哪一個力，所以(A)(D)皆可。

重點四 載流線圈的磁力和力矩

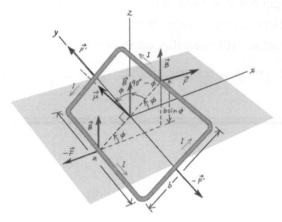

1. 合力：$\sum \vec{F} = 0$。

2. 線圈磁矩：$\vec{\mu} = I\vec{A}$。磁矩方向如下圖所示

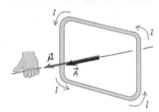

3. 力矩：$\vec{\tau} = \vec{\mu} \times \vec{B}$。

   ◎ 夾角 ϕ 為 90° 時，力矩最大。

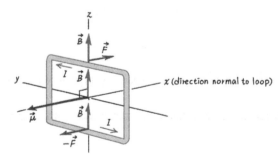

   ◎ 夾角 ϕ 為 0° 時，力矩為零。

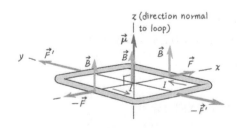

4. 位能：$U = -\vec{\mu} \cdot \vec{B} = -\mu B \cos \phi$。

　◎ 當$\vec{\mu}$與$\vec{B}$垂直時，位能為 0。

　◎ 當$\vec{\mu}$與$\vec{B}$方向相同時，位能為最小。

　◎ 當$\vec{\mu}$與$\vec{B}$方向相反時，位能為最大。

※歷年試題集錦※

1.　A disk of radius R has a uniform charge density σ. It rotates about its central axis with the angular frequency ω. A uniform magnetic field B is normal to the axis. The torque on the disk is _____.

(A) $\frac{1}{4}\sigma\omega\pi BR^4$　(B) $\frac{1}{4}\sigma\omega BR^4$　(C) $\frac{1}{4}\sigma\omega\pi BR^2$

(D) $\frac{1}{4}\sigma\omega BR^2$　(E) $\frac{1}{2}\sigma\omega\pi BR^4$

(95 高醫)

答案：(A)。

解說：利用$\vec{\tau} = \vec{\mu} \times \vec{B}$。

　　　把圓盤想成是一圈一圈不同半徑的載流線圈環。

　　　在半徑 r 處寬度 dr 的圓環，其磁矩為

　　　$d\mu = \dfrac{\sigma 2\pi r dr}{\frac{2\pi}{\omega}} \times \pi r^2 = \pi\sigma\omega r^3 dr$，

　　　所以圓盤的總磁矩為

　　　$\mu = \int_0^R \pi\sigma\omega r^3 dr = \dfrac{\pi\sigma\omega R^4}{4}$。

　　　故力矩為

　　　$\tau = \mu B = \dfrac{1}{4}\pi\sigma\omega BR^4$。

2. A current loop freely rotates in a uniform magnetic field ($B = 0.50$ T). The maximum torque on the loop is 0.60 N·m. What is the magnetic dipole moment of the loop?
(A) 1.2 A·m^2 (B) 2.4 A·m^2 (C) 0.60 A·m^2 (D) 0.30 A·m^2 (E) 0.83 A·m^2

(107高醫)

答案：(A)。

解說：利用 $\vec{\tau} = \vec{\mu} \times \vec{B}$。

$\tau = \mu B \sin\theta \rightarrow \mu = \frac{\tau_{max}}{B}$。

$\mu = \frac{0.6}{0.5} = 1.2 (\text{A·m}^2)$。

重點五 磁場計算

1. 移動電荷的磁場：$\vec{B} = \frac{\mu_0}{4\pi} \frac{q\vec{v} \times \hat{r}}{r^2}$。

2. 必歐-沙瓦定律(Biot-Savart law)：$\vec{B} = \frac{\mu_0}{4\pi} \int \frac{I d\vec{l} \times \hat{r}}{r^2}$。

3. 長直導線磁場

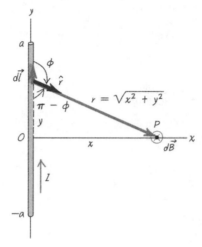

◎ 有限長度(-a 到 a)：$B = \frac{\mu_0 I}{4\pi} \frac{2a}{x\sqrt{x^2 + a^2}}$。

◎ 無窮長度$(a \to \infty)$：$B = \frac{\mu_0 I}{2\pi x}$。

4. 圓形線圈磁場

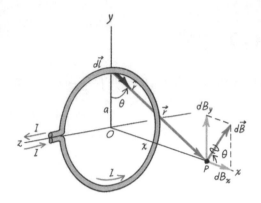

◎ 上圖 P 點磁場：$B_x = \dfrac{\mu_0 I a^2}{2(x^2+a^2)^{3/2}}$。

◎ 磁場方向

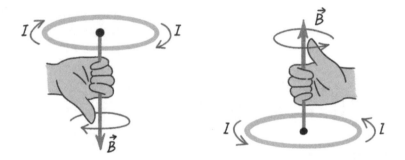

◎ 若線圈數量為 N，則磁場為$B_x = \dfrac{\mu_0 N I a^2}{2(x^2+a^2)^{3/2}}$。

◎ 線圈中心處的磁場$(x=0)$：$B_0 = \dfrac{\mu_0 N I}{2a}$。

1. One quarter of a circular loop of wire carries a current *I* as shown in Fig.23. The current *I* enters and leaves on straight segments of wire. The straight wires are along the radial direction from the center *C* of the circular portion. The length of each straight segment is *h*. Find the magnetic field at *C*.

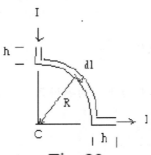

Fig. 23

(A) 0 (B) $\mu_0 I \left(\frac{\pi R}{2}\right)$ (C) $\mu_0 I \left(\frac{\pi R}{2} + 2h\right)$ (D) $\frac{\mu_0 I}{8R}$ (E) $\frac{\mu_0 I}{8R+2h}$

(92高醫)

答案：(D)。

解說：兩段直導線對 C 點不產生磁場($d\vec{l} \times \vec{r} = 0$)，只需計算圓弧產生的磁場。

$$B = \frac{\mu_0}{4\pi} \times \frac{I \times \frac{2\pi R}{4}}{R^2} = \frac{\mu_0 I}{8R} \text{。}$$

2. A particle of mass m and charge q is in a circular orbit of radius R normal to an external magnetic field B. The magnetic field, at the center of its orbit, created by the charge is _____.

(A) $\frac{\mu_0}{4\pi}\frac{qB}{mR}$ (B) $\frac{\mu_0}{4\pi}\frac{q^2B}{mR}$ (C) $\frac{\mu_0}{4\pi}\frac{mR}{qB}$ (D) $\frac{\mu_0}{4\pi}\frac{mR}{q^2B}$ (E) $\frac{\mu_0}{4\pi}\frac{qB^2}{mR}$

(95 高醫)

答案：(B)。

解說：利用 $\vec{B} = \frac{\mu_0}{4\pi}\frac{q\vec{v}\times\hat{r}}{r^2}$ 以及 $R = \frac{mv}{|q|B}$。

因為 $v = \frac{|q|RB}{m}$，所以軌道中心的磁場為

$B_c = \frac{\mu_0}{4\pi}\frac{q\times\frac{|q|RB}{m}}{R^2} = \frac{\mu_0}{4\pi}\frac{q^2B}{mR}$。

另解：利用圓形載流線圈中心的磁場為 $B_0 = \frac{\mu_0 NI}{2a}$。

電荷 q 在軌道上產生的電流為 $I = \frac{q}{T} = \frac{q}{\frac{2\pi}{\omega}} = \frac{q\omega}{2\pi} = \frac{q\frac{|q|B}{m}}{2\pi} = \frac{q^2B}{2\pi m}$。

所以中心磁場為 $B_c = \frac{\mu_0\times\frac{q^2B}{2\pi m}}{2R} = \frac{\mu_0}{4\pi}\frac{q^2B}{mR}$。

3. Three long wires parallel to the *x* axis carry currents as shown. If $I = 20$ A, what is the magnitude of the magnetic field at the origin point *O*? (magnetic constant $\mu_0 = 4\pi \times 10^{-7}$ T·m/A)

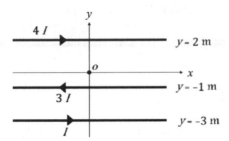

(A) 19 μT (B) 28 μT (C) 37 μT (D) 47 μT (E) 58 μT

(107 高醫)

答案：(A)。

解說：利用 $B = \frac{\mu_0 I}{2\pi x}$。

令+z-方向為垂直指出紙面的方向，所以在O點的磁場為

$$B = \frac{\mu_0}{2\pi}\left(-\frac{4I}{2} + \frac{-3I}{1} + \frac{I}{3}\right) = 2 \times 10^{-7} \times 20 \times \left(\frac{-28}{6}\right)$$

$$= -\frac{56}{3} \times 10^{-6}(\text{T}) \cong -19(\mu\text{T})。$$

---

4. A segment of wire of total length 2.0 m is formed into a circular loop having 5.0 turns. If the wire carries a 1.2 A current, determine the magnitude of the magnetic field at the center of the loop. ($\mu_0 = 4\pi \times 10^{-7}$ T·m/A)
   (A) 59 μT (B) 69 μT (C) 79 μT (D) 89 μT (E) 94 μT

(108 高醫)

答案：(A)。

解說：利用 $B_0 = \frac{\mu_0 NI}{2a}$。

每圈的周長為0.4 m，線圈半徑為 $a = \frac{0.4}{2\pi} = \frac{1}{5\pi}$。

$$B = \frac{4\pi \times 10^{-7} \times 5 \times 1.2}{2 \times \frac{1}{5\pi}} = 5.9 \times 10^{-5}(\text{T}) = 59(\mu\text{T})。$$

5. There is a straight current-carrying conductor with current $I = 10$ A and length $L = 2$ m. What is the magnetic field B of this conductor at the distance 2 m from that? (μ_0 is permeability constant)
(A) $5\mu_0$ (B) $5\mu_0/\pi$ (C) $5\mu_0/2\pi$ (D) $\mu_0/2\mu_0$ (E) μ_0/π

(109高醫)

答案：無答案。

解說：本題未詳述具體位置。

若位置在垂直於導線中心的直線方向上，則利用 $B = \frac{\mu_0 I}{4\pi} \frac{2a}{x\sqrt{x^2+a^2}}$ 可得

$B = \frac{\mu_0 \times 10}{4\pi} \frac{2 \times 1}{2 \times \sqrt{2^2+1^2}} = \frac{\sqrt{5}\mu_0}{2\pi}$ 。

若位置在導線的載流方向上，則磁場為0。

若在其它位置，則依Biot-Savart Law積分而得。

重點六 安培定律

1. 安培定律(Ampere's law)：$\oint \vec{B} \cdot d\vec{l} = \mu_0 I$，其中 I 為封閉曲線所包圍的電流。

2. 螺線管(solenoid)磁場：$B_{in} = n\mu_0 I$，其中 n 是單位長度的線圈數。

3. 環形螺線管(toroid)：$B_{in} = \frac{N\mu_0 I}{2\pi r}$，其中 N 是總線圈數，r 是離環形螺線管中心的距離。

※歷年試題集錦※

1. A long cylindrical wire (radius = 2.0 cm) carries a current of 40 A that is uniformly distributed over a cross section of the wire. What is the magnitude of the magnetic field at a point which is 1.5 cm from the axis of the wire?
(A) 0.53 mT (B) 28 mT (C) 0.30 mT (D) 40 mT (E) 1.9 mT

(94 高醫)

答案：(C)。

解說：利用安培定律。

$$B \times 2\pi r = \mu_0 I \frac{r^2}{R^2} \rightarrow B = \frac{\mu_0 I r}{2\pi R^2} \text{。}$$

$$B = 2 \times 10^{-7} \times \frac{40 \times 0.015}{0.02^2} = 3 \times 10^{-4} (\text{T}) = 0.3 (\text{mT}) \text{。}$$

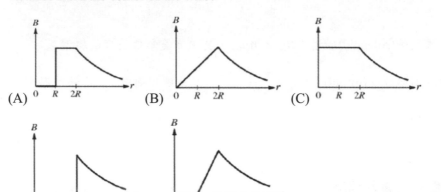

2. A long, straight, hollow cylindrical wire with an inner radius R and an outer radius $2R$ carries a uniform current density. Which of the following graphs best represents the magnitude of the magnetic field as a function of the distance from the center of the wire?

(A) (B) (C) (D) (E)

(106 高醫)

答案：無答案。最接近為(E)。

解說：利用安培定律。

假設導線電流為I，

$r \leq R$：因為無電流，所以$B = 0$。

$R < r \leq 2R$：$B \times 2\pi r = \mu_0 I \times \dfrac{r^2 - R^2}{4R^2 - R^2}$ $\rightarrow$ $B = \dfrac{\mu_0 I}{6\pi R^2}\left(r - \dfrac{R^2}{r}\right)$。

$2R \leq r$：$B = \dfrac{\mu_0 I}{2\pi r}$。

圖形如下：

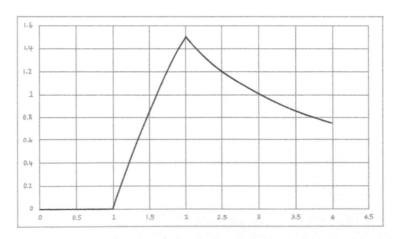

3. There is a cylindrical conductor with radius R which carries current I. Which diagram is correct for the magnetic field of this conductor?

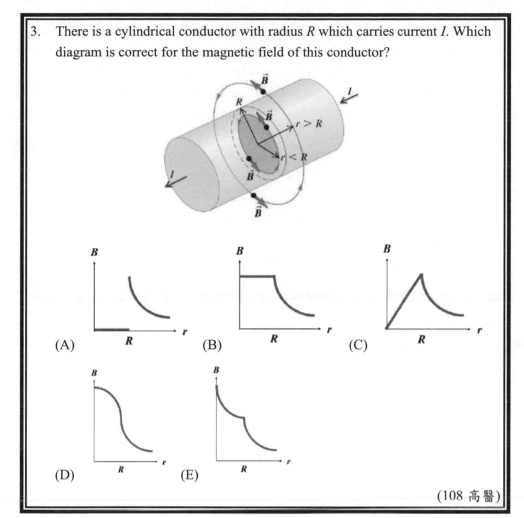

(A)   (B)   (C)

(D)   (E)

(108 高醫)

答案：(C)。

解說：利用安培定律。

假設導線電流為I，

$0 \leq r \leq R : B \times 2\pi r = \mu_0 I \times \frac{r^2}{R^2} \rightarrow B = \frac{\mu_0 I r}{2\pi R^2}$。磁場與$r$成正比。

$R < r : B = \frac{\mu_0 I}{2\pi r}$。磁場與$r$成反比。

圖形如(C)。

4. There is a doughnut-shaped toroidal solenoid with 200 turns of wires carrying current 0.02 A. The inner radius of that is 1 m and outer radius is 5 m. What is the magnetic field B of this doughnut-shaped toroidal solenoid at the point with distance 0.5 m from center of that? (μ_0 is permeability constant)

(A) 0 (B) $4\mu_0/\pi$ (C) $2\mu_0/\pi$ (D) $\mu_0/2\pi$ (E) $\mu_0/4\pi$

(109高醫)

答案：(A)。

解說：利用安培定律。

因為 $r = 0.5\,\mathrm{m}$，小於螺旋管的內半徑 $1\,\mathrm{m}$，所以由安培定律知道此處的

磁場為 0。

5. A solenoid with 200 turns of copper wires is operated by a 1000 V power supply and must be 25 cm long. What is the magnitude of magnetic field that is created in the solenoid? (The resistance of Cu wire is 0.2 Ω and the permeability $\mu_0 = 4\pi \times 10^{-7}$ T·m/A)

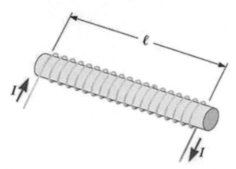

    (A) 5.03 T (B) 3.21 T (C) 7.84 T (D) 4.58 T (E) 4.36 T

(110高醫)

答案：(A)。

解說：$B = n\mu_0 i$。

$$B = \frac{200}{0.25} \times 4\pi \times 10^{-7} \times \frac{1000}{0.2} = 5.03 \ (T)。$$

第二十章 電磁感應

重點一 法拉第定律與冷次定律

1. 法拉第定律(Faraday's law)

   ◎ 感應電動勢大小：$\varepsilon = -N\frac{d\Phi_B}{dt}$，其中 $\Phi_B = \int \vec{B} \cdot d\vec{A}$ 為磁通量，N 為線圈

   數。

   ◎ 感應電動勢或感應電流方向：如下圖所示。

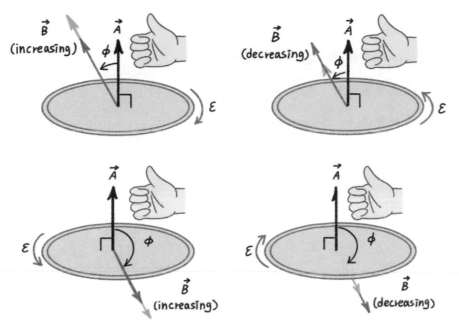

2. 冷次定律

   ◎ 與能量守恆有關。

   ◎ 任何磁感應效應的方向都是阻擋效應的發生。

3. 發電機

◎ 交流發電機(alternating-current generator)

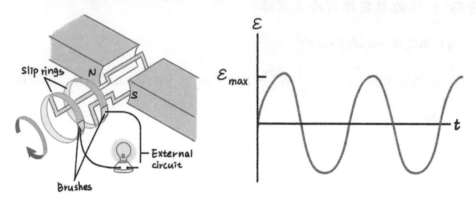

◎ 交流(AC)電動勢：$\varepsilon_{AC} = NAB\omega \sin \omega t$。

◎ 最大感應電動勢：$\varepsilon_{max} = NAB\omega$。

◎ 直流發電機(direct-current generator)

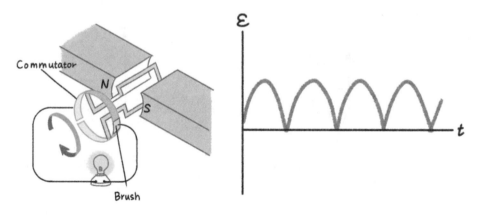

◎ 直流電動勢：$\varepsilon_{DC} = NAB\omega |\sin \omega t|$。

◎ 直流發電機的平均電動勢：$\varepsilon_{ave} = \dfrac{2NAB\omega}{\pi}$。

※歷年試題集錦※

1. A wire loop of area 1000 cm² has a resistance of 10 ohms. A magnetic field B normal to the loop initially has a magnitude of 0.1 T and is reduce to zero at a uniform rate in 10^{-4} s. Thus, the resulting current is:
   (A) 10000 A (B) 1000 A (C) 100 A (D) 10 A (E) 1 A.

   (106 高醫)

答案：(D)。

解說：利用 $\varepsilon = -N\frac{d\Phi_B}{dt}$。

$$\varepsilon = -1 \times \frac{0.1 \times (1000 \times 10^{-4})}{10^{-4}} = -100(V) \rightarrow I = \frac{\varepsilon}{R} = \frac{100}{10} = 10(A)。$$

2. A stiff wire bent into a semicircle of radius $a = 2.0$ cm is rotated at constant angular speed 40 rev/s in a uniform 20 mT magnetic field. What is the amplitude of the emf induced in the loop?

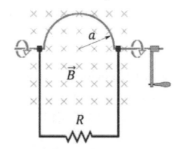

   (A) 3.16×10^{-2} V (B) 3.16×10^{-3} V (C) 3.16×10^{-1} V
   (D) 1.98×10^{-2} V (E) 1.98×10^{-3} V

   (107 高醫)

答案：(B)。

解說：利用 $\varepsilon_{max} = NAB\omega$。

$$\varepsilon_{max} = 1 \times \frac{\pi}{2} \times 0.02^2 \times 20 \times 10^{-3} \times (40 \times 2\pi) = 3.16 \times 10^{-3}(V)。$$

3. The coil shown below has 2 turns, a cross-sectional area of 0.20 m², and a field (parallel to the axis of the coil) with a magnitude given by $B = (4.0 + 3.0t^2)$T, where t is in s. What is the potential difference, $V_A - V_C$, at $t = 3.0$ s?

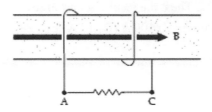

(A) -7.2 V (B) +7.2 V (C) -4.8 V (D) +4.8 V (E) -12 V

(107 高醫)

答案：(A)。

解說：利用 $\varepsilon = -N\frac{d\Phi_B}{dt} \rightarrow \varepsilon = -NA\frac{dB}{dt}$。

$\varepsilon = -2 \times 0.2 \times \frac{d}{dt}(4 + 3t^2) = -2.4t \rightarrow \varepsilon = -2.4 \times 3 = -7.2(\text{V})$。

4. An AC generator consists of 6 turns of a wire. Each turn has an area of 0.040 m². The loop rotates in a uniform field ($B = 0.20$ T) at a constant frequency of 50 Hz. What is the maximum induced emf?
   (A) 2.4 V (B) 3.0 V (C) 4.8 V (D) 13 V (E) 15 V

(110 高醫)

答案：(E)。

解說：$\varepsilon_{max} = NB\omega A$。

$\varepsilon_{max} = 6 \times 0.2 \times 2\pi \times 50 \times 0.04 = 15$ (V)。

重點二 運動電動勢

1. 運動電動勢：$\varepsilon = vBL$，其中 v 是導線速度，B 是磁場，L 是導線長度。

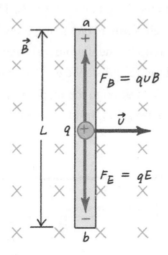

2. 廣義形式：$\varepsilon = \oint (\vec{v} \times \vec{B}) \cdot d\vec{l}$。

3. 感應電場(induced electric field)：$\oint \vec{E} \cdot d\vec{l} = -\dfrac{d\Phi_B}{dt}$。

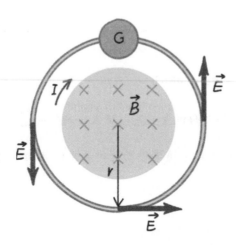

1. The following shows a rod of length $L = 10.0$ cm that is forced to move at constant speed $v = 5.00$ m/s along horizontal rails. The rod, rails, and connecting strip at the right form a conducting loop. The rod has resistance $0.400 \, \Omega$; the rest of the loop has negligible resistance. A current $i = 100$ A through the long straight wire at distance $a = 10.0$ mm from the loop sets up a (nonuniform) magnetic field through the loop. Find the emf. ($\mu_0 = 4\pi \times 10^{-7}$ T·m/A, ln 2 = 0.693, ln 10 = 2.303, ln 11 = 2.398)

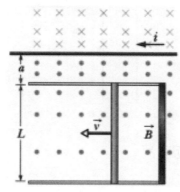

(A) 2.4×10^{-4} V (B) 5.8×10^{-3} V (C) 4.8×10^{-5} V (D) 3.9×10^{-4} V (E) 8.8×10^{-4} V

(106 高醫)

答案：(A)。

解說：利用 $\varepsilon = vBL \ \rightarrow \ d\varepsilon = vBdL$。

假設在離電流 i 為 r 的位置，其磁場大小為 $B = \frac{\mu_0 i}{2\pi r}$，

所以一小段線段 dr 以 v 速率移動時所產生的運動電動勢為

$d\varepsilon = v\frac{\mu_0 i}{2\pi r}dr$。

因此，$\varepsilon = \frac{\mu_0 vi}{2\pi} \int_{r=a}^{r=a+L} \frac{dr}{r} = \frac{\mu_0 vi}{2\pi} ln\frac{a+L}{a}$。

$\varepsilon = 2 \times 10^{-7} \times 5 \times 100 \times ln\frac{11}{1} = 2.4 \times 10^{-4}(V)$。

2. The sliding bar has a length of 1.0 m, and moves at 3.0 m/s in a magnetic field of magnitude 0.5 T. This could induced motional emf. If the resistance in the circuit is 1.0 Ω, what is the power delivered to the resistor if the current goes counterclockwise around the loop?

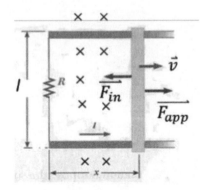

(A) 0.85 W (B) 1.35 W (C) 1.80 W (D) 2.25 W (E) 2.55 W

(109 高醫)

答案：(D)。

解說：利用 $\varepsilon = vBL$，$P = \dfrac{V^2}{R}$。

$$P = \frac{(vBL)^2}{R} = \frac{(3 \times 0.5 \times 1)^2}{1} = 2.25(W)。$$

第二十一章 電感與交流電路

重點一 電感

1. 互感(mutual inductance)

   ◎ 感應電動勢：$\varepsilon_1 = -M\dfrac{di_2}{dt}$，$\varepsilon_2 = -M\dfrac{di_1}{dt}$。

   ◎ 互感：$M = \dfrac{N_1\Phi_{B1}}{i_2} = \dfrac{N_2\Phi_{B2}}{i_1}$。

   ◎ 單位：亨利(henry)，$1\text{ H} = 1\text{ Wb/A} = 1\text{ V·s/A} = 1\text{ }\Omega\text{·s} = 1\text{J/A}^2$。

2. 自感(self inductance)(電感)：$L = \dfrac{N\Phi_B}{i}$。

3. 自感電動勢：$\varepsilon = -L\dfrac{di}{dt}$。

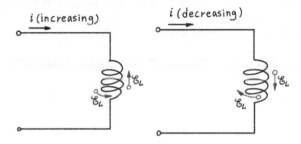

4. 電感器(inductor)

   ◎ 電路符號 〰〰〰〰 。

   ◎ 目的：抵抗電路中電流的變化。

   在直流電路中，協助在供應的電動勢有擾動時穩定電流。

   在交流電路中，抑制快速變化的電流。

   ◎ 電感器的端電壓：$V_{ab} = V_a - V_b = L\dfrac{di}{dt}$。

   ◎ 電感器的儲存能量：$U = \dfrac{1}{2}Li^2$。

   ◎ 磁場能量密度(magnetic energy density)：$u_B = \dfrac{B^2}{2\mu_0}$。

1. A long solenoid of 500 turns carrying a current of 3.8 A produces within itself a uniform magnetic flux of 2.0 mWb. What is the self-inductance of the coil?
   (A) 0.13 H (B) 0.26 H (C) 0.36 H (D) 0.46 H (E) 0.52 H

   (93 高醫)

答案：(B)。

解說：利用 $L = \frac{N\Phi_B}{i}$。

$$L = \frac{500 \times 2 \times 10^{-3}}{3.8} = 0.26(\text{H})$$ 。

2. The current in an inductor (L = 40 mH) is described by $I = 3.0 - 4.0t + t^2$ with I in ampers and t in seconds. What is the magnitude of the emf induced in the inductor at t = 3.0 s?
   (A) 2.0V (B) 0.080V (C) 50V (D) 0V (E) 4.0V

   (107 高醫)

答案：(B)。

解說：利用 $\varepsilon = -L\frac{di}{dt}$。

首先計算電流的變化率 $\frac{di}{dt} = -4 + 2t$，所以

$$\varepsilon(t = 3s) = -(40 \times 10^{-3}) \times (-4 + 2 \times 3) = -0.08(\text{V})$$ 。

重點二 R-L 電路

1. 電流增長

   ◎ 電流：$i = \dfrac{\varepsilon}{R}\left(1 - e^{-\frac{R}{L}t}\right)$。

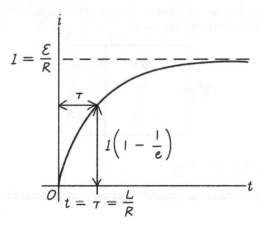

   ◎ 時間常數：$\tau = \dfrac{L}{R}$。

   ◎ 開始通電$(t = 0)$時，$i_0 = 0$，$\dfrac{di}{dt} = \dfrac{\varepsilon}{L}$。

   ◎ 通電很久$(t \to \infty)$時，$i_\infty \to \dfrac{\varepsilon}{R}$，$\dfrac{di}{dt} \to 0$。

   ◎ 功率：$P = \varepsilon i = i^2 R + Li\dfrac{di}{dt}$。

2. 電流衰退

   ◎ 電流：$i = I_0 e^{-\frac{R}{L}t}$。

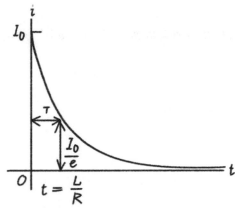

   ◎ 開始放電$(t = 0)$時，$i_0 = I_0$，$\dfrac{di}{dt} = -\dfrac{I_0 R}{L}$。

   ◎ 放電很久$(t \to \infty)$時，$i_\infty \to 0$，$\dfrac{di}{dt} \to 0$。

   ◎ 功率：$P = i^2 R + Li\dfrac{di}{dt} = 0$。

1. The figure shows a circuit that contains three identical resistors with resistance $R = 9.0\ \Omega$, two identical inductors with inductance $L = 4.0$ mH, and an ideal battery with emf $\varepsilon = 36$ V. I_A is the current just after the switch is closed, and I_B is the current through the battery long after the switch has been closed. What is the current ratio I_A/I_B?

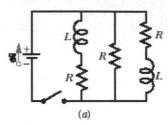

(a)

(A) 1/3 (B) 1/2 (C) 1 (D) 2 (E) 3

(94 高醫)

答案：(A)。

解說：利用 R-L 電路在電流增長時，$i_0 = 0$ 以及 $i_\infty \to \dfrac{\varepsilon}{R}$。

$$I_A = 0 + \frac{\varepsilon}{R} + 0 = \frac{\varepsilon}{R},\ I_B = \frac{\varepsilon}{R} + \frac{\varepsilon}{R} + \frac{\varepsilon}{R} = 3\frac{\varepsilon}{R} \to \frac{I_A}{I_B} = \frac{1}{3}。$$

2. A solenoid has an inductance 75 mH and a winding resistance 0.50 Ω. If a battery is connected to the solenoid, how long will the current reach half its final equilibrium value? (log 2 = 0.301, ln 2 = 0.693)
   (A) 0.10 s (B) 45 ms (C) 4.6 s (D) 2.0 s (E) 26 ms

(106 高醫)

答案：(A)。

解說：R-L 電路在電流增長時的電流為 $i = \dfrac{\varepsilon}{R}\left(1 - e^{-\frac{R}{L}t}\right)$，並且 $i_\infty \to \dfrac{\varepsilon}{R}$。

因為 $\dfrac{i}{i_\infty} = \dfrac{1}{2}$，所以 $e^{-\frac{R}{L}t} = \dfrac{1}{2}$。因此，$t = \dfrac{L}{R}ln2$。

$$t = \frac{75 \times 10^{-3}}{0.5} \times 0.693 = 0.1(s)。$$

重點三 L-C 電路(振盪電路)

1. 自然頻率(natural frequency)：$\omega = \frac{1}{\sqrt{LC}}$。

2. 電量：$q(t) = Q_{max} \cos(\omega t + \phi)$，其中 $Q_{max} = C\varepsilon$。

3. 電流：$i(t) = -\omega Q_{max} \sin(\omega t + \phi) = -I_{max} \sin(\omega t + \phi)$。

4. 能量：$E = \frac{Li^2}{2} + \frac{q^2}{2C} = \frac{Q_{max}^2}{2C}$。

※歷年試題集錦※

1. A circuit consists of a capacitor and an inductor that are sequentially connected. If the capacitance is 0.5 mF and the inductance is 1 H, what is the resonance frequency of this circuit?
   (A) 23.4 rad/s (B) 44.7 rad/s (C) 50.5 rad/s (D) 76.8 rad/s (E) 87.6 rad/s

   (108 高醫)

答案：(B)。

解說：共振頻率為 $\omega = \frac{1}{\sqrt{LC}}$。

$\omega = \frac{1}{\sqrt{1 \times 0.5 \times 10^{-3}}} = 44.7$(rad/s)。

重點四 L-R-C 串聯電路

1. 當 $R^2 < 4\frac{L}{C}$ 時，L-R-C 串聯電路為欠阻尼振盪電路。

2. 欠阻尼振盪電路的電荷：$q(t) = Qe^{-\frac{R}{2L}t} \cos(\omega' t + \phi)$。

3. 欠阻尼振盪電路的角頻率：$\omega' = \sqrt{\frac{1}{LC} - \frac{R^2}{4L^2}}$。

4. 阻尼(消耗)功率：$\frac{dE}{dt} = -i^2 R$。

5. 當 $R^2 = 4\frac{L}{C}$ 時，L-R-C 串聯電路為臨界阻尼振盪電路。

6. 當 $R^2 > 4\frac{L}{C}$ 時，L-R-C 串聯電路為過阻尼振盪電路。

重點五 交流電源

1. 交流電源

◎ 電路符號： ──◯∼──◯── 。

◎ 電壓：$v(t) = V \cos \omega t$，其中 V 為電壓振幅(voltage amplitude)，
ω 為角頻率。

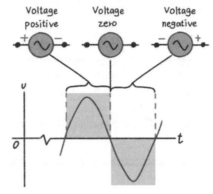

◎ 電流：$i(t) = I \cos \omega t$，其中 I 為電流振幅(current amplitude)。

◎ 可以用相量描述電流及電壓。

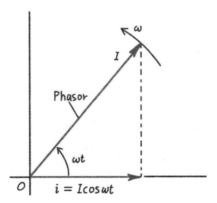

◎ 整流平均電流(rectified average current)：$I_{rac} = \frac{2}{\pi} I = 0.637I$。

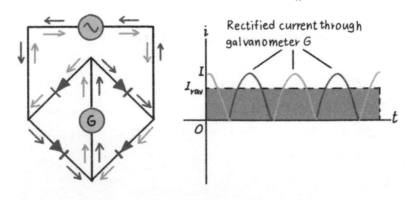

◎ 均方根電流(root-mean-square current)：$I_{rms} = \frac{I}{\sqrt{2}} = 0.707I$。

◎ 均方根電壓(root-mean-square voltage)：$V_{rms} = \frac{V}{\sqrt{2}} = 0.707V$。

　　註：家用電源 120-volt ac 指的是均方根電壓為 120 V，所以電壓振幅為

$V = \sqrt{2}V_{rms} = 170$ V。

※歷年試題集錦※

1. In a sinusoidal-ac circuit, the current is $I = I_0 \sin(\omega t + \theta_0)$. What is the rms (root-mean-square) current?
   (A) $\frac{I_0}{\pi}$ (B) $\frac{I_0}{1.414}$ (C) $\frac{I_0}{0.707}$ (D) πI_0 (E) $2\pi I_0$

   (93 高醫)

答案：(B)。

解說：$I_{rms} = \frac{I}{\sqrt{2}}$，所以$I_{rms} = \frac{I}{1.414}$。

重點六　電抗(reactance)

1. 交流電路中的電阻

   ◎ 電流：$i(t) = I \cos \omega t$。

   ◎ 電壓：$v_R(t) = IR \cos \omega t = V_R \cos \omega t$，其中 $V_R = IR$。

2. 交流電路中的電感

   ◎ 電流：$i(t) = I \cos \omega t$。

   ◎ 電壓：$v_L(t) = I\omega L \cos\left(\omega t + \frac{\pi}{2}\right) = V_L \cos\left(\omega t + \frac{\pi}{2}\right)$，其中 $V_L = I\omega L$。

   ◎ 電壓相位比電流相位領先 $\pi/2$。

   ◎ 電感電抗(inductive reactance)：$X_L = \omega L \rightarrow V_L = IX_L$。

3. 交流電路中的電容

   ◎ 電流：$i(t) = I \cos \omega t$。

   ◎ 電壓：$v_C(t) = \frac{I}{\omega C} \cos\left(\omega t - \frac{\pi}{2}\right) = V_C \cos\left(\omega t - \frac{\pi}{2}\right)$，$V_C = \frac{I}{\omega C}$。

   ◎ 電壓相位比電流相位落後 $\pi/2$。

   ◎ 電容電抗(capacitive reactance)：$X_C = \frac{1}{\omega C} \rightarrow V_C = IX_C$。

4. 整理

元件	振幅關係	電抗	電壓相位 vs.電流相位
電阻	$V_R = IR$	R	同相
電感	$V_L = IX_L$	$X_L = \omega L$	領先 $\pi/2$
電容	$V_C = \dfrac{I}{\omega C}$	$X_C = \dfrac{1}{\omega C}$	落後 $\pi/2$

※歷年試題集錦※

---

1. The current amplitude in an inductor in a radio receiver is to be 250 μA when the voltage amplitude is 3.60 V at a frequency of 1.60 MHz. What is the inductance?
   (A) 13.4 mH (B) 2.78 mH (C) 10.8 mH (D) 1.43 mH (E) 4.01 mH

   (92 高醫)

答案：(D)。

解說：利用 $V_L = I\omega L \rightarrow L = \dfrac{V_L}{I\omega} = \dfrac{V_L}{2\pi f I}$。

$L = \dfrac{3.6}{2\pi \times 1.6 \times 10^6 \times 250 \times 10^{-6}} = 1.43 \times 10^{-3}(\text{H}) = 1.43(\text{mH})$。

重點七 L-R-C 串聯交流電路

1. 電流：$i(t) = I \cos \omega t$。

2. 電壓：$v(t) = V \cos(\omega t + \phi) = IZ \cos(\omega t + \phi)$，其中 $V = IZ$。

3. 阻抗：$Z = \sqrt{R^2 + (X_L - X_C)^2} = \sqrt{R^2 + \left(\omega L - \frac{1}{\omega C}\right)^2}$。

4. 相位：$\tan \phi = \frac{X_L - X_C}{R} = \frac{\omega L - \frac{1}{\omega C}}{R}$。

5. 功率

   ◎ 平均功率：$P_{ave} = \frac{1}{2} IV \cos \phi = I_{rms} V_{rms} \cos \phi$。

   ◎ 功率因子：$\cos \phi = \frac{R}{Z}$。

6. 共振：改變交流電源的角頻率使得電路中的電流振幅有最大值(阻抗最小)，此時稱電路處於共振狀態。

   ◎ 共振條件：$X_L = X_C \rightarrow Z_{min} = R$。

   ◎ 共振角頻率：$\omega_0 = \frac{1}{\sqrt{LC}}$。

※歷年試題集錦※

1. If an $R = 1$ kΩ resistor, a $C = 1$ μF capacitor, and an $L = 0.2$ H inductor are connected in series with a $V = 150\sin(377t)$ volts source, what is the maximum current delivered by the source?
   (A) 0.007 A (B) 27 mA (C) 54 mA (D) 0.308 mA (E) 0.34 A

   (94 高醫)

答案：(C)。

解說：先求阻抗 $Z = \sqrt{R^2 + (X_L - X_C)^2} = \sqrt{R^2 + \left(\omega L - \frac{1}{\omega C}\right)^2}$，再從 $V = IZ$ 計算最大電流。

$Z = \sqrt{1000^2 + \left(377 \times 0.2 - \frac{1}{377 \times 1 \times 10^{-6}}\right)^2} = 2.76 \times 10^3 (\Omega)$。

$I = \frac{V}{Z} = \frac{150}{2.76 \times 10^3} = 0.054 (A) = 54 (mA)$。

2. A series RLC circuit, driven with a sinusoidal external emf with rms voltage 120 V, contains a resistance $R = 200\ \Omega$, an inductance $L = 1.0$ H, and a capacitance $C = 16\ \mu F$. What is the resonance frequency of this circuit?
(A) 960 Hz (B) 1,600 Hz (C) 40 Hz (D) 6,400 Hz (E) 250 Hz

(106 高醫)

答案：(C)。

解說：利用 $\omega_0 = \frac{1}{\sqrt{LC}} \rightarrow f = \frac{\omega_0}{2\pi} = \frac{1}{2\pi\sqrt{LC}}$。

$f = \frac{1}{2\pi \times \sqrt{1 \times 16 \times 10^{-6}}} = 40(\text{Hz})$。

3. A series RLC circuit is connected to an ac source ($\varepsilon_{emf} = 120$ V, $f = 60$ Hz). The resistance, capacitive reactance and inductive reactance are 40 Ω, 80 Ω, and 50 Ω respectively. What is the current (I_{rms}) in the circuit?
(A) 3.0 A (B) 0.040 A (C) 1.7 A (D) 1.4 A (E) 2.4 A

(107 高醫)

答案：(E)。

解說：利用 $Z = \sqrt{R^2 + (X_L - X_C)^2} = \sqrt{R^2 + \left(\omega L - \frac{1}{\omega C}\right)^2}$ 與 $V_{rms} = I_{rms}Z$。

$Z = \sqrt{40^2 + (50 - 80)^2} = 50$。

$I_{rms} = \frac{120}{50} = 2.4(\text{A})$。

重點八 變壓器(transformer)

1. 端電壓：$\frac{V_2}{V_1} = \frac{N_2}{N_1}$。

2. 傳輸功率：$V_1 I_1 = V_2 I_2$。

第二十二章 電磁波

重點一 電磁波

1. 位移電流(displacement current)：$I_D = \varepsilon_0 \frac{d\Phi_E}{dt}$，其中 Φ_E 為電通量。

2. 馬克斯威爾方程式(Maxwell's equations)

   ◎ 電場的高斯定律：$\oint \vec{E} \cdot d\vec{A} = \frac{Q_{in}}{\varepsilon_0}$，其中 Q_{in} 是封閉曲面內包含的總電量。

   ◎ 磁場的高斯定律：$\oint \vec{B} \cdot d\vec{A} = 0$。

   ◎ 法拉第定律：$\oint \vec{E} \cdot d\vec{l} = -\frac{d\Phi_B}{dt}$，其中 Φ_B 為磁通量。

   ◎ 安培定律：$\oint \vec{B} \cdot d\vec{l} = \mu_0 \left(I_C + \varepsilon_0 \frac{d\Phi_E}{dt} \right)_{in}$，其中 I_C 是導線電流。

3. 勞倫茲力(Lorentz force law)：$\vec{F} = \left(\vec{E} + \vec{v} \times \vec{B} \right)$。

4. 電磁波

   ◎ 假設電磁波在真空中往$+x$ 方向傳遞，並且電場在$+y$ 方向而磁場在$+z$ 方

   向，則有 $\frac{\partial E(x,t)}{\partial x} = -\frac{\partial B(x,t)}{\partial t}$、$\frac{\partial B(x,t)}{\partial x} = -\mu_0 \varepsilon_0 \frac{\partial E(x,t)}{\partial t}$。

   ◎ 真空中電磁波的波動方程式：$\frac{\partial^2 E(x,t)}{\partial x^2} - \mu_0 \varepsilon_0 \frac{\partial^2 E(x,t)}{\partial t^2} = 0$。

   ◎ 真空中的傳播速率為定值：$c = \frac{1}{\sqrt{\mu_0 \varepsilon_0}} = 3 \times 10^8$ m/s。

   ◎ 電磁波是橫波，$\vec{E}$和$\vec{B}$與傳播方向$\vec{E} \times \vec{B}$垂直，並且$\vec{E} \perp \vec{B}$。

   ◎ 在真空中，$E = cB$。

5. 正弦電磁波

◎ 往+x 方向傳播：$\vec{E} = \hat{j}E_{max}\cos(kx - \omega t)$，$\vec{B} = \hat{k}B_{max}\cos(kx - \omega t)$。

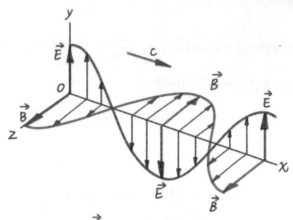

$\vec{E}$: y-component only
$\vec{B}$: z-component only

◎ 往-x 方向傳播：$\vec{E} = \hat{j}E_{max}\cos(kx + \omega t)$，$\vec{B} = -\hat{k}B_{max}\cos(kx + \omega t)$。

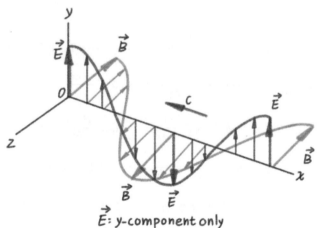

$\vec{E}$: y-component only
$\vec{B}$: z-component only

◎ $E_{max} = cB_{max}$。

6. 介電質中傳播：$v = \frac{1}{\sqrt{\mu\varepsilon}} = \frac{1}{\sqrt{K_m K \mu_0 \varepsilon_0}} = \frac{c}{\sqrt{KK_m}}$，$E = vB$，其中 K_m 為相對磁導率，K 為介電質的介電常數。

7. 折射率(index of refraction)：$n = \frac{c}{v} = \sqrt{KK_m}$。

1. If the peak electric field in an electromagnetic wave is 1200 V/m, what is the peak magnetic field for the same wave?
   (A) 2.2×10^{-6} T (B) 3.4×10^{-6} T (C) 4.0×10^{-6} T (D) 8.7×10^{-6} T (E) 9.6×10^{-6} T

   (93 高醫)

答案：(C)。

解說：利用 $E_{max} = cB_{max} \rightarrow B_{max} = \frac{E_{max}}{c}$。

$B_{max} = \frac{1200}{3 \times 10^8} = 4 \times 10^{-6}(\text{T})$。

2. If a plane electromagnetic wave traveling in the x-direction has $\frac{\partial E}{\partial x} = -kE_{max}\sin(kx - \omega t)$, we can deduce that $\frac{\partial B}{\partial t}$ is equal to _____.
   (A) $kB_{max}\sin(kx - \omega t)$ (B) $cB_{max}\sin(kx - \omega t)$
   (C) $\omega B_{max}\sin(kx - \omega t)$ (D) $\omega cB_{max}\sin(kx - \omega t)$
   (E) $\frac{\omega B_{max}}{c}\sin(kx - \omega t)$

   (95 高醫)

答案：(C)。

解說：利用微積分觀念，由 $\frac{\partial E}{\partial x} = -kE_{max}\sin(kx - \omega t)$ 知

$E = E_{max}\cos(kx - \omega t)$。

所以有 $B = B_{max}\cos(kx - \omega t) \rightarrow \frac{\partial B}{\partial t} = \omega B_{max}\sin(kx - \omega t)$。

另解：利用 $\frac{\partial E(x,t)}{\partial x} = -\frac{\partial B(x,t)}{\partial t}$、$E_{max} = cB_{max}$ 以及 $kv = \omega$。

$\frac{\partial B}{\partial t} = -\frac{\partial E}{\partial x} = kE_{max}\sin(kx - \omega t) = kcB_{max}\sin(kx - \omega t)$

$= \omega B_{max}\sin(kx - \omega t)$。

3. If the displacement current in a parallel-plate capacitor (0.5 μF) is 4.0 A, at what rate is the potential difference varying across the plates?
(A) 2.0×10^6 V/s (B) 8.0×10^6 V/s (C) 4.0×10^6 V/s
(D) 1.25×10^7 V/s (E) The potential difference is not varying

(109 高醫)

答案：(B)。

解說：利用 $I_D = \varepsilon_0 \dfrac{d\Phi_E}{dt}$、$C = \varepsilon_0 \dfrac{A}{x}$。

$$\frac{dV}{dt} = \frac{d}{dt}(Ex) = x\frac{dE}{dt} = \frac{x}{A}\frac{d(EA)}{dt} = \left(\frac{x}{\varepsilon_0 A}\right)\left(\varepsilon_0 \frac{d\Phi_E}{dt}\right) = \frac{i_D}{C}$$

$$= \frac{4}{0.5 \times 10^{-6}} = 8 \times 10^6 \text{(V/s)} \, \text{。}$$

重點二 能量與動量

1. 電磁波在真空中的能量密度：$u = \frac{1}{2}\varepsilon_0 E^2 + \frac{1}{2\mu_0}B^2 = \varepsilon_0 E^2$。 $(\frac{1}{2}\varepsilon_0 E^2 = \frac{1}{2\mu_0}B^2)$

2. 電磁波傳播能量

3. 單位面積的功率：$S = \frac{EB}{\mu_0}$。

   ◎ 波印廷向量(Poynting vector)：$\vec{S} = \frac{1}{\mu_0}\vec{E} \times \vec{B}$。

   ◎ 功率：$P = \oint \vec{S} \cdot d\vec{A}$。

   ◎ 強度：$I = \frac{P_{ave}}{A} = S_{ave} = \frac{E_{max}B_{max}}{\mu_0} = \frac{1}{2}\varepsilon_0 c E_{max}^2$。

   ◎ 動量密度(momentum density)：$\frac{dp}{dV} = \frac{EB}{\mu_0 c^2} = \frac{S}{c^2}$，$p$ 為動量。

   ◎ 單位面積動量流率：$\frac{1}{A}\frac{dp}{dV} = \frac{S}{c} = \frac{EB}{\mu_0 c}$。

   ◎ 輻射壓力(radiation pressure)，P_{rad}

      ◎◎ 完全吸收：$P_{rad} = \frac{S_{ave}}{c} = \frac{I}{c}$。

      ◎◎ 完全反射：$P_{rad} = \frac{2S_{ave}}{c} = \frac{2I}{c}$。

1. What is the force of radiation pressure on a perfect absorber of area 160 m^2 when the electromagnetic flux of 1000 W/m^2 travels in a direction perpendicular to the surface?
   (A) 2.61×10^{-4} N (B) 5.33×10^{-4} N (C) 5.12×10^{-4} N
   (D) 4.89×10^{-4} N (E) 5.01×10^{-4} N

   (95 高醫)

答案：(B)。

解說：利用 $F = PA$，$P_{rad} = \frac{S_{ave}}{c} = \frac{I}{c} \rightarrow F = AP_{rad} = \frac{AI}{c}$。

$F = \frac{160 \times 1000}{3 \times 10^8} = 5.33 \times 10^{-4} \text{(N)}$。

重點三 駐波

1. 波函數

   $E_y(x, t) = -2E_{max} \sin kx \sin \omega t$，$B_z(x, t) = -2B_{max} \cos kx \cos \omega t$。

2. 電場節面(磁場反節面)位置：$x = \frac{n\lambda}{2}$，$n = 0, 1, 2, \ldots$。

3. 電場反節面(磁場節面)位置：$x = \frac{n\lambda}{4}$，$n = 1, 3, 5, \ldots$。

4. 空腔中的駐波：$\lambda_n = \frac{2L}{n}$，$f_n = \frac{nc}{2L}$，$n = 1, 2, 3, \ldots$。(與閉口的共振管相同)

※歷年試題集錦※

1. Electromagnetic standing waves are set up in a conducting cavity resonator in the form of a hollow metal box. The waves bounce back and forth between two parallel surfaces separated by 0.8 cm. What is the minimum resonant frequency for such a resonator?

   (A) 3.30 GHz (B) 4.42 GHz (C) 12.4 GHz (D) 15.5 GHz (E) 18.8 GHz

   (93 高醫)

答案：(E)。

解說：共振腔的最小頻率，利用 $f_n = \frac{nc}{2L}$，$n = 1$。

$f_1 = \frac{3 \times 10^8}{2 \times 0.008} = 1.88 \times 10^{10} \text{(Hz)} = 18.8 \text{(GHz)}$，其中 1 GHz = 10^9 Hz。

第二十三章 幾何光學

重點一 光的基本性質

1. 波粒二象性(wave-particle duality)：光同時具有波動性和粒子性。

2. 光(電磁輻射)在真空中的傳播速率為$c = 3 \times 10^8$ m/s。

3. 光速、波長與頻率的關係：$v = f\lambda$，其中v是光速，f是頻率，λ是波長。

※歷年試題集錦※

1. Given that the wavelengths of visible light range from 400 nm to 700 nm, what is the highest frequency of visible light? ($c = 3.0 \times 10^8$ m/s)
   (A) 3.1×10^8 Hz (B) 5.0×10^8 Hz (C) 4.3×10^{14} Hz
   (D) 7.5×10^{14} Hz (E) 2.3×10^{20} Hz

   (109 高醫)

答案：(D)。

解說：最高頻率對應最短波長，所以計算 400 nm 的頻率。

利用$v = f\lambda \rightarrow f = \frac{c}{\lambda}$。

$f = \frac{3 \times 10^8}{400 \times 10^{-9}} = 7.5 \times 10^{14}$(Hz)。

重點二 折射率(index of refraction 或 refractive index)

1. 與光速的關係：$n = \frac{c}{v}$，c 是真空中的光速，v 是介質中的光速。

2. 與波長的關係：$\lambda = \frac{\lambda_0}{n}$，$\lambda_0$ 是真空中的波長，λ 是介質中的波長。

※歷年試題集錦※

1. A medical blue light therapy laser treatment pen emits a blue light with wavelength of 415 nm in the visible light. The index of refraction for air and cornea is 1.00 and 1.34, respectively. What is the wavelength of this blue light when that enters into cornea from air? (Speed of light in vacuum is 3×10^8 m/s) (A) 185 nm (B) 310 nm (C) 486 nm (D) 556 nm (E) 693 nm

(108 高醫)

答案：(B)。

解說：介質中的波長與空氣中的波長關係為 $\lambda = \frac{\lambda_0}{n}$。

$\lambda = \frac{415}{1.34} = 310$ (nm)。

重點三 反射(reflection)與折射(refraction)定律

1. 入射線、反射線、折射線和法線(normal)都在同一平面上。

2. 反射角等於入射角：$\theta'_1 = \theta_1$。，其中 θ_1 為入射角，θ'_1 為反射角。

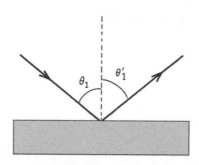

3. 司乃耳定律(Snell's law)：$n_1 \sin \theta_1 = n_2 \sin \theta_2$ 或 $\frac{n_1}{n_2} = \frac{\sin \theta_2}{\sin \theta_1}$，其中 n_1、n_2 分別

   為入射方、折射方的介質折射率，θ_1 為入射角，θ_2 為折射角。

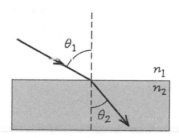

4. 介質折射率大、光速慢、波長短、角度小、光線靠近法線、頻率不變。

   介質折射率小、光速快、波長長、角度大、光線遠離法線、頻率不變。

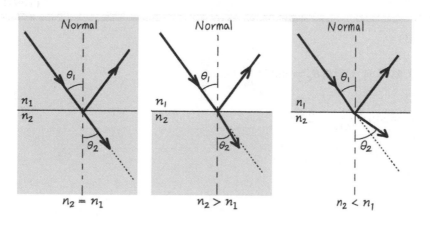

重點四 全反射(total internal reflection)

1. 發生條件：(1)光線從高折射率介質進入低折射率介質；(2)入射角大於臨界角。

2. 臨界角(critical angle)：$\theta_c = \sin^{-1}\frac{n_2}{n_1}$。

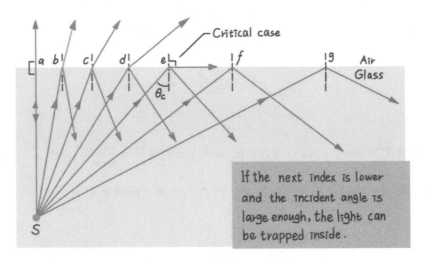

※歷年試題集錦※

---

1. What is the critical angle when a ray passes from diamond into air? The index of refraction for air and diamond is 1.00 and 2.42, respectively.
   (A) 0° (B) 24° (C) 30° (D) 36° (E) 66°

   (109高醫)

答案：(B)。

解說：求臨界角，利用$\theta_c = \sin^{-1}\frac{n_2}{n_1}$。

$$\theta_c = \sin^{-1}\frac{1}{2.42} = 24.4^o \text{。}$$

重點五　色散(dispersion)

1. 不同波長的光線通過同一介質時，產生不同的折射角度，這種現象稱為色散。

2. 同一物質對於不同波長的光有不同的折射率。

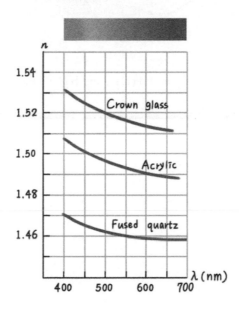

1. Which of the following is correct for visible light through a prism?

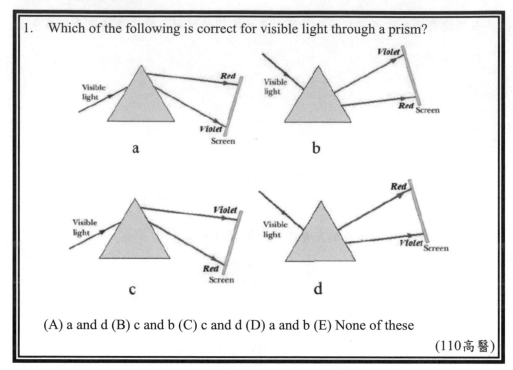

(A) a and d (B) c and b (C) c and d (D) a and b (E) None of these

(110高醫)

答案：(D)。

解說：紫色光偏向大，紅色光偏向小。

重點六 偏振(polarization)

1. 馬呂斯定律(Malus's law)：$I = I_0 \cos^2 \phi$，其中 ϕ 是光的偏振方向和偏光鏡的偏振軸方向(穿透軸)的夾角。

2. 未偏振光通過偏光鏡後，強度為原強度的一半(即 $I = \frac{I_0}{2}$)。

※歷年試題集錦※

1. Unpolarized light is incident on a pair of ideal linear polarizers whose transmission axes make an angle of 45° with each other. The transmitted light intensity through both polarizers is what percentage of the incident intensity?
   (A) 100% (B) 75% (C) 50% (D) 25% (E) 0%

   (106 高醫)

答案：(D)。

解說：假設 I_1、I_2 分別表示經過偏光鏡 1、2 之後的強度，利用 $I = I_0 \cos^2 \phi$ 可得

$$I_1 = \frac{1}{2}I_0 \ , \ I_2 = I_1 \cos^2 45^o = \frac{1}{2}I_1 \ 。$$

所以 $I_2 = \frac{1}{2}I_1 = \frac{1}{2} \times \frac{1}{2}I_0 = \frac{1}{4}I_0$ 。

因此 $\frac{I_2}{I_0} = \frac{1}{4} = 25\%$ 。

2. Unpolarized light of intensity I_0 is incident on a series of three polarizing filters. The axis of the second filter is oriented at 45° to that of the first filter, while the axis of the third filter is oriented at to that of the first filter, while the axis of the third filter is oriented at 90° to that of the first filter. What is the intensity of the light transmitted through the third filter?

(A) 0 (B) $\frac{I_0}{8}$ (C) $\frac{I_0}{4}$ (D) $\frac{I_0}{2}$ (E) $\frac{I_0}{\sqrt{2}}$

(107 高醫)

答案：(B)。

解說：假設 I_1、I_2、I_3 分別表示經過偏光鏡1、2、3之後的強度，利用 $I = I_0 \cos^2 \phi$ 可得

$I_1 = \frac{1}{2}I_0$、$I_2 = I_1 \cos^2 45^o = \frac{1}{2}I_1$、$I_3 = I_2 \cos^2 45^o = \frac{1}{2}I_2$。

所以 $I_3 = \frac{1}{2}I_2 = \frac{1}{2} \times \frac{1}{2}I_1 = \frac{1}{2} \times \frac{1}{2} \times \frac{1}{2}I_0 = \frac{1}{8}I_0$。

---

3. There is an ideal polarizer with the angle of $\phi = 60^o$ between the polarizing axis and the vertical axis, and there is an ideal analyzer with the angle of $\phi = 0^o$ between the polarizing axis and the vertical axis. When an unpolarized light with intensity I is incident on this ideal polarizer, what is its transmitted intensity?

(A) 0.125I (B) 0.250I (C) 0.750I (D) 0.866I (E) 1.000I

(108 高醫)

答案：(A)。

解說：假設 I_1、I_2 分別表示經過偏光鏡 1、2 之後的強度，則利用 $I = I_0 \cos^2 \phi$

可得 $I_1 = \frac{1}{2}I$、$I_2 = I_1 \cos^2 60^o = \frac{1}{4}I_1$。

所以 $I_2 = \frac{1}{4}I_1 = \frac{1}{4} \times \frac{1}{2}I = \frac{1}{8}I = 0.125I$。

重點七 反射的偏振性

1. 當反射線與折射線互相垂直時，反射光會成為完全偏振光。

2. 入射角稱為布魯斯特角(Brewster's angle)，其滿足 $\theta_B = \tan^{-1}\frac{n_2}{n_1}$，其中 n_1、n_2 分別為入射方、折射方的介質折射率。

3. 反射光的偏振方向與界面平行。

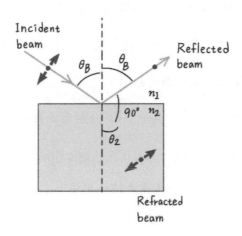

※歷年試題集錦※

1. Unpolarized light can be polarized, either partially or totally, by reflection. What is the polarizing angle when a ray passes from diamond into air? The index of refraction for air and diamond is 1.00 and 2.42, respectively.
   (A) 0° (B) 22° (C) 31° (D) 42° (E) 66°

   (109高醫)

答案：(B)。

解說：題意即求布魯斯特角，$\theta_B = \tan^{-1}\frac{n_2}{n_1}$。

$\quad\quad \theta_B = \tan^{-1}\frac{1}{2.42} = 22.5^o$。

重點八 球面和平面的反射

1. 符號慣例：

   ◎ 實物(P在左側) → $s>0$；虛物(P在右側) → $s<0$。

   ◎ 實像(P'在左側) → $s'>0$；虛像(P'在右側) → $s'<0$。

   ◎ 球面曲率中心在左側 → $R>0$；球面曲率中心在右側 → $R<0$。

   ◎ 物體或影像向上→ $y,y'>0$；物體或影像向下→ $y,y'<0$。

2. 成像公式：$\frac{1}{s}+\frac{1}{s'}=\frac{1}{f}=\frac{2}{R}$，其中 R 是反射球面的半徑，$f=\frac{R}{2}$為焦距，s、s'

   分別為物體、影像至反射球面的距離。

3. 橫向放大率：$m=\frac{y'}{y}=-\frac{s'}{s}$，其中 y、y'分別為物體、影像的大小(高度)。

   ◎ $m>0$ 代表正立(erect)影像；$m<0$ 代表倒立(inverse)影像。

   ◎ $|m|>1$ 代表放大影像；$|m|<1$ 代表縮小影像。

4. 平面反射

   ◎ 當 $R\rightarrow\infty$時，反射球面趨於反射平面，並且$\frac{1}{s}+\frac{1}{s'}=0$ → $-s'$

   $=s$、$m=1$。

   ◎ 平面反射的成像，左右相反(手性相反)。

1. An object is placed at a distance 5.0 cm to the left of a concave mirror with a curvature radius 5.0 cm. Determine the location and magnification of the image formed by this image system.

   (A) The image is formed 2.5 cm to the right of the mirror and it has a magnification of $-1/2$.

   (B) The image is formed 5.0 cm to the right of the mirror and it has a magnification of -1.

   (C) The image is formed 2.5 cm to the left of the mirror and it has a magnification of 1.

   (D) The image is formed 5.0 cm to the left of the mirror and it has a magnification of -1.

   (E) The image is formed 1.25 cm to the left of the mirror and it has a magnification of $-1/4$.

   (109高醫)

答案：(D)。

解說：反射面鏡的成像計算，利用 $\frac{1}{s} + \frac{1}{s'} = \frac{2}{R}$，$m = -\frac{s'}{s}$。

因為是凹面鏡，所以 $R > 0$。

$\frac{1}{5} + \frac{1}{s'} = \frac{2}{5} \rightarrow s' = 5(\text{cm})$，

正值代表影像在左側。

放大率為 $m = -\frac{5}{5} = -1$。

2. For a convex mirror with radius of curvature $R = 10$ cm, if an object is placed 15 cm in front the mirror, what is the magnification of the image and is it a real or virtual? Upright or inverted? (mirror's equation: $1/p + 1/q = 2/R$)

(A) 3.75 cm (virtual behind mirror) and $M = 0.25$, inverted
(B) 7.50 cm (virtual behind mirror) and $M = 0.5$, upright
(C) 3.75 cm (real in front mirror) and $M = 0.5$, inverted
(D) 7.50 cm (real in front mirror) and $M = 0.25$, inverted
(E) 3.75 cm (virtual behind mirror) and $M = 0.25$, upright

(110 高醫)

答案：(E)。

解說：反射成像公式 $\frac{1}{s} + \frac{1}{s'} = \frac{2}{R}$，$m = -\frac{s'}{s}$。

因為是凸反射面，所以半徑為負值。

$\frac{1}{15} + \frac{1}{s'} = \frac{2}{-10}$ → $s' = -\frac{15}{4} = -3.75$(cm)，

負號表示在反射面後(右)方。

$m = -\frac{-3.75}{15} = +0.25$，正號表示正立影像。

重點九 折射球面

1. 符號慣例

   ◎ 實物(P在左側) → $s > 0$；虛物(P在右側) → $s < 0$。

   ◎ 實像(P'在右側) → $s' > 0$；虛像(P'在左側) → $s' < 0$。

   ◎ 球面曲率中心在右側 → $R > 0$；球面曲率中心在左側 → $R < 0$。

   ◎ 物體或影像向上→ $y, y' > 0$；物體或影像向下→ $y, y' > 0$。

2. 成像公式：$\dfrac{n_1}{s} + \dfrac{n_2}{s'} = \dfrac{n_2 - n_1}{R}$，其中 n_1、n_2 分別代表入射方、折射方的介質折射率。

3. 橫向放大率：$m = \dfrac{y'}{y} = -\dfrac{n_1 s'}{n_2 s}$。

   ◎ $m > 0$ 代表正立(erect)影像；$m < 0$ 代表倒立(inverse)影像。

   ◎ $|m| > 1$ 代表放大影像；$|m| < 1$ 代表縮小影像。

4. 當 $R \to \infty$ 時，球面趨近於平面，並且 $\dfrac{n_1}{s} + \dfrac{n_2}{s'} = 0$、$m = -\dfrac{n_1 s'}{n_2 s} = 1$。

重點十 薄透鏡

1. 透鏡形式：

◎ 凸(會聚)透鏡

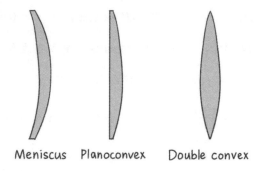

Meniscus　Planoconvex　Double convex

◎ 凹(發散)透鏡

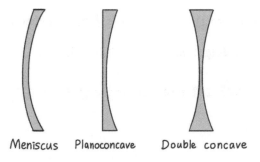

Meniscus　Planoconcave　Double concave

2. 造鏡者方程式(lensmaker's equation)

◎ 焦距：$\frac{1}{f} = (n-1)\left(\frac{1}{R_1} - \frac{1}{R_2}\right)$，其中 R_1、R_2 分別是第一球面、第二球面的

半徑，n 是透鏡的折射率。

◎ 若外界介質不是空氣，則 n 是相對折射率，即 $n = \frac{n_{lens}}{n_{surr}}$，$n_{surr}$ 為外界介質

的折射率。

3. 成像公式：$\frac{1}{s} + \frac{1}{s'} = \frac{1}{f}$，$f$ 為透鏡的焦距。

4. 橫向放大率：$m = \frac{y'}{y} = -\frac{s'}{s}$。

5. 符號慣例與折射球面的慣例相同，但是，凸透鏡 $f > 0$；凹透鏡 $f < 0$。

6. 第一焦點(primary focal point)和第二焦點(secondary focal point)

◎ 凸透鏡

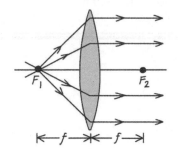 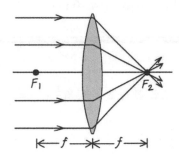

◎ 凹透鏡

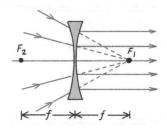 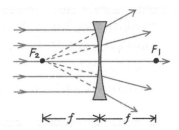

7. 球面透鏡接觸組合的焦距：$\frac{1}{f} = \frac{1}{f_1} + \frac{1}{f_2} + \frac{1}{f_3} + \cdots$，其中 f_1、f_2、f_3、…分別為

組合透鏡的焦距。

※歷年試題集錦※

1. If the five lenses shown below are made of the same material, which lens has

the shortest positive focal length?

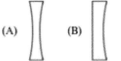

(106高醫)

答案：(E)。

解說：球面半徑越小(彎曲程度大)，焦距越短。

題目要找焦距為正值且焦距最短，所以先找凸透鏡，然後半徑最小者。

2. The focal length of a camera lens is 20.0 cm. How far from the lens should the subject for the photo be if the lens is 20.5 cm from the film?
   (A) 8.20 m (B) 4.10 m (C) 2.10 m (D) 6.30 m (E) 10.0 m

(106高醫)

答案：(A)。

解說：求物體位置，利用 $\frac{1}{s} + \frac{1}{s'} = \frac{1}{f}$ 。

$$\frac{1}{s} + \frac{1}{20.5} = \frac{1}{20} \rightarrow \frac{1}{s} = \frac{1}{20} - \frac{1}{20.5} = \frac{20.5-20}{20 \times 20.5} = \frac{1}{820} \rightarrow s = 820 \text{ (cm)} = 8.2 \text{ (m)} 。$$

3. A converging glass lens with a refractive index of 1.5 is placed in water with a refractive index of 1.25. How many times of focal length of the lens will be changed in water?
   (A) 0.3 (B) 0.8 (C) 1.5 (D) 2 (E) 2.5

(107 高醫)

答案：(E)。

解說：$\frac{1}{f} = (n-1)\left(\frac{1}{R_1} - \frac{1}{R_2}\right)$，其中 n 是相對折射率 ($n = \frac{n_{lens}}{n_{surr}}$)。

因為是同一透鏡 ($R_1 \cdot R_2$ 不變)，透鏡在不同介質中的焦距只和折射率 n 有關，所以有 $\frac{f_1}{f_2} = \frac{n_2-1}{n_1-1}$，注意 n_1 和 n_2 為相對折射率。

$$\frac{f_{water}}{f_{air}} = \frac{\frac{1.5}{1}-1}{\frac{1.5}{1.25}-1} = \frac{0.5}{0.2} = 2.5 。$$

4. An object is located at 40 cm from the first of two thin converging lenses of focal lengths 20 cm and 10 cm, respectively, as shown in the figure above. The lenses are separated by 30 cm. The final image formed by the two-lens system is located_____.

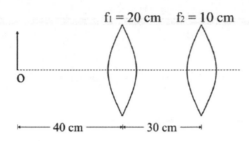

(A) 5.0 cm to the right of the second lens
(B) 13.3 cm to the right of the second lens
(C) infinitely far to the right of the second lens
(D) 13.3 cm to the left of the second lens
(E) 100 cm to the left of the second lens

(107高醫)

答案：(A)。

解說：雙透鏡成像把握第一個透鏡的影像是第二個透鏡的物體。

利用 $\frac{1}{s} + \frac{1}{s\prime} = \frac{1}{f}$。

透鏡一成像：$\frac{1}{40} + \frac{1}{s\prime_1} = \frac{1}{20} \rightarrow s\prime_1 = 40$(cm)，影像在透鏡一右側40cm。

即在透鏡二右側10cm $\rightarrow s_2 = -10$(cm)。

透鏡二成像：$\frac{1}{-10} + \frac{1}{s\prime_2} = \frac{1}{10} \rightarrow s\prime_2 = 5$(cm)，影像在透鏡二右側5cm。

5. There is thin converging lens with focal length $f = 140$ mm. When an object is placed at the distance of 210 mm from the lens, what is the lateral magnification?
(A) 0.3 (B) 0.5 (C) 1.0 (D) 2.0 (E) 3.0

(108 高醫)

答案：(D)。

解說：計算放大率，所以利用 $\frac{1}{s} + \frac{1}{s'} = \frac{1}{f}$ 以及 $m = \frac{y'}{y} = -\frac{s'}{s}$。

$$\frac{1}{210} + \frac{1}{s'} = \frac{1}{140} \rightarrow s' = 420 (\text{mm})。$$

$$m = -\frac{420}{210} = -2，負號代表倒立影像。$$

6. Three thin lenses with focal lengths 0.1 m, 0.2 m, and 0.3 m are placed next to each other. What is the equivalent focal length of a single lens
(A) 0.05 m (B) 0.15 m (C) 0.25 m (D) 0.33 m (E) 0.45 m

(108 高醫)

答案：(A)。

解說：因為透鏡是接觸組合，所以利用 $\frac{1}{f} = \frac{1}{f_1} + \frac{1}{f_2} + \frac{1}{f_3}$。

$$\frac{1}{f} = \frac{1}{0.1} + \frac{1}{0.2} + \frac{1}{0.3} = \frac{11}{0.6} \rightarrow f = \frac{0.6}{11} = 0.05 (\text{m})。$$

7. For a bi-concave thin lens, the radii of curvature are 10 and 20 cm. If an object is placed 15 cm in front of the mirror, what is the magnification of the image and is it a real or virtual? Upright or inverted? (thin lens' equation: $1/p+1/q = (n-1)(1/R_1-1/R_2)$, the refractive index of glass is 1.5).

(A) 9.72 cm (virtual behind mirror) and $M = 0.64$, inverted

(B) 11.64 cm (virtual behind mirror) and $M = 0.58$, inverted

(C) 10.91 cm (virtual in front mirror) and $M = 0.73$, upright

(D) 8.69 cm (real in front mirror) and $M = 0.25$, inverted

(E) 12.45 cm (virtual behind mirror) and $M = 0.53$, upright

(110高醫)

答案：無正確答案。

解說：薄鏡片成像公式 $\frac{1}{s}+\frac{1}{s'} = (n-1)\left(\frac{1}{R_1}-\frac{1}{R_2}\right)$，$m = -\frac{s'}{s}$。

因為是雙凹鏡片，所以 $R_1 = -10$ cm，$R_2 = +20$ cm。

$\frac{1}{15}+\frac{1}{s'} = (1.5-1)\left(\frac{1}{-10}-\frac{1}{+20}\right) \rightarrow s' = -7.06$cm，

負號表示在鏡片前(左)方，為虛像。

$m = -\frac{-7.06}{15} = 0.47$，為正立影像。

重點十一 光學元件

1. 照相機

◎ 光圈值，f 值(焦比，f-number)：$f - number = \frac{f}{D}$，f 是照相機鏡頭的焦距，D 是孔徑的直徑。

◎ 強度與光圈值成平方反比：$\frac{I_1}{I_2} = \left(\frac{f_2 - number}{f_1 - number}\right)^2$。

2. 眼睛

◎ 正視(emmetropia)

◎◎ 在放鬆狀態(眼睛沒有調節)下，能將入射的平行光聚焦在視網膜上。

◎◎ 遠點在無窮遠。

備註：遠點(far point)是指眼睛在放鬆狀態下，能成像在視網膜上的物體位置。

◎ 近視(myopia)

◎◎ 在放鬆狀態(眼睛沒有調節)下，能將入射的平行光聚焦在視網膜前。

◎◎ 遠點在眼前的某個位置。

◎◎ 成因：眼睛軸長過長或眼睛聚焦光線的能力太強。

◎◎ 矯正：利用凹透鏡將物體成像在遠點上。

◎ 遠視(hyperopia)

◎◎ 在放鬆狀態(眼睛沒有調節)下，能將入射的平行光聚焦在視網膜後。

◎◎ 遠點在眼後的某個位置。

◎◎ 成因：眼睛的軸長過短或眼睛聚焦光線的能力太弱。

◎◎ 矯正：利用凸透鏡將物體成像在遠點上。

◎ 鏡片屈光力(power)：$P = \frac{1}{f}$，其中 f 為透鏡的焦距。屈光力的單位為屈光度(diopter)，即 $1\,D = 1m^{-1}$。[日常生活中所說的 200 度是指 2.00D。]

◎ 近點(near point)：眼睛用盡調節時，能看清楚的最近位置。也就是說，此時，近點的物體成像在視網膜上。

3. 準直放大鏡(collimated magnifier)

◎ 角度放大率(angular magnifier)：$M = \frac{25cm}{f}$，其中 f 為放大鏡的焦距，25cm 為標準參考距離。

4. 顯微鏡(microscope)：由接物鏡(objective)和接目鏡(eyepiece)構成。

◎ 接物鏡：物體置於接物鏡第一焦點外，接物鏡將物體形成放大實像，其放大率為$m_1 = -\frac{s'_1}{s_1}$，其中 s_1、s'_1 分別為物體、影像至接物鏡的距離。

◎ 接目鏡：接物鏡的放大實像幾乎在接目鏡的第一焦點上，也就是說接目鏡作為準直放大鏡使用茄放大率為$M_2 = \frac{25cm}{f_2}$，其中 f_2 是接目鏡的焦距。

◎ 顯微鏡的放大率：$M = m_1 M_2 = -\frac{(25cm)s'_1}{s_1 f_2}$，負號代表倒立的影像。

5. 望遠鏡(telescope)

◎ 角度放大率(angular magnification)：$M = -\frac{f_1}{f_2}$，其中 f_1、f_2 分別為接物鏡、接目鏡的焦距。

◎ 接物鏡與接目鏡的長度：$d = f_1 + f_2$。

1. If a farsighted patient's near point of eyes is 40 cm, what kinds of lens and focal length of a corrective lens have to enable the eye to see clearly an object 20 cm away?

    (A) converging lens, $f = 13.3$ cm (B) diverging lens, $f = 13.3$ cm

    (C) converging lens, $f = 40$ cm (D) diverging lens, $f = 40$ cm

    (E) converging lens, $f = 20$ cm

    (108 高醫)

答案：(C)。

解說：題目的意思相當於要將眼前 20cm 的物體經過透鏡作用後，成像在近點

上，即眼前 40cm。

所以利用 $\frac{1}{s} + \frac{1}{s\prime} = \frac{1}{f}$。

$\frac{1}{20} + \frac{1}{-40} = \frac{1}{f} \rightarrow f = 40$(cm)，正值代表是凸透鏡(會聚透鏡)。

第二十四章 物理光學

重點一 楊氏雙狹縫實驗

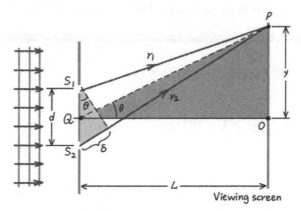

1. 亮紋(建設性干涉)：$d \sin \theta = m\lambda$，$m = 0, \pm 1, \pm 2, \dots$，其中 d 是雙狹縫間距。

2. 暗紋(破壞性干涉)：$d \sin \theta = \left(m + \frac{1}{2}\right)\lambda$，$m = 0, \pm 1, \pm 2, \dots$。

3. 亮紋位置：$y_m = L\frac{m\lambda}{d}$，$m = 0, \pm 1, \pm 2, \dots$。($L \gg y_m$ 或說 θ 很小)。

4. 暗紋位置：$y_m = L\frac{\left(m+\frac{1}{2}\right)\lambda}{d}$，$m = 0, \pm 1, \pm 2, \dots$。

※歷年試題集錦※

1. Light of wavelength 680 nm falls on two slits and produces an interference pattern in which the fourth-order fringe is 38 mm from the central fringe on a screen 2.0 m away. What is the separation of the two slits?
   (A) 1.4×10^{-4} m (B) 2.1×10^{-4} m (C) 2.8×10^{-4} m (D) 4.2×10^{-4} m (E) 5.6×10^{-4} m

   (93 高醫)

答案：(A)。

解說：利用 $y_m = L\frac{m\lambda}{d}$ $\rightarrow$ $d = L\frac{m\lambda}{y_m}$。

$d = 2 \times \frac{4 \times 680 \times 10^{-9}}{38 \times 10^{-3}} = 1.4 \times 10^{-4}$(m)。

2. Coherent light with wavelength 0.4 μm passes through two very narrow slits. The distance between these two slits is 0.20 mm. The interference pattern is shown on a screen 5.0 m from the slits. What is the width of the central interference maximum?
 (A) 7.5 mm (B) 5.0 mm (C) 20 mm (D) 10 mm (E) 2.5 mm

(106 高醫)

答案：(D)。

解說：利用 $y_m = L \dfrac{\left(m+\frac{1}{2}\right)\lambda}{d}$ → $2y_0 = L \dfrac{\lambda}{d}$。

$2y_0 = 5 \times \dfrac{0.4 \times 10^{-6}}{0.2 \times 10^{-3}} = 1 \times 10^{-2} (m) = 10 \ (mm)$。

重點二　薄膜干涉(thin-film interference)

1. 反射相移：當光線從 n_1 介質入射至 n_2 介質表面時，若 $n_2 < n_1$，則反射光沒有相移；若 $n_2 > n_1$，則反射光有($\pi = 180°$)的相移。

2. 無相移之薄膜干涉 (t 為膜厚)

　　◎ 建設性：$\Delta r = 2t = m\lambda$，$m = 0,\ \pm1,\ \pm2,\ ...$。

　　◎ 破壞性：$\Delta r = 2t = \left(m + \frac{1}{2}\right)\lambda$，$m = 0,\ \pm1,\ \pm2,\ ...$。

3. 有 $180°$ 的相移之薄膜干涉 (t 為膜厚)

　　◎ 破壞性：$\Delta r = 2t = m\lambda$，$m = 0,\ \pm1,\ \pm2,\ ...$。

　　◎ 建設性：$\Delta r = 2t = \left(m + \frac{1}{2}\right)\lambda$，$m = 0,\ \pm1,\ \pm2,\ ...$。

4. 抗反射膜(antireflective film)：膜厚 $t = \frac{\lambda}{4}$，λ 為光在薄膜中的波長。

※歷年試題集錦※

> 1. White light reflected at perpendicular incidence from a soap film has, in the visible spectrum, an interference maximum at 6000 Å and a minimum at 4500 Å, with no minimum in between. If n = 1.33 for the film, what is the film thickness, assumed uniform?
> (A) 1450 Å (B) 2670 Å (C) 3534 Å (D) 3380 Å (E) 5120 Å
>
> (92高醫)

答案：(D)。

解說：利用有 $180°$ 相位差干涉，破壞性條件 $\Delta r = 2t = m\lambda$；

　　　建設性條件 $\Delta r = 2t = \left(m + \frac{1}{2}\right)\lambda$。

　　　$6000\ Å：t = \frac{1}{2} \times \frac{6000}{1.33} \times \left(m + \frac{1}{2}\right) = \frac{3000m + 1500}{1.33}$，

　　　$3000\ Å：t = \frac{1}{2} \times \frac{4500}{1.33} \times n = \frac{2250n}{1.33}$。

　　　$3000m + 1500 = 2250n \rightarrow m = 1$，$n = 2$。

　　　$t = \frac{2250 \times 2}{1.33} = 3383(Å)$。

2. We wish to coat flat glass (n = 1.5) with a transparent material (n = 1.25) so that reflection of light at wavelength 600 nm is eliminated by interference. What minimum thickness can the coating have to do this?
   (A) 30 nm (B) 100 nm (C) 120 nm (D) 400 nm (E) 480 nm

(94高醫)

答案：(C)。

解說：利用 $2t = \left(m + \frac{1}{2}\right)\lambda \rightarrow t = \frac{(2m+1)\lambda}{4}$。

$t = \frac{\lambda}{4} = \frac{\lambda_0}{4n} = \frac{600}{4 \times 1.25} = 120$(nm)。

上式中 λ_0 為真空中的波長。

3. Soap bubble is colorful. What is the phenomenon of the colorful reflection appeared in the thin films?
   (A) Diffraction (B) Dispersion (C) Interference
   (D) Refraction (E) Total refraction

(109高醫)

答案：(C)。

解說：肥皂泡有顏色是因為薄膜干涉的關係。

重點三 繞射

1. 暗紋條件：$\sin \theta = \frac{m\lambda}{a}$，$m = \pm 1, \pm 2, \pm 3, \ldots$，其中 a 是狹縫寬度。

2. 暗紋位置：當 $y_m \ll L$，則 $y_m = \frac{m\lambda}{a}L$，$m = \pm 1, \pm 2, \pm 3, \ldots$。

3. 多狹縫(multiple slits)

   ◎ 主最大值：$d \sin \theta = m\lambda$，$m = 0, \pm 1, \pm 2, \pm 3, \ldots$，其中 d 是相鄰狹縫間距。

   ◎ 對 N 個狹縫而言，相鄰主最大值之間有 $(N-1)$ 個最小值且發生在相鄰狹縫有相位差 $\phi = n \times \frac{2\pi}{N}$，$n = 1, 2, \ldots, N-1$。

   ◎ 總能量正比於 N，主最大值強度正比於 N^2，寬度正比於 $1/N$。

4. 色解析力(chromatic resolving power)：攝譜儀(spectrograph)可以分辨的最小波長差異稱為色解析力。

   ◎ 定義：$R = \frac{\lambda}{\Delta\lambda}$。

   ◎ 繞射光柵的色解析力：$R = \frac{\lambda}{\Delta\lambda} = Nm$。

5. X-射線繞射(X-ray diffraction)的布拉格定律：$2d \sin \theta = m\lambda$，$m = 1, 2, \ldots$，其中 d 是相鄰晶面間距。

1. A monochromatic X-ray beam of wavelength $\lambda = 2.82 \times 10^{-10}$ m is incident on a crystal. The first order diffraction maximum occurs when the grazing angle θ is 30°. Find the crystal plane spacing d.

(A) 3.98×10^{-10} m (B) 4.88×10^{-10} m (C) 1.99×10^{-10} m (D) 1.63×10^{-10} m
(E) 2.82×10^{-10} m

(95 高醫)

答案：(E)。

解說：利用 $2d \sin \theta = m\lambda \rightarrow d = \frac{m\lambda}{2 \sin \theta}$。

$d = \frac{1 \times 2.82 \times 10^{-10}}{2 \times \sin 30^o} = 2.82 \times 10^{-10}$(m)。

2. X rays of wavelength $\lambda = 0.250$ nm are incident on the face of a crystal at angle θ, measured from the crystal surface. The smallest angle that yields an intense reflected beam is $\theta = 14.5°$. Which of the following gives the value of the interplanar spacing d? ($\sin 14.5^o \cong 1/4$)
(A) 0.125 nm (B) 0.250 nm (C) 0.500 nm (D) 0.625 nm (E) 0.750 nm

(106 高醫)

答案：(C)。

解說：利用 $2d \sin \theta = m\lambda \rightarrow d = \frac{m\lambda}{2 \sin \theta}$。

$d = \frac{1 \times 0.25}{2 \times \sin 14.5^o} = 0.500$(nm)。

3. Which one is Bragg equation?
(A) $F = ma$ (B) $H\Phi = E\Phi$ (C) $n\lambda = 2d \sin \theta$ (D) $\Delta x \cdot \Delta p = h$
(E) $E = mc^2$

(108 高醫)

答案：(C)。

解說：(A)為牛頓運動定律。

(B)為量子力學薛定鄂方程式。

(D)為海森堡不確定性原理。

(E)為愛因斯坦相對論能量公式。

4. Light of wavelength 500 nm is incident upon a single slit with width 2×10^{-4} m. The diffraction pattern is observed on a screen positioned 4 m from the slit. Determine the distance of the second dark fringe from the central peak.
(A) 0.01 m (B) 0.02 m (C) 0.03 m (D) 0.04 m (E) 0.05 m

(109 高醫)

解答：(B)。

解說：當 $y_m \ll L$，則 $y_m = \dfrac{m\lambda}{a} L$。

$$y_2 = \frac{2 \times 500 \times 10^{-9}}{2 \times 10^{-4}} \times 4 = 0.02 \text{(m)} 。$$

5. Monochromatic light is normally incident on a diffraction grating that is 1 cm wide and has 12,500 slits. The first order line is deviated at a 30º angle. What is the wavelength of the incident light?
(A) 300 nm (B) 400 nm (C) 500 nm (D) 600 nm (E) 1000 nm

(109 高醫)

解答：(B)。

解說：利用 $d \sin\theta = m\lambda \rightarrow \lambda = \dfrac{d \sin\theta}{m} = \dfrac{w \sin\theta}{Nm}$，其中 w 是寬度，N 是狹縫數。

$$\lambda = \frac{0.01 \times \sin 30^o}{12500 \times 1} = 4 \times 10^{-7} \text{(m)} = 400 \text{ (nm)} 。$$

重點四 圓形孔徑和解析力

1. 艾里盤大小：$\sin\theta = 1.22\frac{\lambda}{D}$，其中 θ 是艾里盤的半張開角。

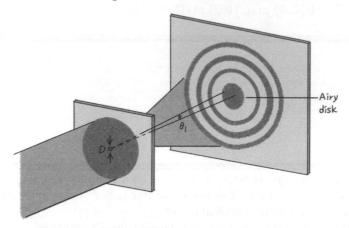

2. 雷利準則(Rayleigh criterion)：如果一個繞射圖案的中心和另一個圖案的第一暗紋一致，則此二物體剛好可以被解析。

3. 解析力(resolving power)：光學儀器可以解析兩物體的最小分隔稱為此儀器的解析極限(limit of resolution)。解析極限愈小，解析力越大。

◎ 若角度很小時，$\sin\theta \sim \theta = 1.22\frac{\lambda}{D}$。

※歷年試題集錦※

---

1. A spy satellite in orbit at an altitude of 200 Km has a mirror of diameter 50 cm. Assuming that it is limited only by diffraction, what is the closest distance between two bodies on the earth's surface for them to be resolved? Take $\lambda = $ 400 nm
   (A) 19.5 cm (B) 21.2 cm (C) 18.0 cm (D) 10.3 cm (E) 2.8 cm

(92高醫)

答案：(A)。

解說：利用 $\sin\theta \sim \theta = 1.22\frac{\lambda}{D}$。

　　　$\theta = 1.22 \times \frac{400\times10^{-9}}{0.5} = 9.76 \times 10^{-7}$(rad)。

　　　分隔距離為

　　　$d = R\theta = 200 \times 10^3 \times 9.76 \times 10^{-7} = 0.1952$(m) $= 19.52$ (cm)。

2. A binary star system in the constellation Orion has an angular separation between the two stars of 1.2×10^{-5} radians. If $\lambda = 5 \times 10^{-7}$ m, what is the smallest aperture (diameter) telescope that may be used to resolve the two stars?
(A) 10 cm (B) 5 cm (C) 50 cm (D) 1 m (E) 4 m

(94 高醫)

答案：(B)。

解說：利用 $\sin\theta \sim \theta = 1.22\frac{\lambda}{D} \rightarrow D = \frac{1.22\lambda}{\theta}$。

$$D = \frac{1.22 \times 5 \times 10^{-7}}{1.2 \times 10^{-5}} = 5 \times 10^{-2}(m) = 5(cm)。$$

3. Two stars are separated by an angle of 3×10^{-5} radians. What is the diameter of the smallest telescope that can resolve the two stars using visible light ($\lambda \cong 600$ nm)? (Ignore any effects due to Earth's atmosphere.)
(A) 1 mm (B) 2.5 cm (C) 10 cm (D) 2.5 m (E) 10 m

(107 高醫)

答案：(B)。

解說：利用 $\sin\theta \sim \theta = 1.22\frac{\lambda}{D} \rightarrow D = \frac{1.22\lambda}{\theta}$。

$$D = \frac{1.22 \times 600 \times 10^{-9}}{3 \times 10^{-5}} = 2.44 \times 10^{-2}(m) = 2.5 \ (cm)。$$

第二十五章 狹義相對論

重點一 物理定律不變性

1. 相對性原理(principle of relativity)：物理定律在每一個慣性坐標系裡都是一樣的。

2. 在所有慣性坐標系中真空中的光速都是一樣的，並且與光源的運動無關。

3. 慣性觀察者不可能以真空中的光速運動。

4. 同時性(simultaneity)：在不同位置的兩個事件是否同時發生取決於觀察者的運動狀態。

重點二 時間膨脹

1. 時間膨脹：$\Delta t = \gamma \Delta t_0 = \frac{\Delta t_0}{\sqrt{1-u^2/c^2}}$，其中 c 是真空中的光速，u 是慣性坐標系 S' 相對於慣性坐標系 S 往 $+x$ 方向運動的速率。

2. 羅侖茲因子(Lorentz factor)：$\gamma = \frac{1}{\sqrt{1-u^2/c^2}}$。

3. 原時間(proper time)：發生在空間中同一位置的兩個事件之間的時間間隔。

重點三 長度收縮

1. 長度收縮：$l = \frac{l_0}{\gamma} = \sqrt{1-u^2/c^2}\, l_0$。

2. 原長度(proper length)：在物體靜止時的坐標系所測量的長度。

3. 與運動方向垂直的距離不受影響。

重點四 羅侖茲轉換(Lorentz transformation)

1. 羅侖茲座標轉換

   假設慣性坐標系 S' 相對於慣性坐標系 S 以速率 u 往+x 方向運動，則有

   $x' = \frac{x-ut}{\sqrt{1-u^2/c^2}} = \gamma(x - ut)$，$y'=y$，$z'=z$，$t' = \frac{t-ux/c^2}{\sqrt{1-u^2/c^2}} = \gamma(t - ux/c^2)$。

2. 羅侖茲速度轉換：

   假設慣性坐標系 S' 相對於慣性坐標系 S 以速率 u 往+x 方向運動，並且 $v_x, v_y,$ v_z 分別是物體在慣性坐標系 S 中的速度分量，v'_x, v'_y, v'_z 分別是物體在慣性坐標系 S' 中的速度分量，則有

   $v'_x = \frac{v_x-u}{1-uv_x/c^2}$，$v'_y = \frac{v_y}{\gamma(1-uv_x/c^2)}$，$v'_z = \frac{v_z}{\gamma(1-uv_x/c^2)}$。

重點五 電磁波的都普勒效應

1. 以速率 u 接近：$f = \sqrt{\frac{c+u}{c-u}} f_0$，其中 u 是電磁波源的速率，f_0 是波源靜止時所測量的頻率。

2. 以速率 u 遠離：$f = \sqrt{\frac{c-u}{c+u}} f_0$。

重點六 相對論動力學

1. 動量：$\vec{p} = \gamma m\vec{v} = \dfrac{m\vec{v}}{\sqrt{1-v^2/c^2}}$，$\vec{v}$ 是物體的速度。

2. 力：$\vec{F} = \dfrac{d}{dt}\left(\dfrac{m\vec{v}}{\sqrt{1-v^2/c^2}}\right)$。

   ◎ 若 $\vec{F}$ 與 $\vec{v}$ 平行，則 $F = \gamma^3 ma$，其中 a 為物體的加速度。

   ◎ 若 $\vec{F}$ 與 $\vec{v}$ 垂直，則 $F = \gamma ma$。

3. 動能：$K = \dfrac{mc^2}{\sqrt{1-v^2/c^2}} - mc^2 = (\gamma - 1)mc^2$，$m$ 為靜止質量。

4. 總能量：$E = K + mc^2 = \dfrac{mc^2}{\sqrt{1-v^2/c^2}} = \gamma mc^2$。

   ◎ 靜止能量(rest energy)：$E_0 = mc^2$。

   ◎ $E^2 = (mc^2)^2 + (pc)^2$。

   ◎ $m = 0 \rightarrow E = pc$。

※歷年試題集錦※

1. If the total energy of a moving particle of rest mass m is equal to 3 times of its rest energy, then the magnitude of the particle's relativistic momentum is _____.

   (A) $\sqrt{2}mc$ (B) $2\sqrt{2}mc$ (C) $\sqrt{3}mc$ (D) $3\sqrt{3}mc$ (E) $2mc$

   (95 高醫)

答案：(B)。

解說：利用 $E^2 = (mc^2)^2 + (pc)^2$。

$$(3mc^2)^2 = (mc^2)^2 + (pc)^2 \rightarrow (pc)^2 = 8(mc^2)^2 \rightarrow p = 2\sqrt{2}mc$$

2. The rest mass of an electron is m_0. What is the kinetic energy of an electron with the speed of $0.80c$? (The constant c is the speed of light in vacuum.)

(A) $\frac{5}{4}m_0c^2$ (B) $\frac{1}{4}m_0c^2$ (C) $\frac{5}{3}m_0c^2$ (D) $\frac{2}{3}m_0c^2$ (E) $\frac{8}{3}m_0c^2$

(107 高醫)

答案：(D)。

解說：利用 $K = \dfrac{mc^2}{\sqrt{1-u^2/c^2}} - mc^2$。

$$u = 0.80c \ \rightarrow \ K = \left(\frac{1}{\sqrt{1-0.8^2}} - 1\right) \times m_0c^2 = \left(\frac{1}{0.6} - 1\right)m_0c^2 = \frac{2}{3}m_0c^2 \text{。}$$

第二十六章 量子論

重點一 黑體輻射(blackbody radiation)

1. 黑體：一個可以吸收照在其表面上所有輻射而沒有任何反射的理想系統。

2. 由黑體發出的電磁輻射稱為黑體輻射，其強度分布圖如下

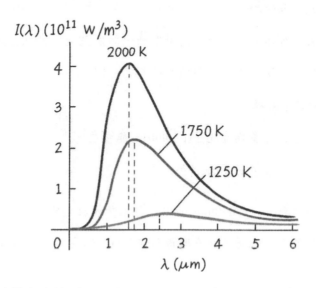

3. 史蒂芬-波茲曼定律(Stefan-Boltzmann's law)：輻射的總功率隨著溫度而上升，$H = \sigma AeT^4$，$\sigma = 5.67 \times 10^{-8}\ W/m^2 \cdot K^4$為 Stcfan-Boltzmann 常數。對黑體而言，放射率 $e = 1$。

4. 韋恩位移定律(Wien's displacement law)：隨著溫度上升，輻射強度最強的波長會往短波長位移，$\lambda_{max}T = 2.90 \times 10^{-3} m \cdot K$。

5. 普朗克輻射定律(Planck radiation law)：$I(\lambda, T) = \dfrac{2\pi hc^2}{\lambda^5 \left(e^{hc/\lambda k_B T} - 1 \right)}$，

$h = 6.63 \times 10^{-34}\,\text{J} \cdot \text{s}$。

重點二 光電效應(photoelectric effect)

1. 實驗結果

   ◎ 若光頻率低於閾值頻率(threshold frequency)，則沒有光電流，與光強度無關。

   ◎ 光電流大小取決於光強度。

   ◎ 從金屬表面脫離的電子幾乎是瞬間的，即使光強度很低也是如此。

   ◎ 截止電位與光強度無關，但與光的頻率有關。

2. 愛因斯坦的光子解釋

   ◎ 一束光線包含許多稱為光子(photon)的能量包。

   ◎ 一個光子的能量：$E = hf = \frac{hc}{\lambda}$。

   ◎ 光子以全或無(all-or-nothing)的方式將能量轉移給電子。

   ◎ 電子吸收的光子能量必須克服最低能量ϕ，稱為功函數(work function)，才能脫離金屬表面。

3. 功函數與光電子動能的關係：$K_{max} = \frac{1}{2}mv_{max}{}^2 = eV_0 = hf - \phi$。

4. 光子動量：$p = \frac{E}{c} = \frac{hf}{c} = \frac{h}{\lambda}$（無靜止質量）。

1. When radiation of wavelength 350 nm is incident on a surface, the maximum kinetic energy of the photoelectrons is 1.2 eV. What is the stopping potential for a wavelength of 230 nm? ($h = 6.63 \times 10^{-34}$ J·s, $q_e = -1.60 \times 10^{-19}$ C, $c = 3 \times 10^8$ m/s)

   (A) 1.65 V (B) 2.04 V (C) 2.55 V (D) 3.05 V (E) 4.82 V

   (93 高醫)

答案：(D)。

解說：利用 $eV_0 = hf - \phi$。

所以 $\phi = \dfrac{hc}{\lambda_1} - eV_1 = \dfrac{hc}{\lambda_2} - eV_2 \rightarrow V_2 = \dfrac{hc}{e}\left(\dfrac{1}{\lambda_2} - \dfrac{1}{\lambda_1}\right) + V_1$。

$V_2 = \dfrac{6.63 \times 10^{-34} \times 3 \times 10^8}{1.6 \times 10^{-19}}\left(\dfrac{1}{230 \times 10^{-9}} - \dfrac{1}{350 \times 10^{-9}}\right) + 1.2 = 3.05\text{(V)}$。

2. The work function for lithium is 2.3 eV. The surface is illuminated with some electromagnetic wave. If the stopping potential is 0.6 V, the wavelength of the wave is _____ .

   (A) 428 nm (B) 213 nm (C) 100 nm (D) 80 nm (E) 50 nm

   (95 高醫)

答案：(A)。

解說：利用 $eV_0 = hf - \phi \rightarrow \lambda = \dfrac{c}{f} = \dfrac{hc}{eV_0 + \phi}$。

以電子伏特(eV)為單位，則 $hc = 1.24 \times 10^{-6}$(eV·m)。

$\lambda = \dfrac{1.24 \times 10^{-6}}{0.6 + 2.3} = 4.28 \times 10^{-7}\text{(m)} = 428\text{ (nm)}$。

3. For quantum model, $E = h\nu = \frac{hc}{\lambda}$, where E is photon energy in unit of eV, h is the Planck's constant (6.626×10^{-34} J·s), ν is the frequency (s^{-1}), λ is the wavelength in meters (m), then $E \times \lambda$ (eV·m) is:
   (A) 1.24×10^{-3} (B) 1.24×10^{-4} (C) 1.24×10^{-5} (D) 1.24×10^{-6} (E) 1.24×10^{-7}.

(106 高醫)

答案：(D)。

解說：利用 $E\lambda = hc$。

$$E\lambda = \frac{6.626 \times 10^{-34} \times 3 \times 10^8}{1.6 \times 10^{-19}} = 1.24 \times 10^{-6} (\text{eV·m})$$

---

4. The work function for a certain sample is 2.3 eV. The stopping potential for electrons ejected from the sample by 6.0×10^{14} Hz electromagnetic radiation is ($c = 3.00 \times 10^8$ m/s):
   (A) 0 V (B) 0.18 V (C) 0.36 V (D) 2.0 V (E) 3.6 V

(109 高醫)

答案：(B)。

解說：利用 $eV_0 = hf - \phi$。

$$V_0 = \frac{hf}{e} - \frac{\phi}{e} = \frac{6.63 \times 10^{-34} \times 6 \times 10^{14}}{1.6 \times 10^{-19}} - 2.3 = 0.186 (\text{V})。$$

---

5. For an unknown molecules A$_2$, if the dissociation energy is 1204 kJ/mol, what is the maximum wavelength of electromagnetic radiation required to rupture this bond? (Planck constant: 6×10^{-34} J.s, light of speed: 3×10^8 m/s)
   (A) 90 nm (B) 120 nm (C) 150 nm (D) 180 nm (E) 210 nm

(109 高醫)

答案：(A)。

解說：$E = hf = \frac{hc}{\lambda} \rightarrow \lambda = \frac{hc}{E} = \frac{6 \times 10^{-34} \times 3 \times 10^8}{1204 \times 10^3 / 6 \times 10^{23}} = 8.97 \times 10^{-8} (\text{m}) = 89.7 (\text{nm})。$

6. An energy of 13.6 eV is needed to ionize an electron from the ground state of a hydrogen atom. What is the longest photon wavelength needed to accomplishes this task? (Plank constant = 6.62×10^{-34} m$^2 \cdot$kg/s, speed of light = 3×10^8 m/s, 1 eV = 1.6×10^{-19} J)

(A) 60 nm (B) 70 nm (C) 80 nm (D) 90 nm (E) 100 nm

(110 高醫)

答案：(D)。

解說：利用 $E = \dfrac{hc}{\lambda} \rightarrow \lambda = \dfrac{hc}{E} = \dfrac{1.24 \times 10^{-6}}{13.6} = 9.12 \times 10^{-8}$(m)= 91.2(nm)。

重點三 康普吞效應(Compton effect)

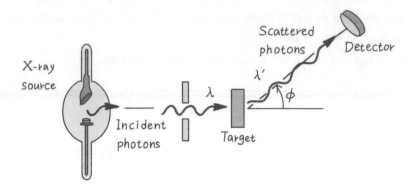

1. 波長差異：$\lambda' - \lambda = \frac{h}{mc}(1 - \cos\phi)$，$\frac{h}{mc} = 2.43 \times 10^{-12}$(m)，其中 m 為電子質量。

※歷年試題集錦※

1. A photon whose wavelength is 2.48×10^{-11} m is scattered off an electron at an angle of 90° in a Compton experiment. What is the wavelength of the scattered wave? ($m_e = 9.11\times10^{-31}$ kg; $h = 6.63\times10^{-34}$ J·s; $c = 3\times10^8$ m/s; $e = 1.60\times10^{-19}$ C)

(A) 1.24×10^{-11} m (B) 2.25×10^{-11} m (C) 2.72×10^{-11} m
(D) 2.40×10^{-11} m (E) 2.48×10^{-11} m

(95 高醫)

答案：(C)。

解說：利用 $\lambda' - \lambda = \frac{h}{mc}(1 - \cos\phi)$。

$$\lambda' = 2.43 \times 10^{-12}(1 - \cos 90^o) + 2.48 \times 10^{-11} = 2.72 \times 10^{-11}(m)。$$

重點四　成對產生(pair production)

1. 當波長足夠短的珈瑪射線(gamma ray)射擊目標時，光子不會發生散射，而是會完全消失，並產生兩個新的粒子：電子與正電子(positron)。

2. 滿足電荷守恆。

3. 光子能量至少足夠兩個新粒子的靜止能量：$E_{min} = 2mc^2$。

重點五　成對湮滅(pair annihilation)

1. 當電子與正電子碰撞時，兩個粒子消失，並產生兩個光子。

2. 光子總能量至少 $2mc^2$。

3. 不可能產生單一光子，因為無法滿足能量和動量守恆。

重點六　物質波

1. 德布意波長(de Broglie wavelength)：$\lambda = \dfrac{h}{p}$。

重點七 海森堡不確定性原理(Heisenberg's uncertainty principle)

1. 位置與動量的關係：$\Delta x \Delta p_x \geq \frac{\hbar}{2}$，其中 $\hbar = \frac{h}{2\pi}$。

2. 時間與能量的關係：$\Delta t \Delta E \geq \frac{\hbar}{2}$。

※歷年試題集錦※

---

1. What is the de Broglie wavelength of an electron with a kinetic energy of
   1.822×10^{-16} J? ($m_e = 9.11 \times 10^{-31}$ kg, $h = 6.63 \times 10^{-34}$ J·s)
   (A) 0.3639 pm (B) 3.639 pm (C) 36.39 pm (D) 363.9 pm (E) 3639.0 pm

   (94 高醫)

答案：(C)。

解說：利用 $\lambda = \frac{h}{p} \rightarrow \lambda = \frac{h}{\sqrt{2mK}}$。

$\lambda = \frac{6.63 \times 10^{-34}}{\sqrt{2 \times 9.11 \times 10^{-31} \times 1.822 \times 10^{-16}}} = 3.639 \times 10^{-11}(\text{m}) = 36.39(\text{pm})$。

重點八　波耳原子模型(Bohr model of the atom)

1. 波耳假定

    ◎ 每個氫原子的能階都對應到環繞原子核的電子的一個特定穩定圓形軌道。

    ◎ 在這種軌道的電子不會產生輻射。

    ◎ 只有當電子從能階 E_i 的軌道轉移至較低能量 E_f 的不同軌道時，才會釋放能量 $hf = E_i - E_f$ 的光子。

    ◎ 電子的角動量是量化的，即 $\hbar = \frac{h}{2\pi}$ 的整數(n)倍。此整數稱為主量子數 (principal quantum number)。

2. 軌道 n 的電子

    ◎ 角動量：$L_n = mv_n r_n = \frac{nh}{2\pi}$。

    ◎ 軌道半徑：$r_n = \epsilon_0 \frac{n^2 h^2}{\pi m e^2}$。

    ◎ 軌道速率：$v_n = \frac{e^2}{2\epsilon_0 nh}$。

    ◎ 波耳半徑：$a_0 = \epsilon_0 \frac{h^2}{\pi m e^2} = 5.29 \times 10^{-11} \text{m} \rightarrow r_n = n^2 a_0$。

3. 能階(energy level)

    ◎ 動能：$K_n = \frac{13.6}{n^2}$ eV。

    ◎ 位能：$U_n = -2K_n$。

    ◎ 總能量：$E_n = U_n + K_n = \frac{U_n}{2} = -K_n = -\frac{13.6}{n^2}$ eV。

4. 光譜系：Lyman series($n \to 1$)；Balmer series($n \to 2$)；

    Paschen series($n \to 3$)；Brackett series($n \to 4$)；

    Pfund series($n \to 5$)。

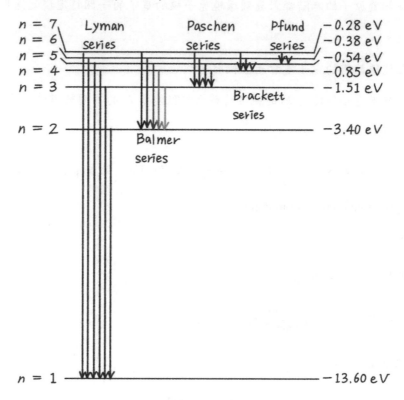

5. 里德伯常數(Rydberg constant)：$E_n = -\dfrac{hcR}{n^2}$，其中

    $R = \dfrac{me^4}{8\epsilon_0{}^2h^3c} = 1.097 \times 10^7\,\mathrm{m}^{-1}$。

6. 波長：$\dfrac{1}{\lambda} = R\left(\dfrac{1}{n_L{}^2} - \dfrac{1}{n_H{}^2}\right)$，其中 n_L 為低能階的主量子數，n_H 為高能階的主量子數。

7. 類氫原子(Hydrogen-like atoms)：He^+、Li^{2+}、$\cdots$。

    ◎ 將波耳原子模型中的 e^2 更換成 Ze^2。

    ◎ $E_n = U_n + K_n = \dfrac{U_n}{2} = -K_n = -\dfrac{z^2}{n^2}(13.6\mathrm{eV})$。

---

1. An electron in the hydrogen atom makes a transition from the $n = 5$ level to the $n = 2$ level. What is the wavelength of the emitted photon? ($q_e = -1.60 \times 10^{-19}$ C, $h = 6.63 \times 10^{-34}$ J·s)

   (A) 326 nm (B) 435 nm (C) 578 nm (D) 662 nm (E) 769 nm

   (93 高醫)

答案：(B)。

解說：利用 $E_n = -\frac{13.6}{n^2}$ eV、$E = \frac{hc}{\lambda} \rightarrow \lambda = \frac{hc}{\Delta E}$。

$\lambda = \frac{1.24 \times 10^{-6}}{-13.6\left(\frac{1}{5^2} - \frac{1}{2^2}\right)} = 4.34 \times 10^{-7}(\text{m}) = 434(\text{nm})$。

---

2. In the hydrogen spectrum, the ratio of the wavelengths for Lyman-α radiation ($n = 2$ to $n = 1$) to Balmer-α radiation ($n = 3$ to $n = 2$) is_____.

   (A) $\frac{5}{18}$ (B) $\frac{5}{27}$ (C) $\frac{1}{3}$ (D) 3 (E) $\frac{27}{5}$

   (107高醫)

答案：(B)。

解說：利用 $E_n = -\frac{13.6}{n^2}$ cV、$E = \frac{hc}{\lambda}$ ，$\frac{\lambda'}{\lambda} = \frac{\Delta E}{\Delta E'}$。

$\frac{\lambda_{2 \to 1}}{\lambda_{3 \to 2}} = \frac{\frac{1}{3^2} - \frac{1}{2^2}}{\frac{1}{2^2} - \frac{1}{1^2}} = \frac{-\frac{5}{36}}{-\frac{3}{4}} = \frac{5}{27}$。

3. According to the Bohr Model, please use the equation below and calculate the minimum energy required to remove the electron from a He$^+$ ion in its first excited state.
(A) 2.178×10^{-18} J (B) 5.445×10^{-19} J (C) 8.712×10^{-18} J
(D) 4.356×10^{-18} J (E) 1.089×10^{-18} J

(107 高醫)

答案：(A)。

解說：類氫原子能階$E_n = -\frac{Z^2}{n^2}$(13.6eV)。

$E_1 = -\frac{2^2}{2^2}$(13.6eV) $= -13.6 \times 1.6 \times 10^{-19}$J $= -2.176 \times 10^{-18}$ J。

所以須提供2.176×10^{-18}J。

---

4. The figure shows the energy levels for an electron in a finite potential energy well. If the electron makes a transition from the $n = 3$ state to the ground state, what is the wavelength of the emitted photon?

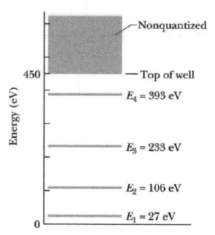

(A) 2.3 nm (B) 3.0 nm (C) 5.3 nm (D) 5.7 nm (E) 6.0 nm

(109 高醫)

答案：(E)。

解說：利用$\Delta E = E_n - E_m = \frac{hc}{\lambda} \rightarrow \lambda = \frac{hc}{E_n - E_m}$。

以電子伏特(eV)為單位，

$\lambda = \frac{hc}{E_n - E_m} = \frac{1.24\times10^{-6}}{233-27} = 6.0 \times 10^{-9}$(m) $= 6.0$ (nm)。

5. The energy required to remove the electron from a hydrogen atom in its ground state is 2.178×10^{-18} J. What is the energy required to excite the electron in the He$^+$ ion from the $n = 1$ level to the $n = 2$ level?
   (A) 1.634×10^{-18} J (B) 2.178×10^{-18} J (C) 3.268×10^{-18} J
   (D) 8.712×10^{-18} J (E) None of these

(109 高醫)

答案：(E)。

解說：$E_n = -\dfrac{z^2}{n^2}(13.6\text{eV}) = -\dfrac{z^2}{n^2}(2.178 \times 10^{-18})$ J。

He$^+$的原子序為$Z = 2$，所以

$$\Delta E_{1 \to 2} = -2^2\left(\dfrac{1}{2^2} - \dfrac{1}{1^2}\right) \times 2.178 \times 10^{-18} = 6.534 \times 10^{-18} \text{ (J)}。$$

第二十七章 量子力學

重點一 一維薛定諤方程式(Schrodinger equation)

1. 方程式：$i\hbar\frac{\partial}{\partial t}\Psi(x,t) = -\frac{\hbar^2}{2m}\frac{\partial^2}{\partial x^2}\Psi(x,t) + U(x,t)\Psi(x,t)$，$U(x,t)$為粒子的位能。

2. 波函數的解釋

   ◎ 機率分布函數(probability distribution function)：

   $|\Psi(x,t)|^2 = \Psi^*(x,t)\Psi(x,t)$，其中 $\Psi^*(x,t)$為 $\Psi(x,t)$的共軛複數。

   ◎ $|\Psi(x,t)|^2 dx$表示粒子於時刻 t 時，在 x 到 $x+dx$ 座標範圍內被發現的機率。

   ◎ 歸一化(normalization)：$\int_{-\infty}^{\infty}|\Psi(x,t)|^2 dx = 1$。

3. 穩態(stationary state)：具有一定能量的粒子狀態。

   ◎ $\Psi(x,t) = \psi(x,t)e^{-i\omega t} = \psi(x)e^{-i\frac{E}{\hbar}t}$。

   ◎ 機率分布函數：$|\Psi(x,t)|^2 = |\psi(x)|^2$。

   ◎ time-independent 方程式：$-\frac{\hbar^2}{2m}\frac{d^2\psi(x)}{dx^2} + U(x)\psi(x) = E\psi(x)$。

※歷年試題集錦※

1. Atomic orbitals developed using quantum mechanics _____.
   (A) describe regions of space in which one is most likely to find an electron
   (B) describe exact paths for electron motion
   (C) give a description of the atomic structure which is essentially the same as the Bohr model
   (D) allow scientists to calculate an exact volume for the hydrogen atom
   (E) are in conflict with the Heisenberg Uncertainty Principle

   (106 高醫)

答案：(A)。

解說：(B)(D)無法描述電子運動的真正路徑，故無法計算氫原子的真正體積。

   (C)波耳模型以軌道方式描述單電子原子。

   (E)不違背海森堡不確定性。

重點二　寬度 L 的方形位能

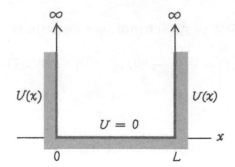

1. 波函數：$\Psi_n(x,t) = \psi_n(x)e^{-i\frac{E}{\hbar}t} = \sqrt{\frac{2}{L}}\sin(k_n x)\,e^{-i\frac{E}{\hbar}t}$，其中 $k_n = \frac{n\pi}{L}$，$\lambda_n = \frac{2\pi}{k_n} = \frac{2L}{n}$，$n = 1, 2, 3, \ldots$。

2. 動量：$p_n = \frac{h}{\lambda_n} = \frac{nh}{2L}$。

3. 能量：$E_n = \frac{p_n^2}{2m} = \frac{n^2h^2}{8mL^2} = \frac{n^2\pi^2\hbar^2}{2mL^2}$。

※歷年試題集錦※

1. An electron is trapped within an infinite potential well of length 0.1 nm. What is the ground state energy? ($m_e = 9.11\times10^{-31}$ kg; $h = 6.63\times10^{-34}$ J·s)
    (A) 3.4 eV (B) 13.6 eV (C) 37.7 eV (D) 151 eV (E) 339 eV

    (95 高醫)

答案：(C)。

解說：利用 $E_n = \frac{n^2h^2}{8mL^2}$。

$$E_1 = \frac{1^2\times\left(6.63\times10^{-34}\right)^2}{8\times9.11\times10^{-31}\times(0.1\times10^{-9})^2} = 6.03 \times 10^{-18}\text{(J)} = 37.7\text{(eV)}。$$

2. Which of the following statements about "The Bohr Model" and "Particle in a Box" is TRUE?

   (A) For an electron trapped in a one-dimensional box, as the length of the box increases, the spacing between energy levels will increase.

   (B) The total probability of finding a particle in a one-dimensional box (length is L) in energy level $n = 4$ between $x = L/4$ and $x = L/2$ is 50%.

   (C) If the wavelength of light necessary to promote an electron from the ground state to the first excited state is λ in a one-dimensional box, then the wavelength of light necessary to promote an electron from the first excited state to the third excited state will be 3λ.

   (D) A function of the type $A\cos(Lx)$ can be an appropriate solution for the particle in a one-dimensional box.

   (E) Assume that a hydrogen atom's electron has been excited to the $n = 5$ level. When this excited atom loses energy, 10 different wavelengths of light can be emitted.

   (110 高醫)

答案：(E)。

解說：(A)由 $E_n = \frac{n^2 h^2}{8mL^2}$ $\rightarrow$ $\Delta E_n = \frac{(2n-1)h^2}{8mL^2}$ 可看出，長度越長，能階間隔下降。

(B) $\int_{L/4}^{L/2} \left(\sqrt{\frac{2}{L}} \sin\left(\frac{4\pi x}{L}\right) \right)^2 dx = \frac{2}{L} \int_{L/4}^{L/2} \left(\frac{1}{2} - \frac{1}{2}\cos\frac{8\pi x}{L} \right) dx$

$$= \frac{2}{L} \left(\frac{x}{2} - \frac{L}{8\pi}\sin\frac{8\pi x}{L} \right)\Big|_{L/4}^{L/2} = \frac{1}{4} = 25\% \text{。}$$

(C) $\Delta E_{1\rightarrow 2} = \frac{3h^2}{8mL^2} = \frac{hc}{\lambda}$，$\Delta E_{2\rightarrow 4} = \frac{12h^2}{8mL^2} = 4\frac{hc}{\lambda} = \frac{hc}{\lambda/4}$。因此波長變為 $\lambda/4$。

(D)波函數為 $\sqrt{\frac{2}{L}}\sin\left(\frac{4\pi x}{L}\right)$。

(E)能級之間的轉移可能：5→4, 3, 2, 1；4→3, 2, 1；3→2, 1；2→1。總共有 $4 + 3 + 2 + 1 = 10$ 種。

重點三 諧振子(harmonic oscillator)

1. 位能：$U(x) = \frac{1}{2}k'x^2$。

2. 能量：$E_n = \left(n + \frac{1}{2}\right)\hbar\omega = \left(n + \frac{1}{2}\right)\hbar\sqrt{\frac{k'}{m}}$。

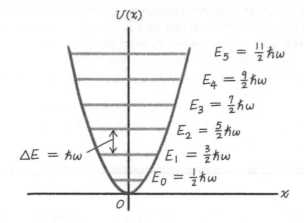

※歷年試題集錦※

1. A harmonic oscillator consists of a 0.015-kg mass on a spring. Its frequency is 2.0 Hz, and the mass has a speed of 0.40 m/sec as it passes the equilibrium position. What is the value of the quantum number n for its energy state? ($h = 6.626\times10^{-34}$ J·s)
    (A) 8.6×10^{26} (B) 3.4×10^{19} (C) 9.1×10^{29} (D) 5.0×10^{28} (E) 7.6×10^{31}

    (92 高醫)

答案：(C)。

解說：利用 $E_n = \left(n + \frac{1}{2}\right)\hbar\omega = \left(n + \frac{1}{2}\right)\hbar\sqrt{\frac{k'}{m}}$。

$\frac{1}{2}mv^2 = \left(n + \frac{1}{2}\right)\hbar\omega = \left(n + \frac{1}{2}\right)hf \rightarrow n = \frac{mv^2}{2hf} - \frac{1}{2}$。

$n = \frac{0.015\times0.4^2}{2\times6.626\times10^{-34}\times2} - \frac{1}{2} \cong 9.1\times10^{29}$。

重點四　氫原子結構

1. 位能：$U(r) = -\dfrac{1}{4\pi\epsilon_0}\dfrac{e^2}{r}$。

2. 能量：$E_n = -\dfrac{1}{(4\pi\epsilon_0)^2}\dfrac{m_r e^4}{2n^2\hbar^2} = -\dfrac{13.6}{n^2}$ eV，$n = 1, 2, 3, \ldots$，其中 n 稱為主量子數(principal quantum number)。

3. 軌道角動量(orbital angular momentum)：$L = \sqrt{l(l+1)}\hbar$，$l = 0, 1, \ldots, n-1$，其中 l 稱為軌域量子數(orbital quantum number)。

4. z 軸軌道角動量：$L_z = m_l\hbar$，$m_l = 0, \pm1, \ldots, \pm l$，其中 m_l 稱為磁量子數(magnetic quantum number)。

5. $\vec{L}$ 在任何方向的組成大小不會和 L 一樣大。(不確定性原理)

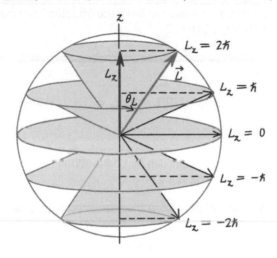

6. 自旋(spin)

   ◎ z 軸自旋角動量：$S_z = m_s\hbar$，其中 m_s 稱為自旋磁量子數(spin magnetic quantum number)。

   ◎ 自旋角動量(spin angular momentum)：$S = \sqrt{s(s+1)}\hbar = \dfrac{\sqrt{3}\hbar}{2}$，$s = \dfrac{1}{2}$ 為自旋量子數(spin quantum number)。

7. 包利不相容原理(Pauli's exclusion principle)：在一給定系統裡，不會有兩個電子佔據相同的量子狀態，也就是原子裡不會有兩個電子擁有相同的四個量子數(n, l, m_l, m_s)。

   ◎ 每一主量子數(n)共有 $2n^2$ 個電子組態。

---

1. An electron is in a state with $l = 3$. What is the smallest value of the semiclassical angle θ between the direction of $\overline{L_z}$ and $\overline{L}$?
   (A) 0º (B) 30º (C) 60º (D) $\cos^{-1}(1/3)$ (E) 90º

   (94 高醫)

答案：(B)。

解說：利用 $L = \sqrt{l(l+1)}\hbar$，$L_z = m_l\hbar$，$L_z = L\cos\theta$。

角度越小，L_z 越大。

$$\theta_{min} = \cos^{-1}\left(\frac{(L_z)_{max}}{L}\right) = \cos^{-1}\left(\frac{3}{\sqrt{3\times(3+1)}}\right) = \cos^{-1}\frac{\sqrt{3}}{2} = 30^o \text{。}$$

---

2. How many electrons in an atom can have the quantum numbers $n = 4$, $l = 1$?
   (A) 2 (B) 6 (C) 10 (D) 18 (E) 32

   (106 高醫)

答案：(B)。

解說：$n = 4$，$l = 1$，因此 $m_l = -1, 0, 1$，又 $m_s = \pm\frac{1}{2}$，所以有 $3 \times 2 = 6$。

---

3. In an atom, how many electrons can be contained at most at the 4th orbit?
   (A) 9 (B) 18 (C) 32 (D) 162 (E) 324

   (110 高醫)

答案：(C)。

解說：組態數量 $= 2n^2$。

$n = 4 \rightarrow$ 組態數 $= 2 \times 4^2 = 32$。

---

4. Which of the followings is a correct set of quantum numbers for an electron in a 3d orbital?
   (A) $n = 3$, $l = 0$, $m_l = -1$ (B) $n = 3$, $l = 1$, $m_l = 3$ (C) $n = 3$, $l = 2$, $m_l = 3$
   (D) $n = 3$, $l = 3$, $m_l = 2$ (E) $n = 3$, $l = 2$, $m_l = -2$

   (110 高醫)

答案：(E)。

解說：3d 軌域表示 $n = 3$，$l = 2$，並且 $-2 \leq m_l \leq 2$。因此選項(E)符合。

重點五 X射線

1. 制動輻射(bremsstrahlung)：陽極透過急速減慢電子速率，使得減速電子釋放電磁波。大部分電子與陽極的原子一連串的碰撞和作用而煞車，所以產生連續光譜。

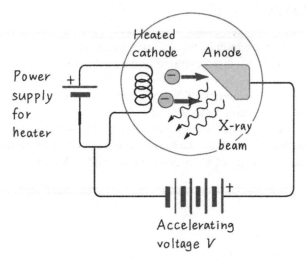

2. 最小波長：$eV = hf_{max} = \dfrac{hc}{\lambda_{min}} \rightarrow \lambda_{min} = \dfrac{hc}{eV}$，其中 f_{max} 與 λ_{min} 和陽極材料無關。

3. X-射線光譜

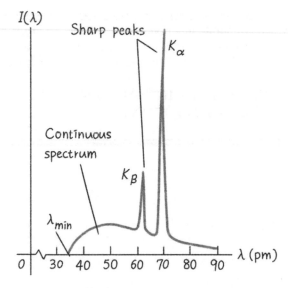

4. 光譜峰值(spectrum peak)：目標原子被高能電子撞擊而產生非常特定波長的 X 射線，不同的目標材料有不同的峰值波長。這稱為特性 X-射線光譜 (characteristic X-ray spectrum)。

5. 摩斯利定律(Moseley's law)：最強短波長光譜線稱為 K_α line，其頻率為 $f = (2.48 \times 10^{15}\text{Hz})(Z-1)^2$，$Z$ 為原子序。

6. 特性 X-射線牽涉到複雜原子的內層轉移有關。

※歷年試題集錦※

---

1. In X-ray spectrum, which of the following statements is correct?
   (A) The electron beam is accelerated in the air to strike a target and generate X-rays.
   (B) The minimum frequency of X-ray is proportional to the potential difference between anode and cathode.
   (C) Most of the generated X-rays are bremsstrahlung radiation.
   (D) Characteristic X-rays are the radiation generated by atom nucleus.
   (E) Most kinetic energy of electrons is converted to X-rays.

   (107高醫)

答案：(C)。

解說：(A)在真空中加速。

(B)最大頻率與電位差成正比，$eV = hf_{max}$。

(D)特性輻射是由原子的外層電子填補內層能階空穴而產生。

(E)大部分電子動能轉換為熱。

---

2. The X ray typically operate at a potential difference of 1.00×10^5 V. What is the minimum wavelength the X ray tubes produce when electrons are accelerated through this potential difference? (The Planck's constant is 6.63×10^{-34}J·s)
   (A) 1.24×10^{-7}m (B) 1.24×10^{-9}m (C) 1.24×10^{-11}m
   (D) 1.24×10^{-13}m (E) 1.24×10^{-15}m

   (108高醫)

答案：(C)。

解說：利用 $eV = \dfrac{hc}{\lambda}$。

$$\lambda = \frac{hc}{eV} = \frac{1.24 \times 10^{-6}}{1 \times 10^5} = 1.24 \times 10^{-11} \ \text{(m)}。$$

27-8

第二十八章　半導體

重點一　半導體

1. 本徵導電性(intrinsic conductivity)：純半導體(Si，Ge)中，導帶(conduction band)中的電子和價帶(valence band)中的電洞在外加電場作用下，移動方向相反而導電。

2. 電子從價帶躍遷到導帶的機率取決於能隙(band gap)大小以及溫度。能隙越小，溫度越高，機率越高。

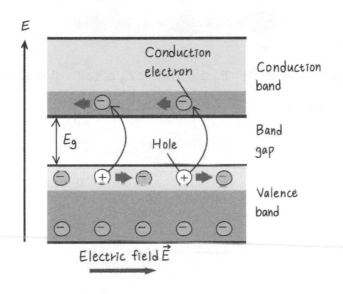

3. n 型(n-type)半導體

◎ 摻雜(doping)第五族元素。例如氮 N，磷 P，砷 As，銻 Tb，鉍 Bi。

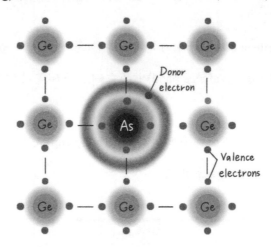

◎ 施子能階(donor level)：$E_d \cong 0.01eV < E_g \cong 1eV$，其中 E_d 是施子的能

階，E_g 為能隙。

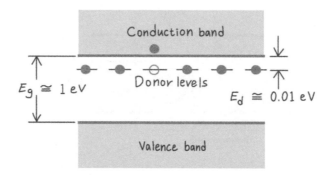

◎ 室溫 $kT \sim 0.025$ eV，大部分施子(donor)都可獲得能量躍遷至導帶而自由

移動。

◎ 導電性幾乎是帶負電的電子移動造成。

4. p 型(p-type)半導體

　◎ 摻雜第三族元素。例如硼 B，鋁 Al，鎵 Ga，銦 I，鉈 Tl。

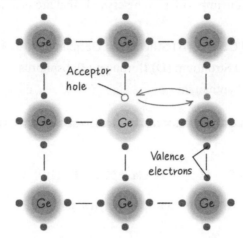

　◎ 受子能階(acceptor level)：$E_a \cong 0.01eV < E_g \cong 1eV$，其中 E_a 是受子的能

　　階，E_g 為能隙。

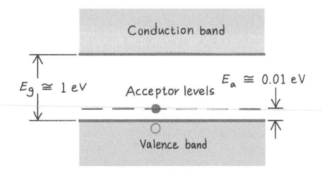

　◎ 導電性幾乎是帶正電的電洞移動造成。

---

1. In the transistor, the impurities in the crystals that are generally used are
   _____.
   (A) Osmium and Cerium (B) Silicon and Germanium
   (C) Cadmium and Strontium (D) Boron and Phosphorus
   (E) Gallium and Lanthanum

   (95 高醫)

答案：(D)。

解說：第三族元素(硼 B，鋁 Al，鎵 Ga，銦 I，鉈 Tl)，

　　　第五族元素(氮 N，磷 P，砷 As，銻 Tb，鉍 Bi)。

重點二 半導體元件

1. p-n 接面(p-n junction)

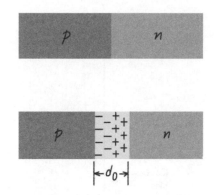

◎ p-n 接面是透過沉積方法在 p 型材料中摻入 n 型材料，或是 n 型材料中摻入 p 型材料。

◎ 接面附近，n 面的電子會擴散至 p 面，而 p 面的電洞也會擴散至 n 面，形成擴散電流(diffusion current，I_{diff})，方向一般是由 p 面指向 n 面。

◎ 空乏區：當擴散持續進行，p 面和 n 面會分別累積越來越多的負、正電荷，使得接面兩側附近形成空間電荷(space charge)，這兩個帶電區域稱為空乏區(depletion zone)。

◎ 空乏區兩端產生接觸電位差(contact potential difference，V_0)，會限制電子和電洞繼續擴散。

◎ 因為接觸電位差的關係，n 型的少量電洞會朝向低電位移動而穿越接面，p 型的少量電子會朝向高電位移動而穿越接面。這樣的移動構成所謂的漂移電流(drift velocity，I_{drift})。

◎ 因此，當無外加電場或電位差下，p-n 接面處於平衡時，由 p 至 n 的平均擴散電流等於由 n 至 p 的平均漂移電流，$\left|I_{diff}\right| = \left|I_{drift}\right|$ → p 面帶負電，n 面帶正電 → 產生 n 向 p 的電場$\vec{E}$，接面兩端存在接觸電位差 V_0。

◎ 外加電場或電位差：$I = I_s\left(e^{eV/kT} - 1\right)$，其中 I_s 是飽和電流(saturation current)。

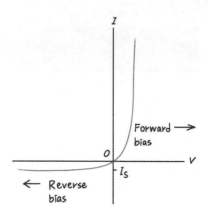

2. 二極整流器(diode rectifier)

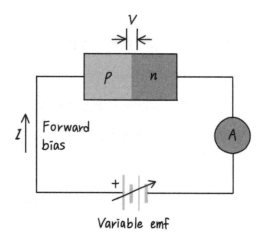

3. 發光二極體(LED，light emitted diode)

◎ 接面處於順向偏壓時，電洞從 p 面推向接面，而電子也由 n 面推向接面。

◎ 在接面區域，電子落入電洞，釋放約等於帶隙(band gap)的能量，發出光。

◎ 釋放的能量會因為不同材料有不同的帶隙而有所變化。

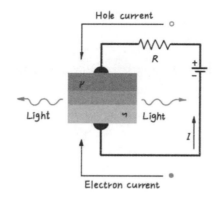

4. 太陽能電池(solar cell)

◎ 光伏效應(photovoltaic effect)：與發光二極體相反的程序。此時，材料吸收光子然後產生電子-電洞對。產生的電子和電洞受到電場作用而分離，電子朝向 n 面而電洞朝向 p 面。

◎ 將此元件接到外電路時，變成電動勢或能量的來源。這種裝置通常稱為太陽能電池(solar cell)。任何超過帶隙的光子能量皆可運作。

5. 電晶體(transistor)：雙極性電晶體(bipolar junction transistor)，p-n-p 或 n-p-n 型。

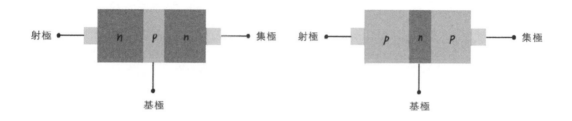

---

1. An LED is constructed from a p-n junction based on a certain Ga-As-P semiconducting material whose energy gap is 1.9eV. What is the wavelength of the emitted light? (h = 6.63×10⁻³⁴J·s, c = 3×10⁸m/s)

   (A) 10.47 nm (B) 16.75 nm (C) 37.79 nm (D) 113.37 nm (E) 654.28 nm

   (94 高醫)

答案：(E)。

解說：利用 $E = \frac{hc}{\lambda} \rightarrow \lambda = \frac{hc}{E}$。

$\lambda = \frac{6.63 \times 10^{-34} \times 3 \times 10^8}{1.9 \times 1.6 \times 10^{-19}} = 6.5428 \times 10^{-7}(\text{m}) = 654.28(\text{nm})$。

第二十九章 核物理

重點一 α 衰變(alpha decay)

1. α 粒子(α-particle)是 $^4_2$He 的原子核。

2. 衰變時質量數(A)和原子序(Z)的變化情形：$^A_ZX \rightarrow ^{A-4}_{Z-2}Y + ^4_2He$，其中 Z 和 Y 代表不同的中性原子。

3. 當原來的中性原子質量大於最後中性原子和一個中性 $^4_2$He 原子的質量總和時，α 衰變有可能發生。

4. α 粒子以高速方式釋放，但只能在空氣中穿越幾公分，或是通過十分之幾或百分之幾公釐的固體。

※歷年試題集錦※

1. A uranium nucleus at rest decays into a thorium nucleus and a helium nucleus: $^{238}U \rightarrow ^{234}Th + ^4He$. Which of the following is true?
   (A) Each decay product has the same speed.
   (B) Each decay product has the same kinetic energy.
   (C) The decay products tend to go in the same direction.
   (D) The thorium nucleus has more momentum than the helium nucleus.
   (E) The helium nucleus has more kinetic energy than the thorium nucleus.

   (95 高醫)

答案：(E)。

解說：(A)(C)(D)衰變時，動量守恆，所以由初始總動量為 0 可以推得 Th 與 He 的動量大小相等，方向相反。因為 Th 與 He 質量不同，所以速率不同。

(B)(E)由動量與動能的關係 $K = \frac{p^2}{2m}$ 知，He 質量小，所具有較大的動能。

2. Identify the missing particle in the following equation: $^{238}_{92}U \rightarrow ^4_2He + ?$
   (A) $^{242}_{94}Pu$ (B) $^{234}_{90}Th$ (C) $^{242}_{90}Th$ (D) $^{234}_{92}U$ (E) None of the above.

   (106 高醫)

答案：(B)。

解說：α 衰變時，質量數減少 4，原子序減少 2。

$^{238}_{92}U \rightarrow ^4_2He + ^{234}_{90}Th$。

重點二 β 衰變(beta decay)

1. β^-衰變

   ◎ $n \rightarrow p + \beta^- + \bar{v}_e$，$\bar{v}_e$為電微中子(electron neutrino)的反粒子(反電微中子)。

   ◎ β^-衰變經常發生在 N/Z 太大而不穩定的時候。

   ◎ 衰變時，$^A_Z X \rightarrow ^{\ \ A}_{Z+1} Y + \beta^- + \bar{v}_e$。

   ◎ 當原來的中性原子質量大於後來的中性原子質量時，衰變有可能發生。

2. β^+衰變

   ◎ $p \rightarrow n + \beta^+ + v_e$，$v_e$為電微中子。

   ◎ β^+衰變經常發生在 N/Z 太小而不穩定的時候。

   ◎ 衰變時，$^A_Z X \rightarrow ^{\ \ A}_{Z-1} Y + \beta^+ + v_e$。

   ◎ 當原來的中性原子質量大於後來的中性原子質量有至少兩個電子質量時，衰變有可能發生。

3. 電子捕獲

   ◎ $p + \beta^- \rightarrow n + v_e$，$v_e$為電微中子。

   ◎ 少數原子核因為能量不夠而無法進行β^+衰變，但軌道電子(通常是內層的 K shell)和質子可以結合成中子和電微中子。

   ◎ 衰變時，$^A_Z X + \beta^- \rightarrow ^{\ \ A}_{Z-1} Y + v_e$。

   ◎ 當原來的中性原子質量大於後來的中性原子質量時，電子捕獲有可能發生。

1. A nucleus with mass number A and atomic number Z undergoes β^+ decay. The mass number and atomic number, respectively, of the daughter nucleus are：
    (A) A–1, Z–1 (B) A–1, Z+1 (C) A+1, Z–1 (D) A, Z+1 (E) A, Z–1

    (92 高醫)

答案：(E)。

解說：由 $_Z^A\text{X} \rightarrow \, _{Z-1}^{A}\text{Y} + \beta^+ + \nu_e$ 可知。

2. The radioactive isotope ^{247}Bk ($Z = 97$) decays by a series of α-particle and β-particle productions, taking ^{247}Bk through many transformations to end up as ^{207}Pb ($Z = 82$). In the complete decay series, how many α particles and β particles are produced, respectively?
    (A) 10, 8 (B) 10, 5 (C) 10, 2 (D) 8, 8 (E) 5, 8

    (107 高醫)

答案：(B)。

解說：α 衰變時，質量數減少 4，原子序減少 2。

　　　β 衰變時，質量數不變，原子序增加 1。

　　　假設有 x 個 α 衰變且 y 個 β 衰變，則有

　　　$247 - 4x = 207$，$97 - 2x + y = 82 \rightarrow x = 10$，$y = 5$。

3. It is desired to determine the concentration of arsenic in a lake sediment sample by means of neutron activation analysis. The nuclide $_{33}^{75}$As captures a neutron to form $_{33}^{76}$As, which in turn undergoes β decay. The daughter nuclide produces the characteristic γ rays used for the analysis. What is the daughter nuclide?
    (A) $_{34}^{76}$Se (B) $_{32}^{76}$Ge (C) $_{31}^{74}$Ga (D) $_{34}^{75}$Se (E) $_{34}^{74}$Se

    (108 高醫)

答案：(A)。

解說：β^- 衰變時，$_Z^A\text{X} \rightarrow \, _{Z+1}^{A}\text{Y} + \beta^- + \bar{\nu}_e$。

　　　所以 $_{33}^{76}\text{As} \rightarrow \, _{34}^{76}\text{Se} + \beta^- + \bar{\nu}_e$。

重點三 γ 衰變(gamma decay)

1. 當核子由激態躍遷回基態時會釋放一或多個光子(γ 射線)。

2. 典型能量在 10 keV 到 5 MeV。

※歷年試題集錦※

1. In radioactive decays, which of the following statements is **incorrect**?
   (A) The energy, momentum, electric charge, and number of nucleons must be conserved.
   (B) In gamma decay, electromagnetic photons are emitted when a nucleus undergoes a transition from a higher to lower energy.
   (C) In beta decay, an electron (e^-) or a positron (e^+) can be emitted by a nucleus.
   (D) In positron (e^+) decay, annihilation radiation is generated with different photon energies.
   (E) The alpha decay is usually observed in the heavy unstable nuclei.

   (107 高醫)

答案：(D)。

解說：(D)產生相同能量的光子。

重點四 活性(activity)或衰變率(decay rate)

1. 衰變率：$-\frac{dN(t)}{dt} = \lambda N(t)$，其中 $N(t)$ 為時刻 t 時的輻射核子數量，λ 為衰變常數(decay constant)，可以解釋為單位時間的衰變機率，而負號是因為衰變過程使輻射核子數量減少。

2. 輻射核子數量：$N(t) = N_0 e^{-\lambda t}$，其中 N_0 是 $t = 0$ 時的輻射核子數量。

3. 半生期(half-life)：輻射核子數量衰變至原有數量的一半時所需要的時間。

   ◎ $T_{1/2} = \frac{ln2}{\lambda} = \frac{0.693}{\lambda} \rightarrow N(t) = N_0 e^{-0.693t/T_{1/2}}$。

   ◎ (平均)生命期(lifetime)：$T_{mean} = \frac{1}{\lambda} = \frac{T_{1/2}}{ln2} = \frac{T_{1/2}}{0.693}$。

   ◎ 活性的 SI 單位，貝克(bacquerel)：1 Bq = 1 個衰變/秒。

   ◎ 活性的常用單位，居禮(curie，Ci)：1 Ci = 3.70×10^{10} Bq。

※歷年試題集錦※

1. The radioactive isotope ^{226}Ra decays to ^{222}Rn with a half-life of 1600 years. The radioactive isotope ^{238}U decays to ^{234}Th with a half-life of 4.5×10^9 years. What is the ratio of the decay rate of 1 g ^{226}Ra to that of 10 g ^{238}U?
(A) 3.0×10^6 (B) 3.0×10^{-7} (C) 3.0×10^5 (D) 3.0×10^{-6} (E) 3.0×10^{-7}

(107高醫)

答案：(C)。

解說：利用 $-\frac{dN(t)}{dt} = \lambda N(t)$。

1 g ^{226}Ra 的衰變率：$\left(-\frac{dN(t)}{dt}\right)_{^{226}Ra} = \frac{0.693}{1600} \times \frac{1}{226} \times N_A$，其中 N_A 是亞佛加厥數。

10 g ^{238}U 的衰變率：$\left(-\frac{dN(t)}{dt}\right)_{^{238}U} = \frac{0.693}{4.5 \times 10^9} \times \frac{10}{238} \times N_A$。

所以衰變率比值為 $\frac{\left(-\frac{dN(t)}{dt}\right)_{^{226}Ra}}{\left(-\frac{dN(t)}{dt}\right)_{^{238}U}} = \frac{4.5 \times 10^9 \times 238}{1600 \times 226 \times 10} = 2.96 \times 10^5$。

2. A sample of radioactive nuclei of a certain element can decay only by γ-emission and β-emission. If the half-life for γ-emission is 24 minutes and that for β-emission is 36 minutes, the half-life for the sample is
(A) 30 minutes. (B) 24 minutes. (C) 20.8 minutes.
(D) 14.4 minutes. (E) 6 minutes.

(107 高醫)

答案：(D)。

解說：利用 $-\dfrac{dN(t)}{dt} = \lambda N(t)$ 以及 $T_{1/2} = \dfrac{0.693}{\lambda}$。

γ-emission 的衰變率：$\left(-\dfrac{dN(t)}{dt}\right)_\gamma = \lambda_\gamma N(t)$，

β-emission 的衰變率：$\left(-\dfrac{dN(t)}{dt}\right)_\beta = \lambda_\beta N(t)$，

所以總衰變率為

$\left(-\dfrac{dN(t)}{dt}\right)_{total} = \left(-\dfrac{dN(t)}{dt}\right)_\gamma + \left(-\dfrac{dN(t)}{dt}\right)_\beta = \left(\lambda_\gamma + \lambda_\beta\right)N(t) = \lambda_{total}N(t)$。

$T_{1/2,total} = \dfrac{0.693}{\lambda_{total}} = \dfrac{0.693}{\lambda_\gamma + \lambda_\beta} = \dfrac{0.693}{\frac{0.693}{T_{1/2,\gamma}} + \frac{0.693}{T_{1/2,\beta}}} = \dfrac{T_{1/2,\gamma}T_{1/2,\beta}}{T_{1/2,\gamma} + T_{1/2,\beta}}$，

$T_{1/2,t} = \dfrac{24 \times 36}{24 + 36} = 14.4$ (min)。

3. The decay of strontium-90 follows a first-order process and the rate constant is 0.02406 year^{-1}. How much of 2 mg sample of strontium-90 remains after 144 years?
(A) 0.250 mg (B) 0.062 mg (C) 0.031 mg (D) 0.125 mg (E) 0.500 mg

(109 高醫)

答案：(C)。

解說：$N(t) = N_0 e^{-\lambda t}$。

$m = 2 \times e^{-0.02406 \times 144} = 0.063$ (mg)。

4. What is the number of the half-lives required for a radioactive element to decay to about 6% of its original activity? (please choose the nearest number)
(A) 2 (B) 3 (C) 4 (D) 5 (E) 6

(110 高醫)

答案：(C)。

解說：$N(t) = N_0 e^{-0.693t/T_{1/2}}$。

$\dfrac{N(t)}{N_0} = e^{-0.693t/T_{1/2}} \rightarrow \dfrac{t}{T_{1/2}} = -\dfrac{1}{0.693}\ln\dfrac{N(t)}{N_0} = -\dfrac{1}{0.693} \times \ln 0.06 = 4.06$。

練習題

---

1. Two objects sliding on a frictionless surface, as represented below, collide and stick together. How much kinetic energy is converted to heat during the collision?

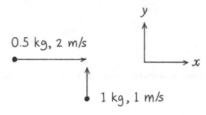

(A) $\frac{1}{9}J$ (B) $\frac{1}{6}J$ (C) $\frac{1}{2}J$ (D) $\frac{3}{4}J$ (E) $\frac{5}{6}J$

---

2. A pipe 0.60 m long and closed at one end is filled with an unknown gas. The third lowest harmonic frequency for the pipe is 750 Hz. What is the speed of sound in the unknown gas?

(A) 257 m/s   (B) 300 m/s   (C) 360 m/s   (D) 600 m/s   (E) 900 m/s

---

3. Two simple pendulums A and B consist of identical masses suspended from strings of length L_A and L_B, respectively. The two pendulums oscillate in equal gravitational fields. If the period of pendulum B is twice the period of pendulum A, which of the following is true of the lengths of the two pendulum?

(A) $L_B = \frac{1}{4}L_A$ (B) $L_B = \frac{1}{2}L_A$ (C) $L_B = L_A$

(D) $L_B = 2L_A$ € $L_B = 4L_A$

4. The angular separation of the two components of double star is 8 μrad, and the light from the double star has a wavelength of 5500 Å. The smallest diameter of a telescope mirror that will resolve the doublets star is most nearly
(A) 1 mm   (B) 1 cm   (C) 10 cm   (D) 1 m   € 100 m

5. The coefficient of static friction between a small coin and the surface of a turntable is 0.30. The turntable rotates at 33.3 revolutions per minute. What is the maximum distance from the center of the turntable at which the coin will not slide?
(A) 0.024 m   (B) 0.048 m   (C) 0.121 m   (D) 0.242 m   (E) 0.484 m

6. A 45.0-kg woman stands up in a 60.0-kg canoe 5.00 m long. She walks from a point 1.00 m from one end to a point 1.00 m from the other end. If you ignore resistance to motion of the canoe in the water, how far does the canoe move during this process?

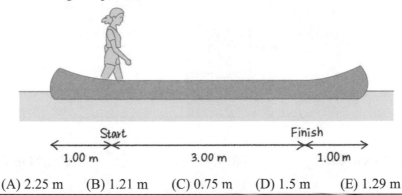

(A) 2.25 m   (B) 1.21 m   (C) 0.75 m   (D) 1.5 m   (E) 1.29 m

7. A wooden block of volume 5.24×10^{-4} m^3 floats in water, and a small steel object of mass m is placed on top of the block. When $m = 0.310$ kg, the system is in equilibrium and the top of the wooden block is at the level of the water. What is the density of the wood?
   (A) 408 kg/m^3 (B) 592 kg/m^3 (C) 191 kg/m^3
   (D) 1690 kg/m^3 (E) 1592 kg/m^3

8. A 5.00-kg block is placed on top of a 10.0-kg block. A horizontal force of 45.0 N is applied to the 10-kg block, and the 5.00-kg block is tied to the wall. The coefficient of kinetic friction between all moving surfaces is 0.200. What is the magnitude of acceleration of the 10.0 kg block?

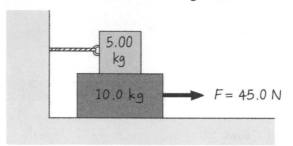

(A) 0.98 m/s^2 (B) 1.96 m/s^2 (C) 2.94 m/s^2

(D) 0.58 m/s^2 (E) 0.29 m/s^2

9. Water moves through a constricted pipe in steady, ideal flow. At the lower point, the pressure is $P_1 = 1.75 \times 10^4$ Pa and the pipe diameter is 6.00 cm. At another point $y = 0.250$ m higher, the pressure is $P_2 = 1.20 \times 10^4$ Pa and the pipe diameter is 3.00 cm. What is the speed of flow in the upper section?

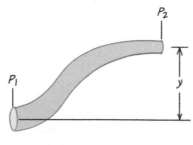

(A) 0.319 m/s   (B) 0.638 m/s   (C) 1.276 m/s

(D) 1.914 m/s   (E) 2.55 m/s

10. When water freezes, it expands about nine percent. What would be the pressure increase inside your automobile engine block if the water in there froze? (The bulk modulus of ice is 2.0×10^9 Pa, and 1 atm = 1.0×10^5 Pa.)

    (A) 18 atm   (B) 180 atm   (C) 270 atm   (D) 1080 atm   (E) 1800 atm

11. An engine absorbs heat at a temperature of 727°C and exhaust heat at a temperature of 527°C. If the engine operates at maximum possible efficiency, for 2000 J of heat input the amount of work the engine performs is most nearly

    (A) 400 J   (B) 1450 J   (C) 1600 J   (D) 2000 J   (E) 2760 J

12. A sample of nitrogen gas undergoes the cyclic thermodynamic process shown above. Which of the following gives the net heat transferred to the system in one complete cycle 1→2→3→1?

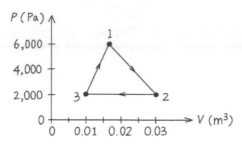

(A) -80 J   (B) -40 J   (C) 40 J   (D) 80 J   (E) 180 J

13. Container A in the figure below holds an ideal gas at a pressure of 5.0×10^5 Pa and a temperature of 300 K. It is connected by a thin tube (and a closed valve) to container B, with four times the volume of A. Container B holds the same ideal gas at a pressure of 1.0×10^5 Pa and a temperature of 400 K. The valve is opened to allow the pressures to equalize, but the temperature of each container is maintained. What then is the pressure?

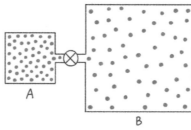

(A) 1.0×10^5 Pa   (B) 2.0×10^5 Pa

(C) 2.8×10^5 Pa   (D) 3.5×10^5 Pa

(E) 4.0×10^5 Pa

14. A conducting rod of length l, moves with velocity $\vec{u}$ parallel to a long wire carrying a steady current I. The axis of the rod is maintained perpendicular to the wire with the near end a distance r away. What is the magnitude of the emf induced in the rod?

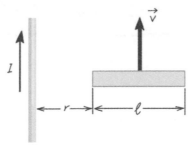

(A) $\frac{\mu_0 I v}{2\pi l}$

(B) $\frac{\mu_0 I v}{2\pi} \ln\left(1 + \frac{l}{r}\right)$

(C) $\frac{\mu_0 I v}{2\pi}\left(1 - \frac{r}{l}\right)$

(D) $\frac{\mu_0 I v}{2\pi} \ln\left(1 + \frac{r}{l}\right)$

(E) $\frac{\mu_0 I v}{2\pi}\left(1 - \frac{l}{r}\right)$

15. An ac generator with emf amplitude $\varepsilon_m = 220$ V and operating at frequency 2.5×10^3 rad/s causes oscillations in a series RLC circuit having $R_m = 220$ Ω, $L = 150$ mH, and $C = 24.0$ µF. Which statement is incorrect?
   (A) The capacitive reactance is $X_c = 16.7$ Ω.
   (B) The inductive reactance is $X_L = 375$ Ω.
   (C) The impedance is $Z = 420$ Ω.
   (D) The current amplitude is $I = 0.52$ A.
   (E) The average power into this circuit is 220 W.

16. Figure shows, in cross section, three infinitely large nonconducting sheets on which charge is uniformly spread. The surface charge densities are $\sigma_1 = +2.00$ $\mu C/m^2$, $\sigma_2 = +4.00$ $\mu C/m^2$, and $\sigma_3 = -5.00$ $\mu C/m^2$, and distance $L = 1.50$ cm. What is the net electric field at point P?

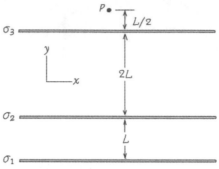

(A) 5.14×10^3 N/C   (B) 5.65×10^3 N/C   (C) 5.14×10^4 N/C

(D) 5.65×10^4 N/C   (E) 7.91×10^4 N/C

17. A capacitor with an initial potential difference of 100 V is discharged through a resistor when a switch between them is closed at $t = 0$. At $t = 10.0$ s, the potential difference across the capacitor is 1.00 V. What is the time constant of the circuit? (ln 10 = 2.3)

(A) 4.34 s   (B) 3.26 s   (C) 2.17 s   (D) 10.0 s   (E) 23.0 s

18. An AC circuit consists of the elements shown above, with $R = 10,000$ ohms, L = 25 millihenries, and C an adjustable capacitance. The AC voltage generator supplies a signal with an amplitude of 40 volts and angular frequency of 1,000 radians per second. For what value of C is the amplitude of the current maximized?

    (A) 4 nF   (B) 40 nF   (C) 4 μF   (D) 40 μF   (E) 400 μF

19. A diffraction grating has 8900 slits across 1.20 cm. If light with a wavelength of 500 nm is sent through it, how many orders (maxima) lie to one side of the central maximum?

    (A) 0   (B) 1   (C) 2   (D) 3   (E) 4

20. An electron in an atom initially has an energy 7.5 eV above the ground state energy. It drops to a state with an energy of 3.2 eV above the ground state energy and emits a photon in the process. The momentum of the photon is:

    (A) 1.7×10^{-27} kg·m/s   (B) 2.3×10^{-27} kg·m/s

    (C) 4.0×10^{-27} kg·m/s   (D) 5.7×10^{-27} kg·m/s

    (E) 8.0×10^{-27} kg·m/s

21. Protons used in cancer therapy are typically accelerated to about $0.6c$. How much work must be done on a particle of mass m in order for it to reach this speed, assuming it starts at rest?

(A) $0.25mc^2$ (B) $0.60mc^2$ (C) $0.67mc^2$ (D) $1.25mc^2$ (E) $1.60mc^2$

22. A pure sample of ^{226}Ra contains 2.0×10^{14} atoms of the isotope. If the half-life of ^{226}Ra $= 1.6\times10^3$ years, what is the decay rate of this sample? (1 Ci $= 3.7\times10^{10}$ decays/s)

(A) 2.7×10^{-12} Ci   (B) 3.4×10^{-10} Ci   (C) 3.7×10^{-9} Ci

(D) 7.4×10^{-8} Ci   (E) 9.6×10^{-6} Ci

23. Wheels A and B in the figure are connected by a belt that does not slip. The radius of B is 3.00 times the radius of A. What would be the ratio of the rotational inertias IA/IB if the two wheels had the same rotational kinetic energy?

(A) 0.555   (B) 0.444   (C) 0.333   (D) 0.222   (E) 0.111

24. When an object is located 25 cm from the lens 1, an inverted image is produced 100 cm from the lens, as shown in Figure 1 below. A second lens with a focal length of +20 cm is placed 110 cm from the first lens, as shown in Figure 2 below. Which of the following is true of the image produced by lens 2?

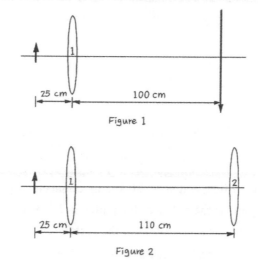

25 cm   100 cm

Figure 1

25 cm   110 cm

Figure 2

(A) It is real and inverted relative to the object.
(B) It is real and upright relative to the object.
(C) It is virtual and inverted relative to the object.
(D) It is virtual and upright relative to the object.
(E) An image cannot be produced in this situation.

25. A pair of thin slits is separated by a distance $d = 1.40$ mm and is illuminated with light of wavelength 460.0 nm. What is the separation between adjacent interference maxima on a screen a distance $L = 2.90$ m away?

(A) 0.00332 mm   (B) 0.556 mm   (C) 0.953 mm

(D) 1.45 mm   (E) 3.23 mm

26. Two blocks, $m_1 = 1.0$ kg and $m_2 = 2.0$ kg, are connected by a light string as shown in the figure. If the radius of the pulley is 1.0 m and its moment of inertia is 5.0 kg·m^2, the acceleration of the system is

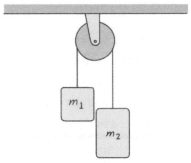

(A) $(1/6)g$ (B) $(3/8)g$ (C) $(1/8)g$ (D) $(1/2)g$ (E) $(5/8)g$

27. A 1.34 kg ball is connected by means of two massless strings, each of length $L = 1.70$ m, to a vertical, rotating rod. The strings are tied to the rod with separation $d = 1.70$ m and are taut. The tension in the upper string is 35 N. What are the tension in the lower string?

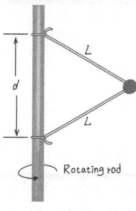

   (A) 35 N   (B) 8.74 N   (C) 13.11 N
   (D) 17.48 N   (E) 26.26 N

28. The water level in a reservoir is maintained at a constant level. What is the exit velocity in an outlet pipe 3.0 m below the water surface?
    (A) 2.4 m/s   (B) 3.0 m/s   (C) 5.4 m/s   (D) 7.7 m/s   (E) 49 m/s

29. In a certain cyclotron a proton moves in a circle of radius 0.500 m. The magnitude of the magnetic field is 1.20 T. What is the oscillator frequency?

(A) 1.15×10^8 Hz   (B) 7.32×10^7 Hz   (C) 3.66×10^7 Hz
(D) 1.83×10^7 Hz   (E) 2.91×10^6 Hz

30. In the figure, $R_1 = 8.0\ \Omega$, $R_2 = 10\ \Omega$, $L_1 = 030$ H, $L_2 = 0.20$ H, and the ideal battery has $\varepsilon = 6.0$ V. After the switch is closed and when the circuit is in the steady state, what is the current in inductor 1?

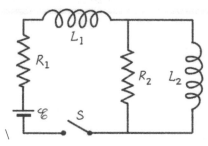

(A) 0.33 A   (B) 0.75 A   (C) 1.35 A   (D) 2.0 A   (E) 2.33 A

31. In figure below, a long straight wire carries a current $i_1 = 30.0$ A and a rectangular loop carries current $i_2 = 20.0$ A. Take the dimensions to be $a = 1.00$ cm, $b = 8.00$ cm, and $L = 30.0$ cm. What is the net force on the loop due to i_1?

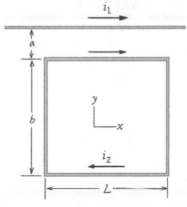

(A) 4.00×10^{-3} N   (B) 4.00×10^{-1} N   (C) 3.20×10^{-3} N

(D) 3.20×10^{-1} N   (E) 4.80×10^{-3} N

32. What is the entropy change of 40 g of water that freezes at $0°C$?($\Delta_f = 80$ cal/g)

(A) -39 J/K   (B) -49 J/K   (C) -59 J/K

(D) -69 J/K   (E) -79 J/K

33. A circuit contains a source of time-varying emf, which is given by $V_{emf} = 120.0 \sin[(377 \text{ rad/s})t] V$, and a capacitor with capacitance $C = 5.00 \ \mu F$. What is the current in the circuit at $t = 1.00$ s?

   (A) 0.226 A   (B) 0.451 A   (C) 0.555 A
   (D) 0.750 A   (E) 1.25 A

34. The figure below shows a wood cylinder of mass $m = 0.250$ kg and length $L = 0.100$ m, with $N = 10$ turns of wire wrapped around it longitudinally, so that the plane of the wire coil contains the long central axis of the cylinder. The cylinder is released on a plane inclined at an angle $\theta = 30°$ to the horizontal, with the plane of the coil parallel to the incline plane. If there is a vertical uniform magnetic field of magnitude 0.500 T, what is the least current i through the coil that keeps the cylinder from rolling down the plane?

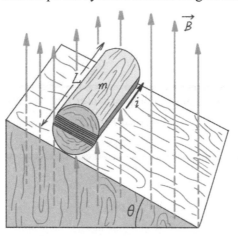

   (A) 9.8 A   (B) 4.9 A   (C) 2.45 A   (D) 2.12 A   (E) 1.23 A

30-16

35. A small object is placed in front of a converging mirror with radius $R = 7.50$ cm so that the image distance equals the object distance. How far is this object from the mirror?

(A) 2.50 cm   (B) 5.00 cm   (C) 7.50 cm   (D) 10.0 cm   (E) 15.0 cm

36. The threshold wavelength for photoelectric emission of a particular substance is 500 nm. What is the work function (in eV)?

(A) 4.2   (B) 4.0×10^{-19} (C) 4.0×10^{-10} (D) 2.5×10^{-19} (E) 2.5

37. The efficiency of a Carnot engine operating between 100°C and 0°C is most nearly:

(A) 7%.   (B) 15%.   (C) 27%.   (D) 39%.   (E) 51%.

38. For the circuit shown in the figure below, what is the current i through the 2 Ω resistor?

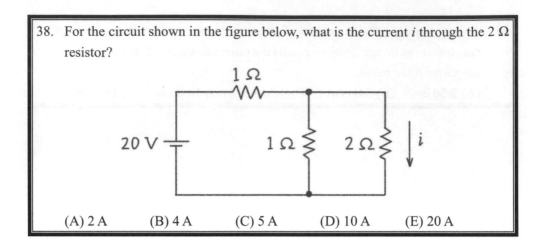

    (A) 2 A   (B) 4 A   (C) 5 A   (D) 10 A   (E) 20 A

39. When light of 5000 Å is shined on a thin film of oil ($n = 1.5$) that sits on top of a medium with $n = 2.0$, the intensity of reflected light is minimized. What is the thickness of the oil?

    (A) 4×10^{-8} m   (B) 8.33×10^{-8} m   (C) 1.67×10^{-7} m

    (D) 1.25×10^{-7} m   (E) 5.0×10^{-7} m

40. What is the time constant of the circuit shown in the diagram?

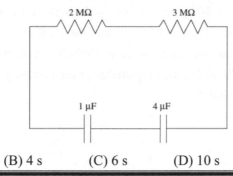

2 MΩ   3 MΩ

1 μF   4 μF

(A) 2 s   (B) 4 s   (C) 6 s   (D) 10 s   (E) 25 s

41. A uniform disk with a mass of m and a radius of r rolls without slipping along a horizontal surface and ramp, as shown above. The disk has an initial velocity of v. What is the maximum height h to which the center of mass of the disk rises?

(A) $h = \dfrac{v^2}{2g}$

(B) $h = \dfrac{3v^2}{4g}$

(C) $h = \dfrac{v^2}{g}$

(D) $h = \dfrac{3v^2}{2g}$

(E) $h = \dfrac{2v^2}{g}$

42. In the figure below, a slab of mass $m_1 = 40$ kg rests on a frictionless floor, and a block of mass $m_2 = 10$ kg rests on top of the slab. Between block and slab, the coefficient of static friction is 0.60, and the coefficient of kinetic friction is 0.40. A horizontal force of magnitude 100 N begins to pull directly on the block, as shown. What are the magnitudes of the resulting accelerations of the block (a_b) and the slab (a_s)?

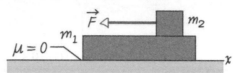

(A) $a_2 = 6.1$ m/s^2, $a_1 = 0.98$ m/s^2

(B) $a_2 = 1.5$ m/s^2, $a_1 = 3.92$ m/s^2

(C) $a_2 = 1.0$ m/s^2, $a_1 = 5.88$ m/s^2

(D) $a_2 = 2.0$ m/s^2, $a_1 = 2.0$ m/s^2

(E) $a_2 = 4.1$ m/s^2, $a_1 = 1.47$ m/s^2

43. A mass m moves at speed v perpendicular to a rod of uniform density, mass M, and length L on a frictionless table. Suppose $m \ll M$. If the mass collides with the end of the rod and sticks to it, at what angular speed does the rod begin to rotate? (You may treat the mass m as a point particle.)

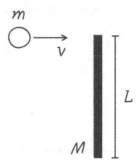

(A) $\dfrac{3mv}{2ML}$ (B) $\dfrac{3mv}{ML}$ (C) $\dfrac{6mv}{ML}$ (D) $\dfrac{12mv}{ML}$ (E) $\dfrac{mv}{2ML}$

44. A clarinet can be treated as a half-open pipe, where sounds are produced by standing pressure waves. For a clarinet of length 0.6 m, which of the following is a possible wavelength of a standing wave?
    (A) 0.3 m   (B) 0.6 m   (C) 0.8 m   (D) 1.2 m   (E) 1.5 m

45. In the figure, block 1 (mass 2.0 kg) is moving rightward at 10 m/s and block 2 (mass 5.0 kg) is moving rightward at 3.0 m/s. The surface is frictionless, and a spring with a spring constant of 1120 N/m is fixed to block 2. When the blocks collide, the compression of the spring is maximum at the instant the blocks have the same velocity. What is the maximum compression?

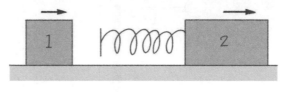

(A) 0.47 m   (B) 0.36 m   (C) 0.25 m   (D) 0.14 m   (E) 0.07 m

46. In the afternoon, the decibel level of a busy freeway is 80 dB with 100 cars passing a given point every minute. Late at night, the traffic flow is only 5 cars per minute. What is the late-night decibel level?

(A) 77 dB   (B) 74 dB   (C) 70 dB   (D) 68 dB   (E) 64 dB

47. A cylinder containing an ideal gas has a volume of 2.0 m³ and a pressure of 1.0×10^5 Pa at a temperature of 300 K. The cylinder is placed against a metal block that is maintained at 900 K and the gas expands as the pressure remains constant until the temperature of the gas reaches 900 K. The change in internal energy of the gas is 6.0×10^5 J. Find the change in entropy of the block associated with the heat transfer to the gas.

(A) 0   (B) +670 J/K   (C) -440 J/K   (D) -670 J/K   (E) -1100 J/K

48. A string oscillates according to the equation

$$y' = (0.50\text{cm}) \sin\left[\left(\tfrac{\pi}{3}\text{cm}^{-1}\right)x\right] \cos[(40\pi\text{s}^{-1})t].$$

Which statement about the two waves whose superposition gives this oscillation below is correct?

(A) The amplitude of each of the traveling waves is 0.50 cm.

(B) The amplitude of each of the traveling waves is 0.25 cm.

(C) The distance between nodes is 12 cm.

(D) The distance between nodes is 120 cm.

(E) The speed of each of the traveling waves is 120 m/s.

49. Tritium is radioactive with a half-life of 12.33 years decaying into ^{3}He with low-energy electron emission. If we have a sample of 3.00×10^{18} tritium atoms, what is its activity in decays/second? (1 year = 3.15×10^7 s)

(A) 4.20×10^{10} /second

(B) 5.35×10^9 /second

(C) 3.69×10^8 /second

(D) 6.64×10^7 /second

(E) 5.35×10^7 /second

50. The He$^+$ ion experiences an atomic transition from the $n = 2$ state to the $n = 1$ state. What is the energy of the emitted photon?

(A) 10.2 eV

(B) 13.6 eV

(C) 27.2 eV

(D) 31.4 eV

(E) 40.8 eV

答案

1	2	3	4	5	6	7	8	9	10
E	C	E	C	D	E	A	D	E	E
11	12	13	14	15	16	17	18	19	20
A	C	B	B	E	D	C	D	C	B
21	22	23	24	25	26	27	28	29	30
A	D	E	C	C	C	B	D	D	B
31	32	33	34	35	36	37	38	39	40
C	B	A	C	C	E	C	B	B	B
41	42	43	44	45	46	47	48	49	50
B	A	C	C	C	D	B	B	B	E

解答提示

1.

碰撞後：x 方向的速度 $V_x = \frac{0.5 \times 2}{0.5+1} = \frac{2}{3}$，$y$ 方向的速度 $V_x = \frac{1 \times 1}{0.5+1} = \frac{2}{3}$。

碰撞後的動能損失為

$\Delta K = \left(\frac{1}{2} \times 0.5 \times 2^2 + \frac{1}{2} \times 1 \times 1^2 \right) - \frac{1}{2} \times (0.5+1) \times \left[\left(\frac{2}{3} \right)^2 + \left(\frac{2}{3} \right)^2 \right]$

$= \frac{3}{2} - \frac{2}{3} = \frac{5}{6}(\text{J})$。

2.

$\lambda = \frac{4 \times 0.6}{5} = 0.48(\text{m})$，$v = \lambda f = 0.48 \times 750 = 360(\text{m/s})$。

3.

$\frac{T_A{}^2}{T_B{}^2} = \frac{L_A}{L_B} \rightarrow \frac{1^2}{2^2} = \frac{L_A}{L_B} \rightarrow L_B = 4L_A$。

4.

$$D = \frac{1.22\lambda}{\Delta\theta} = \frac{1.22 \times 5500 \times 10^{-10}}{8 \times 10^{-6}} = 0.084(\text{m}) = 8.4(\text{cm})，所以約 10 \text{ cm}。$$

5.

$$\mu_s mg = mr\omega^2 \rightarrow 0.3 \times 9.8 = r \times \left(\frac{33.3 \times 2\pi}{60}\right)^2 \rightarrow r = 0.242(\text{m})。$$

6.

因為無外力作用，系統總動量守恆，所以質心位置不變。

假設以獨木舟開始的質心為原點，則人一開始的座標為-1.50 m。

當人走至終點時，獨木舟向左移動(x) m 的距離，此時獨木舟座標為$(-x)$ m，而人的座標為$(1.5 - x)$ m，因此質心座標為

$$\frac{45 \times (-1.5) + 60 \times 0}{45 + 60} = \frac{45 \times (1.5 - x) + 60 \times (-x)}{45 + 60} \rightarrow x = 1.29，所以獨木舟向左移動 1.29 \text{ m}。$$

7.

浮體浮力等於浮體重量，$5.24 \times 10^{-4} \times 1000 = 5.24 \times 10^{-4}\rho + 0.31$

$\rightarrow \rho = 408(\text{kg/m}^3)。$

8.

令 $m_A = 10$ kg，$m_B = 5$ kg，則 $F - \mu_k m_B g - \mu(m_A + m_B)g = m_A a$。

$$a = \frac{F - \mu_k(m_A + 2m_B)g}{m_A} = \frac{45 - 0.2 \times (10 + 2 \times 5) \times 9.8}{10} = 0.58(\text{m/s}^2)。$$

9.

連續方程式：$\frac{v_1}{v_2} = \left(\frac{r_2}{r_1}\right)^2 \rightarrow v_1 = \frac{v_2}{4}$。

柏努利方程式

$$1.75 \times 10^4 + 1000 \times 9.8 \times y_1 + \frac{1}{2} \times 1000 \times \frac{v_2^2}{16}$$

$$= 1.2 \times 10^4 + 1000 \times 9.8 \times (y_1 + 0.25) + \frac{1}{2} \times 1000 \times v_2^2$$

$$\rightarrow v_2 = 2.55(\text{m/s})。$$

10.

$$\Delta p = -B\frac{\Delta V}{V} = -2 \times 10^9 \times (-0.09) = 1.8 \times 10^8 (\text{Pa}) = 1.8 \times 10^3 (\text{atm})。$$

11.

$$e = \frac{W}{Q_H} = 1 - \frac{T_C}{T_H} \rightarrow \frac{W}{2000} = 1 - \frac{800}{1000} \rightarrow W = 400(\text{J})。$$

12.

計算圖形面積：40 J。(注意：箭頭往右作正功。)

13.

假設最後壓力為 P，$V_B = 4V_A$，氣體總莫耳數總和不變 $\rightarrow \frac{p_A}{T_A} + \frac{4p_B}{T_B} = \frac{p}{T_A} + \frac{4p}{T_B}$。

$$\frac{5\times10^5}{300} + \frac{4\times1\times10^5}{400} = \frac{p}{300} + \frac{4p}{400} \rightarrow p = 2 \times 10^5 \ (\text{Pa})。$$

14.

$$\varepsilon = \oint_r^{r+l} \frac{\mu_0 I v}{2\pi} \frac{dr}{r} = \frac{\mu_0 I v}{2\pi} \ln\frac{r+l}{r} = \frac{\mu_0 I v}{2\pi} \ln\left(1 + \frac{l}{r}\right)。$$

15.

$$X_L = \omega L = 2.5 \times 10^3 \times 150 \times 10^{-3} = 375(\Omega)。$$

$$X_C = \frac{1}{\omega C} = \frac{1}{2.5\times10^3\times24\times10^{-6}} = 16.7(\Omega)。$$

$$Z = \sqrt{R^2 + (X_L - X_C)^2} = \sqrt{220^2 + (375 - 16.7)^2} = 420(\Omega)。$$

$$I = \frac{220}{420} = 0.52(\text{A})。$$

$$\tan\phi = \frac{X_L - X_C}{R} = \frac{375 - 16.7}{220} = 1.63 \rightarrow \cos\phi = 0.52。$$

$$P_{ave} = \frac{1}{2}VI\cos\phi = 29.7(\text{W})。$$

16.

$$E_P = \frac{\sigma_1 + \sigma_2 + \sigma_3}{2\epsilon_0} = \frac{(2+4-5)\times10^{-6}}{2\times8.85\times10^{-12}} = 5.65 \times 10^4 (\text{N/C})。$$

17.

放電時，$I = I_0 e^{-\frac{t}{\tau}} \to V = V_0 e^{-\frac{t}{\tau}} \to \frac{V}{V_0} = e^{-\frac{10}{\tau}} = \frac{1}{100}$

$\to \tau = \frac{10}{2\ln 10} = \frac{10}{2 \times 2.3} = 2.17(\text{s})$。

18.

$\omega = \frac{1}{\sqrt{LC}} \to C = \frac{1}{\omega^2 L} = \frac{1}{1000^2 \times 25 \times 10^{-3}} = 4 \times 10^{-5}\,\text{F} = 40\,\mu\text{F}$。

19.

$d\sin\theta = m\lambda \to \sin\theta = \frac{m\lambda}{d} = \frac{m \times 500 \times 10^{-9}}{\frac{1.2 \times 10^{-2}}{8900}} = 0.37m \le 1$。

$m_{\max} = 2$。

20.

$\Delta E = \frac{hc}{\lambda} = pc \to p = \frac{\Delta E}{c} = \frac{(7.5 - 3.2) \times 1.6 \times 10^{-19}}{3 \times 10^8} = 2.3 \times 10^{-27}(\text{kg·m/s})$。

21.

$W = K = (\gamma - 1)mc^2 = \left(\frac{1}{\sqrt{1 - \frac{u^2}{c^2}}} - 1\right)mc^2 = \left(\frac{1}{\sqrt{1 - 0.6^2}} - 1\right)mc^2 = 0.25mc^2$。

22.

$\frac{dN(t)}{dt} = -\lambda N(t) = -\frac{0.693}{T_{1/2}}N(t) = -\frac{0.693}{1.6 \times 10^3 \times 365 \times 86400} \times \frac{2 \times 10^{14}}{3.7 \times 10^{10}} = 7.4 \times 10^{-8}(\text{Ci})$。

23.

兩輪被皮帶連接且沒有滑動，所以速度大小一樣，故$\frac{\omega_A}{\omega_B} = \frac{r_B}{r_A}$。

又轉動動能相等，所以$\frac{I_A}{I_B} = \left(\frac{\omega_B}{\omega_A}\right)^2 = \left(\frac{r_A}{r_B}\right)^2 = \left(\frac{1}{3}\right)^2 = \frac{1}{9} = 0.111$。

24.

鏡片二成像：$\frac{1}{10} + \frac{1}{s\prime} = \frac{1}{20} \to s\prime = -20$，負號代表在鏡前，為虛像。

$m = -\frac{-20}{10} = +2$，正立放大影像。

因為鏡片一形成倒立影像，所以最後影像相對於物體而言還是倒立影像。

25.

$$\Delta y = \frac{\lambda R}{d} = \frac{460 \times 10^{-9} \times 2.9}{1.4 \times 10^{-3}} = -9.53 \times 10^{-4} (\text{m}) = 0.953 \text{ (mm)} \circ$$

26.

$$a = \frac{(m_2 - m_1)g}{m_1 + m_2 + \frac{I}{r^2}} = \frac{(2-1)g}{1 + 2 + \frac{5}{1^2}} = \frac{1}{8}g \circ$$

27.

鉛直方向：$35 \cos 60^o = 1.34 \times 9.8 + T_L \cos 60^o$

$$\rightarrow T_L = 35 - \frac{1.34 \times 9.8}{\cos 60^o} = 8.74 (\text{N}) \circ$$

28.

$$v = \sqrt{2gh} = \sqrt{2 \times 9.8 \times 3} = 7.7 (\text{m/s}) \circ$$

29.

$$f = \frac{\omega}{2\pi} = \frac{|q|B}{2\pi m} = \frac{1.6 \times 10^{-19} \times 1.2}{2\pi \times 1.67 \times 10^{-27}} = 1.83 \times 10^7 (\text{Hz}) \circ$$

30.

達穩態時，$I = \frac{\varepsilon}{R} = \frac{6}{8} = 0.75 (\text{A}) \circ$

31.

左右線段受力相等但方向相反，所以互相抵銷。

上下線段受力：$F = F_u - F_l = i_2 L \left(\frac{\mu_0 i_1}{2\pi a} - \frac{\mu_0 i_1}{2\pi(a+b)} \right) = \frac{\mu_0 i_1 i_2 L b}{2\pi a(a+b)} \circ$

$$F = 2 \times 10^{-7} \times \frac{30 \times 20 \times 0.3 \times 0.08}{0.01 \times (0.01 + 0.08)} = 3.2 \times 10^{-3} (\text{N}) \circ$$

32.

$$S = \frac{Q}{T} = \frac{-40 \times 80 \times 4.2}{273} = -49 (\text{J/K}) \circ$$

33.

$\omega = 377 \text{rad/s} \circ$

$$I = \frac{dq}{dt} = C \frac{dV}{dt} = 377 \times 5 \times 10^{-6} \times 120 \times \cos(377 \times 1) = 0.226 (\text{A}) \circ$$

34.

$$iN2rLB \sin \theta = \frac{1}{2}mr^2\alpha = \frac{1}{2}rma = \frac{1}{2}rmg \sin \theta$$

$$\rightarrow i = \frac{mg}{2NLB} = \frac{0.25 \times 9.8}{2 \times 10 \times 0.1 \times 0.5} = 2.45\text{(A)} \text{ 。}$$

35.

$$\frac{1}{s} + \frac{1}{s} = \frac{2}{7.5} \rightarrow s = 7.5 \text{ (cm)} \text{ 。}$$

36.

$$\phi = hf - eV = \frac{hc}{\lambda} = \frac{1.24 \times 10^{-6}}{500 \times 10^{-9}} = 2.5\text{(eV)}$$

37.

$$e = 1 - \frac{T_C}{T_H} = 1 - \frac{273}{373} = 0.27 \text{ 。}$$

38.

$2\,\Omega$ 電流假設為 i，並聯之 $1\,\Omega$ 的電流為 $2i$，所以串聯之 $1\,\Omega$ 的電流為 $3i$。

$$20 = 3i + 2i = 5i \rightarrow i = 4 \text{ (A)} \text{ 。}$$

39.

無半波損的破壞性干涉：$2t = \left(m + \frac{1}{2}\right)\lambda$ 。

$$t = \frac{(2m+1)\lambda}{4} = 8.33 \times 10^{-8} \times (2m + 1) \rightarrow t = 8.33 \times 10^{-8}, 2.5 \times 10^{-7}, 4.17 \times 10^{-7}, \ldots \text{ 。}$$

40.

$$\tau = RC = (R_1 + R_2)\frac{C_1C_2}{C_1+C_2} = (2 + 3) \times 10^6 \times \frac{1 \times 4}{1 + 4} \times 10^{-6} = 4\text{(s)} \text{ 。}$$

41.

能量守恆：$\frac{1}{2}mv^2 + \frac{1}{2}\left(\frac{1}{2}mr^2\right)\omega^2 = mgh \rightarrow h = \frac{3v^2}{4g}$ 。

42.

摩擦力：$f_k = 0.4 \times 10 \times 9.8 = 39.2\text{(N)}$ 。

$$a_1 = \frac{f_k}{m_1} = \frac{39.2}{40} = 0.98\text{(m/s}^2\text{)} \text{ ; } a_2 = \frac{100-39.2}{10} = 6.08\text{(m/s}^2\text{)} \text{ 。}$$

43.

$$\frac{L}{2}mv = \left[\frac{1}{12}ML^2 + m\left(\frac{L}{2}\right)^2\right]\omega \ \rightarrow \ \omega = \frac{6mv}{ML\left(1+\frac{3m}{M}\right)} \circ$$

當 $m << M$，$\omega \rightarrow \frac{6mv}{ML}$。

44.

$$\lambda = \frac{4L}{n} = \frac{2.4}{n}, \ n = 1, 3, 5, \dots \ \rightarrow \ \lambda = 2.4, 0.8, 0.48, \dots \text{ (m)} \circ$$

45.

$$V = \frac{2\times10+5\times3}{2+5} = 5, \ \frac{1}{2}\times2\times10^2 + \frac{1}{2}\times5\times3^2 = \frac{1}{2}\times7\times5^2 + \frac{1}{2}\times1120\times x^2$$

$$\rightarrow \ x = 0.25 \text{ (m)} \circ$$

46.

$$\beta_2 - \beta_1 = (10\text{dB}) \log\frac{I_2}{I_1} \rightarrow \beta_2 - 80 = 10 \times \log\frac{5}{100} = -10\log 20 = -13.1 \circ$$

$$\beta_2 = 67(\text{dB}) \circ$$

47.

等壓程序：$W = p_\Delta V = nR\Delta T = \frac{P_1V_1}{RT_1}R\Delta T = \frac{10^5\times2\times(900-300)}{300} = 4\times10^5(J)$

氣體吸熱：$Q = \Delta U + W = 6\times10^5 + 4\times10^5 = 10^6(J) \circ$

block 放熱：$Q = -10^6(J) \circ \Delta S = \frac{Q}{T} = \frac{-10^6}{900} = -1111\binom{J}{K} \circ$

48.

由 $y' = 2A\cos(2\omega t)\cos(2kx)$ 知，$A = 0.25$ cm，$k = \frac{\pi}{6}$ cm^{-1}，$\omega = 20\pi$ rad/s，

$$\lambda = \frac{2\pi}{k} = 12\text{cm} \circ v = \frac{\omega}{k} = \frac{20\pi}{\frac{\pi}{6}} = 120(\text{m/s}) \circ$$

49.

$$\frac{dN(t)}{dt} = -\frac{0.693}{T_{1/2}}N(t) = -\frac{0.693}{12.33\times3.15\times10^7}\times3\times10^{18} = 5.35\times10^9 \text{ /s} \circ$$

50.

$$E_n = -\frac{z^2}{n^2}\times13.6(\text{eV}) \rightarrow \Delta E = -13.6\times2^2\times\left(\frac{1}{2^2} - \frac{1}{1^2}\right) = 40.8(\text{eV}) \circ$$

高元 學士後中醫·後西醫

最強師資團隊 最優質課程輔導／上榜的保證

系別 簡介	學士後西醫		學士後獸醫
學校	高雄醫學大學	清華大學	亞洲大學
名 額	60人	50人(預計)	正取45名
考試科目	(A)組 55人 英文100分 生物+生化150分 化學+物理150分 (B)組 5人 英文100分 生物+生化150分 計概+程設150分	以招生簡章為主	英文 化學(含普化.有機) 生物學(動物學.植物學) 生化
成績計算	筆試60% 口試40%	筆試 書審+口試	筆試60%+口試30% +書審10%
考試日期	111年6月	111年(以簡章為主)	111年5月
報考資格	大學畢業.不限科系 （男生需役畢或免役者）		

系別 簡介	學士後中醫		
學校	中國醫/後中醫	慈濟/後中醫	義守/後中醫
名 額	100人	45人	50人
考試科目	國文100分 英文100分 生物100分 化學(含有機)100分	國文100分 英文100分 生物100分 化學(含有機)100分	國文100分 英文100分 生物100分 化學(含有機)100分
成績計算	筆試(60%) 口試(40%)	每科100分	每科100分 加權計分-國文*1.2 加權計分-生物*1.2
考試日期	111年4月24日(週日)	111年4月30日(週六)	111年4月17日(週日)

學士後醫-金榜班 (高元 全國最強後醫師資團隊)

秋季學年精修班 8月~4月	二年保證班 8月~5月(第一年) 自6月~隔年5月(第二年)	二年學年班 二年課程 雙效合一	題庫班 每年2月~5月

高元 學士後中西醫 私醫聯招/校內轉 名師資群

師.資.組.合.--我們敢說全國最強

補教界最經典的名師

國文

簡正(簡正崇)

1. 上課條理分明又不失風趣
2. 條理清晰的筆記,奠定國文穩定的根基。

英文教父-補教界天王

英文

張文忠

1. 授課講解清晰,無論字義之差異、句型之應用、文法之精細、文意之呈現,都可以奠下您穩固的基礎。

後醫領域-最推崇-王牌名師

生物

黃彪(黃凱彬)

1. 台大分醫所畢業/成大生物系
2. 善用圖表將龐雜資料化繁為簡,將繁瑣文字轉為精簡的圖像記憶,不僅"完備",更具"效率"。

化學才子-口語表達最專業

化學

李鉌(李庠權)

1. 講義教材、編輯按照考情趨勢編寫。
2. 教學由淺入深,讓非科生容易理解,本科生更增進實力。

有機

林智(林生財)

1. 台大有機化學博士
2. 輕鬆用推理方式寫出答案,由淺入深的觀念連接成整個面

有機/普化

方智(方朝正)

1. 台大化研所
2. 補教界任教長達34年之久,對考情方向和考題分析,非常深入瞭解。

有機

潘奕(潘己全)

1. 台大化學所畢
2. 以圖像記憶術及理解為主,筆記為輔
3. 教學深入淺出,適合非本科系學習

生化

于傳(葉傳山)

1. 台灣大學生化博士。
2. 在教學方面:15年教學經驗,上課內容清楚完整,表達能力佳,極具親和力;不論同學背景來自何方,皆能在課程中得到最大收穫,並達到事半功倍之效。

物理

吳笛(吳志忠)

1. 台大電機所畢
2. 多年輔教經驗
3. 口語表達,論述清晰
4. 注重觀念,公式運用
5. 由淺入深,建立解題秒殺

物理

金戰(林煒富)

1. 國立大學物理博士
2. 大學講師/理論與實務兼具,口語表達最優質,掌握考情脈動
3. 講義採用條列方式編寫,讓同學課後複習時更能掌握重點。

物理

金戰 (林煒富)

1. 國立大學物理博士
2. 大學講師/理論與實務兼具，口語表達最優質，掌握考情脈動。
3. 講義採用條列方式編寫，讓同學課後複習時更能掌握重點。

學士後西醫 感言錄

莊德邦
（高醫/藥學）

錄取
高醫/後西醫

把握老師上課的內容再寫題庫]
不論是金戰老師或是李銶老師上課的內容都很詳細，我會覺得把課本上的例題做熟，把筆記讀熟就已經足夠應付考試，而化學則一定要在上課前30分鐘來寫考卷。題庫雖然重要，但題目很多，怕的是連課本都沒做熟，一直想著要做題庫反而最核心的部分都疏忽了。畢竟老師之所以會把題目當成例題，一定就是最精華或者考古題。

吳家均
（成大/醫技）

錄取
高醫/後西醫

1. 金戰老師課本後面的題目很多，我上完一個章節就會把它寫完，再配合每週45題的實戰練習，題目很夠了。
2. 建議要把物理公式整理出來，另外把可能的考型和出題陷阱註記在旁邊，可以在背公式的同時回想要用在哪裡、要注意什麼。畢竟後醫的題型大多要直覺反應的，公式套得快是得分關鍵。
3. 最好要練習綜合性的考題，考古題、模考題都拿出來寫，比較能確認自己哪個部分是不熟的。自己整理的筆記公式也要反覆地看。

【雙榜】【一年考取】

張榮脩
（中國醫藥學）

錄取
高醫/後西醫
中國醫/後中

物理方面：金戰老師的教材是以考古題為主，輔以題庫題，課後練習是題庫題，很多人說很久以前的考古題都沒什麼參考價值，我個人認為並不是，所以我還是會去看 93、94 年的考古，其實很容易發現很多東西都是重覆一直考，那些就是重點中的重點；然後題庫題我認為一定要做，金戰老師放的題庫題沒有很多，是當天上課當天就能寫的完的量(只寫選擇題，手寫題沒寫)，但都是可以讓我熟練公式的題目，我的物理不算好，但也是靠這種練習模式考到了還不錯的分數。

物理

金戰 (林煒富)

1. 國立大學物理博士
2. 大學講師/理論與實務兼具，口語表達最優質，掌握考情脈動。
3. 講義採用條列方式編寫，讓同學課後複習時更能掌握重點。

學士後西醫 感言錄

李祈
(成大/生科)

錄取
高醫/後西醫

【物理】金戰老師上課很詳細，講義也很清楚，上課時老師會帶很多題目讓大家了解考試重點，也會把難度拉高讓我們真到考場時更駕輕就熟，一開始寫老師的模擬考題可能會很挫折，但要逼自己盡量讀題、答題，久了就發現高醫的考試再也難不倒你。另外老師的題庫班考卷很棒，題目非常完整，我到考前就只做老師的題庫班考卷，搭配整理的公式表，幾乎不用再另外複習，很多東西就自然而然記在腦袋裡了。老師很願意幫大家解惑，所以還是老話一句多找老師問題，不但可以督促自己要時常檢視讀書狀況，也可以更快找到考試的重點。

楊巧瑄
(成大/土木)

錄取
高醫/後西醫

〔物理〕今年跟著金戰老師按部就班的唸書，準備內容就課本跟課本後面的題目。不要急著寫題目，先把老師上課講的課文跟範例都看懂了再寫。重點整理也很重要-尤其電磁學，有關聯的、相似的公式整理一起。物理我認為最重要的是要會選題、懂得放棄，因為他可能寫一題要花蠻多時間，寫了也不一定對，這種沒把握的直接不要寫。怎麼選題目這就要靠平常寫題的經驗，題目看完麼公式都沒想法就可以跳過了。選項數字特別近的也跳過，因為這種題目可能不能概算。

洪暐翔
(高大/生科)

錄取
高醫/後西醫

感謝物理金戰老師，老師上課方式精簡有力，用簡單的方式介紹物理觀念，並以不同題型的例題讓同學們練習、熟悉題型，因為豐富的教學經驗，老師了解學生的死穴，每次問老師問題時都能找出我的盲點，導正我的觀念。另外我也非常推薦金戰老師的物理題庫班，老師用精心設計的題目讓我在考前最後幾周完整的審視自己的弱點，調整好狀態，讓我在考場上面對考試題目時更能得心應手、拿下高分。

鄭惠方
(台大動科)

錄取
高醫/後西醫

後西的同學們在此推薦你們金戰老師的物理題庫班，在接近考試前的慌張、惶恐，金戰老師一題一題的從頭講解起，除了幫同學複習完所有觀念以外，也再次穩定大家心情，讓同學知道其實基本觀念就很足夠了！

高元 後中醫/後西醫
2021年 錄取率 稱霸全國
賀

110年高醫 後西醫 高元金榜
狂賀!!後西招考60人
每3位就有1位來自高元

林侑央315·75 總分　廖啓佑309·75 總分　曾媛愛308·25 總分　曾薇螢306·50 總分

詹孟婕 (台科大/材料)	蘇人豐 (高醫/藥學)	宋柏憲 (台大/醫工所)	曾媛愛 (高醫/藥學)
廖啓佑 (中國醫/藥學)	非本科 楊巧瑄 (成大/土木)	李祈 (成大/生科)	楊昇霖 (高醫/醫化)
余紹揚 (長庚/呼治)	蔡侑霖 (高醫/藥學)	曾薇螢 (北醫/藥學)	陳靖旻 (中國醫/藥學)
陳建豪 (中國醫/藥學)	應屆 王品淇 (成大/職治)	林侑央 (交大/生技)	陳柔蓁 (高醫/藥學)
江惠彬 (長庚/護理)	侯心一 (台大/獸醫)-口試	戴于傑 (高醫/藥學)	程設計概組 陳同學 (大學畢業)

110年中國醫 後中醫 高元金榜
中國醫後中醫前10名
本班強佔3位,並榮登全國第2名

劉子睿 榜眼 一年考取　　粘湘宜 第五名 連中三榜　　許文展 第九名 一年考取 雙榜

榜眼一年考取 劉子睿 (中國醫/藥學)	第五名連中三榜 粘湘宜 (台大/心理)	第九名/雙榜一年考取 許文展 (成大/醫技)	三榜 陳亮穎 (高醫/藥學)
連中三榜一年考取 沈庭蔚 (成大/航太)	三榜 鄭惠欣 (高醫/藥學)	連中三榜一年考取 施育婕 (台大/植微)	一年考取 邱鈺翔 (雲科大/企管)
三榜 蔡易漵 (嘉藥/藥學)	雙榜 傅勝騰 (高醫/醫放)	三榜 李沂蓁 (高醫/呼治)	一年考取 金中玉 (中國醫/藥學)
雙榜非本科 賀先御 (中正/資工)	雙榜 鄭妍鈴 (中國醫/運醫)	雙榜 王振宇 (中國醫/醫技)	口試 范植盛 (高醫/藥學)
雙榜 邱翊寧 (高醫/藥學)	雙榜 汪秝稼 (中山/化學)	雙榜 陳啓銘 (嘉藥/藥學)	口試 陳亭安 (北醫/藥學)
一年考取 陳廷陽 (交大/材料所)	謝朵恩 (中國醫/藥學)	非本科口試 劉庭瑄 (政大/新聞)	口試 黃少鏞 (中興/獸醫)
一年考取 翁嘉隆 (中國醫/藥學)	陳襄禎 (成大/生科)	口試 李秉諭 (中國醫/藥妝)	口試 謝○倫 (中央/化工)
非本科 陳垣元 (成大/統計)	口試 王律祺 (嘉大/獸醫)	口試 陳中華 (高醫/藥學)	口試 劉孟佳 (清大/生科)

110年義守 後中醫 高元金榜
義守後中醫前10名,本班強佔4位
並榮登榜首、探花、第5名、第10名

劉子睿 義守-榜首 一年考取　　陳亮穎 探花 一年考取　　朱怡靜 第五名

榜首一年考取 劉子睿 (中國醫/藥學)	探花一年考取 陳亮穎 (高醫/藥學)	第五 朱怡靜 (高醫/藥學)	雙榜義守第十 蔡文穎 (高醫/護理)
連中三榜一年中三榜 施育婕 (台大/植微)	連中三榜 沈庭蔚 (成大/航太)	連中三榜一年考取 鄭惠欣 (高醫/藥學)	雙榜非本科 邱鈺翔 (雲科大/企管)
三榜 蔡易漵 (嘉藥/藥學)	三榜 粘湘宜 (台大/心理)	雙榜一年考取 賴雋儒 (台大/心理)	三榜 李沂蓁 (高醫/呼治)
雙榜一年考取 黃光毅 (嘉藥/藥學)	雙榜 邱翊寧 (高醫/藥學)	雙榜 翁瑞澤 (台大/免疫所)	雙榜 鄭妍鈴 (中山醫/運醫)
三榜一年考取 金中玉 (中國醫/藥學)	雙榜非本科 賀先御 (中正/資工)	非本科 施佳呈 (中山醫/視光)	雙榜 韓承恩 (哥倫比亞/心理)
非本科 林羿佑 (台大/數學所)	雙榜 林岊毅 (中山醫/醫技)	朱俊炫 (高醫/護理)	陳明暄 (中山醫/物治)
柳欣妤 (北醫/口衛)			

110年慈濟 後中醫 高元金榜
慈濟後中醫前10名,本班強佔3位
並榮登榜首、探花、第4名

陳亮穎 慈濟-榜首 一年考取　　賴雋儒 探花 非本科系　　邱鈺翔 第四名 非本科系

榜首一年考取 陳亮穎 (高醫/藥學)	探花一年考取 賴雋儒 (台大/心理)	第四名/連中三榜 邱鈺翔 (雲科大/企管)	連中三榜一年考取 鄭惠欣 (高醫/藥學)
連中三榜一年考取 沈庭蔚 (成大/航太)	連中三榜 粘湘宜 (台大/心理)	連中三榜 施育婕 (台大/植微)	連中三榜 蔡易漵 (嘉藥/藥學)
雙榜 傅勝騰 (高醫/醫放)	一年考取 黃光毅 (嘉藥/藥學)	雙榜 陳啓銘 (嘉藥/藥學)	雙榜 汪秝稼 (中山/化學)
雙榜 翁瑞澤 (台大/免疫所)	黃亭鈞 (中山醫/營養)	謝佩蓁 (大同/生物)	雙榜 廖庭玉 (北醫/藥學)
雙榜 王振宇 (中國醫/醫技)	雙榜 韓承恩 (哥倫比亞/心理)	一年考取連中三榜 許文展 (成大/醫技)	三榜 李沂蓁 (高醫/呼治)
雙榜 蔡文穎 (高醫/護理)	連中三榜一年考取 金中玉 (中國醫/藥學)	雙榜 林岊毅 (中山醫/醫技)	

高元 後西醫/後中醫
2020年 錄取率 稱霸全國

中國醫/後中醫 高元囊括
全國榜首/榜眼/第四名

109年高醫 | 高元後西醫金榜　高元再次強佔22位正取 1位備取

郭宴榕 (高醫藥學)	余承曄 (台大生化)	非本科 陳姵妤 (台大財金)	張芷瑄 (大學畢業)
鄭淑貞 (北醫藥學)	莊德邦 (高醫藥學)	鄭惠方 (台大動科)	郭千榕 (台大分醫所)
陳曉柔 (台大護理)	一年考取 戴偉閔 (成大醫技)	許同學 (中興化工)	吳家均 (成大醫技)
洪暐翔 (高大生科)	張同學 (中國醫藥學)	蔡芝蓉 (成大臨醫所)	口試輔導 蔡凱彥 (台大企管)
口試輔導 賴牧祈 (成大化學)	口試輔導 黃秉澤 (中山醫生醫)	呂英鴻 (成大藥理所)	口試輔導 劉昱廷 (北醫藥學)
口試輔導 非本科 林晉丞 (政大心理)	口試輔導 非本科 翁珮珊 (成大電機)	鍾其修 (高醫藥學)-備5	

109年中國醫 | 高元後中醫金榜　囊括45席金榜 平均每2人就有1人來自高元

雙榜非本科 林嘉心 (台大地理)	三榜 黃文彥 (台師大物理)	一年考取雙榜 謝承叡 (台大土木)	陳沛羽 (高醫藥學)
一年考取雙榜 黃彥凱 (高醫心理)	一年考取雙榜 岳書琪 (台大工管)	一年考取雙榜 詹勳和 (中央資工)	口試輔導 陳昭如 (彰師大物理)
正取雙榜 黃琬珺 (台大護理)	雙榜 陳玳維 (中國醫藥學)	王靖淇 (成大醫技)	雙榜 陳冠妤 (中國醫藥學)
莊濰存 (中山生科)	雙榜 蔡詠安 (中央土木)	蔡宛臻 (中國醫中資)	王昱臻 (中國醫中資)
雙榜 黃資淨 (嘉藥藥學)	江凡宇 (中山醫職治)	雙榜 陳柏州 (中國醫護理)	葉秋宏 (北醫藥學)
雙榜 吳詠琦 (中國醫藥學)	沈韋廷 (中山醫生技)	雙榜非本科 陳佳瑜 (台大外文)	黃致翔 (中國醫藥妝)
雙榜非本科 蔡宸紘 (政大哲學)	范育瑄 (高醫藥學)	林彥妤 (長庚生醫)	一年考取雙榜 梁呈瑋 (成大化學)
雙榜非本科 田鈞皓 (長庚機械)	雙榜 李銘浩 (北醫藥學)	陳韻涵 (嘉藥藥學)	一年考取雙榜 林容嬋 (北護護理)
口試輔導 張簡茹 (清大醫科)	口試輔導 江冠蓁 (中國醫藥學)	雙榜 江櫶嫄 (中國醫藥學)	三榜 賴煒珵 (交大管科)
口試輔導 張益安 (中國醫中資)	口試輔導 李俊佑 (台大生理)	非本科 徐道恆 (實踐應外)	非本科 麥嘉津 (高師大經營)
口試輔導 劉俞君 (高醫藥學)	雙榜 李宥霆 (成大化學)	非本科 李昶駐 (長榮資管)	吳宣賞 (嘉大生農)-備5
		曾薇螢 (北醫藥學)-備4	

109年慈濟 | 高元後中醫金榜　慈濟錄取45名,高元囊括35名 錄取名額8成-均來自高元

一年考取雙榜 梁呈瑋 (成大化學)	正取雙榜 李宥霆 (成大化學)	一年考取雙榜 詹勳和 (中央資工)	雙榜 吳詠琦 (中國醫藥學)
雙榜 陳冠妤 (中國醫藥學)	雙榜非本科 林嘉心 (台大地理)	三榜非本科 賴煒珵 (交大管科)	雙榜 黃資淨 (嘉藥藥學)
雙榜非本科 許培菁 (政大國貿)	雙榜 蔡詠安 (中央土木)	林清文 (輔大職治)	雙榜 林容嬋 (北護護理)
雙榜 鄭仲伶 (成大醫技)	非本科 江品慧 (中正生醫)	雙榜 陳玳維 (中國醫藥學)	雙榜 黃彥凱 (高醫心理)
雙榜 江櫶嫄 (中國醫藥學)	雙榜 田鈞皓 (長庚機械)	非本科 許培甫 (中山財管)	雙榜 陳建旭 (台大口腔生物)
雙榜非本科 陳佳瑜 (台大外文)	曾品儒 (台北法律)	非本科 廖冠泓 (成大心理)	雙榜 李銘浩 (北醫藥學)
雙榜 黃琬珺 (台大護理)	雙榜非本科 蔡宸紘 (政大哲學)	周育丞 (中山醫職治)	三榜非本科 黃文彥 (台師大物理)
王詩萍 (台大獸醫)	雙榜 李岱勳 (大仁藥學)	馬崧鈞 (北醫護理)	雙榜 范育瑄 (高醫藥學)
廖紹妤 (陽明醫工)	雙榜 陳柏州 (中國醫護理)		雙榜 王昱雯 (長庚生醫)

109年義守 | 高元後中醫金榜　義守錄取50名,高元囊括28名 平均每二位皆有一位來自高元

探花 吳定遠 (嘉藥藥學)	雙榜非本科 許培菁 (政大國貿)	雙榜 王昱雯 (長庚生醫)	一年考取非本科 林禹欣 (成大交管)
三榜 賴煒珵 (交大管科)	洪芙蓉 (輔大生科)	李欣陪 (嘉大微免)	陳怡靜 (台大生化所)
雙榜 鄭仲伶 (成大醫技)	葉天暐 (中山醫生醫)	顏于勛 (台大生化所)	張馨方 (嘉藥藥學)
陳怡蓉 (大學畢業)	黃琬云 (高醫藥學)	張瓊文 (大學畢業)	陳映端 (高大生化所)
莊一清 (高醫心理)	雙榜 李岱勳 (大仁藥學)	非本科 郭書宏 (雲科電機)	非本科 謝忠穎 (成大地科)
洪昇銘 (中山醫營養)	陳映涵 (中國醫物治)	雙榜 陳建旭 (台大口腔生物)	三榜 黃文彥 (台師大物理)
何佩珍 (中國醫職安)	吳雅筠 (中山醫物治)	非本科 林躍洲 (警大鑑識)	一年考取 陳爾庭 (高醫物治)

高元 109年學士後西醫、後中醫 金榜
創造後中.後西醫考取129人次,佔總錄取人數50%

無人能敵 獨占鰲頭

陳姵妤(台大/財金)
錄取 高醫/後西醫 非本科系

林晉丞(政大/心理)
錄取 高醫/後西醫 非本科系

翁珮珊(成大/電機)
錄取 高醫/後西醫 非本科系

周貞丞(中山醫/職治)
錄取 慈濟/後中醫 一年考取

莊適邦(高醫/藥學)
錄取 高醫/後西醫

王詩萍(台大/獸醫)
錄取 慈濟/後中醫

洪暐翔(高大/生科)
錄取 高醫/後西醫

陳曉柔(台大/護理)
錄取 高醫/後西醫

蔡芝蓉(成大臨藥所)
錄取 高醫/後西醫

鄭惠方(台大/動科)
錄取 高醫/後西醫

吳詠琦(中國醫藥學)
錄取 中國醫+慈濟後中醫 雙榜

王靖淇(成大/醫技)
錄取 中國醫/後中醫

岳書琪(台大/工管)
錄取 中國醫/後中醫 一年考取 非本科系

張簡茹(清大/醫科)
錄取 中國醫/後中醫

劉俞君(高醫/藥學)
錄取 中國醫/後中醫

陳昭如(彰師大/物理)
錄取 中國醫/後中醫 口試 非本科系

謝承勳(台大土木)
錄取 中國醫/後中醫 一年考取 非本科系

陳映涵(中國醫/物治)
錄取 義守/後中醫

高元 109年學士後西醫、後中醫 金榜
創造後中.後西醫考取129人次,佔總錄取人數50%

曾品儒(台北/法律)
慈濟/後中醫 非本科系

許培甫(中山/財管)
慈濟/後中醫

林清文(輔大/職治)
慈濟/後中醫

李欣陪(嘉大/微免)
義守/後中醫

吳雅筠(中山醫/物治)
義守/後中醫

廖冠泓(成大/心理)
慈濟/後中醫 非本科系

張馨方(嘉藥/藥學)
義守/後中醫

策天暚(中山醫/生醫)
義守/後中醫

陳映端(高大/生技所)
義守/後中醫

莊一清(高醫/心理)
義守/後中醫

顏于勛(台大/生化所)
義守/後中醫

李銘浩(北醫/藥學)
中國醫+慈濟/後中醫 雙榜

李宥霆(成大/化學)
中國醫+慈濟/後中醫 雙榜

江樀媗(中國醫/藥學)
中國醫+慈濟/後中醫 雙榜

林容嬋(北護/護理)
中國醫+慈濟/後中醫 一年考取 雙榜

黃彥凱(高醫/心理)
中國醫+慈濟/後中醫 一年考取 雙榜

陳柏州(中國醫/護理)
中國醫+慈濟/後中醫 雙榜

范宥瑄(高醫/藥學)
中國醫+慈濟/後中醫 雙榜

詹勳和(中央/資工)
中國醫+慈濟/後中醫 一年考取 雙榜/非本科

江〇蓁(中國醫/藥學)
中國醫/後中醫 口試輔導

許培菁(政大/國貿)
慈濟+義守/後中醫 雙榜 非本科

王昱雯(長庚/生醫)
慈濟+義守/後中醫 雙榜

黃琬琚(台大/護理)
中國醫+慈濟/後中醫 中國正4 雙榜

陳建旭(台大/口腔生物)
慈濟+義守/後中醫 雙榜

高元 109年學士後西醫、後中醫 金榜

創造後中.後西醫考取129人次,佔總錄取人數50%

獨占鰲頭　　無人能敵

錄取 高醫/後西醫

戴偉閔 原就讀:成大/醫技
一年考取

錄取 高醫/後西醫

鄭淑貞 原就讀:北醫/藥學

錄取 高醫/後西醫

余承曄 原就讀:台大/生化

錄取 高醫/後西醫

吳家均 原就讀:成大/醫技

錄取 高醫/後西醫

洪暐翔 原就讀:高大/生科

錄取 中國醫/後中醫

林彥妤 原就讀:長庚生醫

榜首

錄取 慈濟/後中醫 中國醫/後中醫

林嘉心 原就讀:台大/地理
雙榜　　非本科

榜眼

錄取 義守/後中醫 慈濟/後中醫 中國醫/後中醫

黃文彥 原就讀:台師大/物理
三榜　　非本科

探花

錄取 慈濟/後中醫 中國醫/後中醫

梁呈瑋 原就讀:成大/化學
應屆畢業　一年考取

錄取 義守/後中醫 慈濟/後中醫

李岱勳 原就讀:大仁/藥學
雙榜

錄取 慈濟/後中醫 中國醫/後中醫

黃資淨 原就讀:嘉藥/藥學
雙榜

探花

錄取 義守/後中醫

吳定遠 原就讀:嘉藥/藥學

錄取 慈濟/後中醫 中國醫/後中醫

陳玳維 原就讀:中國醫/藥學
雙榜

錄取 義守/後中醫 慈濟/後中醫 中國醫/後中醫

賴煒珵 原就讀:交大/管科
三榜　　非本科

錄取 中國醫/後中醫

莊濰存 原就讀:中山/生科

林晉丞	（政大心理）	高醫/學士後西醫
翁珮珊	（成大電機）	高醫/學士後西醫
陳姵妤	（台大財金）	高醫/學士後西醫
蔡凱彥	（台大企管）	高醫/學士後西醫
林佳祺	（清大中文）	高醫/學士後西醫
楊宏吉	（清大電機）	高醫/學士後西醫
孫德勝	（交大電子）	高醫/學士後西醫
張奕蓁	（台大工科）	高醫/學士後西醫
沈欣毅	（嘉大微免）	高醫/學士後西醫
詹孟婕	（台科大材料）	高醫/學士後西醫
楊巧瑄	（成大土木）	高醫/學士後西醫
林嘉心	（台大地理）	中國醫+慈濟 雙榜
蔡宸紘	（政大哲學）	中國醫+慈濟 雙榜
田鈞皓	（長庚機械）	中國醫+慈濟 雙榜
賀先御	（中正資工）	中國醫+義守 雙榜
陳昭如	（彰師大物理）	中國醫/後中醫
陳慧暄	（台大財金）	中國醫/後中醫 榜眼
陳冠霖	（中正通訊工程）	中國醫+慈濟 雙榜
蘇玫	（文化財法）	中國醫/後中醫
劉易欣	（成大中文）	中國醫+慈濟 雙榜
盧雅蒨	（台大法律）	中國醫/後中醫
洪宇頡	（台大中文）	中國醫/後中醫
吳萱郁	（交大電物）	中國醫/後中醫
陳薇如	（竹教應科）	中國醫/後中醫
邱郁倫	（雲科大應外）	中國醫/後中醫
何冠霖	（中正歷史）	中國醫/後中醫
陳毓琦	（南加大電機）	中國醫/後中醫
陳廷陽	（交大材料所）	中國醫/後中醫
陳垣元	（成大統計）	中國醫/後中醫
許培菁	（政大國貿）	慈濟+義守 雙榜
陳佳瑜	（台大外文）	慈濟/後中醫
黃文彥	（台師大物理）	義守+慈濟 雙榜
曾品儒	（台北法律）	慈濟/後中醫
許培甫	（中山財管）	慈濟/後中醫
翁孟暄	（成大台文）	慈濟/後中醫
周效竹	（台科大化工）	慈濟/後中醫
周琬詒	（高醫公衛）	慈濟/後中醫
葉正強	（中山海資）	慈濟/後中醫
廖冠泓	（成大心理）	慈濟/後中醫
黃彥凱	（高醫心理）	慈濟/後中醫

岳書琪	（台大工管）	中國醫/後中醫
蔡詠安	（中央土木）	中國醫+慈濟 雙榜
謝承叡	（台大土木）	中國醫/後中醫
詹勳和	（中央資工）	中國醫+慈濟 雙榜
陳佳瑜	（台大外文）	中國醫/後中醫
徐道恆	（實踐應外）	中國醫/後中醫
李昶駐	（長榮資管）	中國醫/後中醫
何政育	（成大醫工所）	中國醫/後中醫
葉柏志	（交大電子所）	中國醫/後中醫
許馨予	（成大環工）	中國醫/後中醫
顏韻苓	（台大公衛）	中國醫/後中醫
楊弘因	（逢甲企管）	中國醫/後中醫
劉庭瑄	（政大新聞）	中國醫/後中醫
吳0欣	（台大經濟）	中國醫+義守 雙榜
賴煒珵	（交大管科）	中國醫+義守+慈濟 3榜
麥嘉津	（高師大經營）	中國醫/後中醫
李京玲	（政大財管）	中國醫/後中醫
魏子善	（世新觀光）	中國醫+義守 雙榜
連崧淯	（輔仁歷史）	中國醫+義守+慈濟 3榜
沈庭蔚	（成大航太）	中國醫+義守+慈濟 3榜
粘湘宜	（台大心理）	中國醫+義守+慈濟 3榜
邱鈺翔	（雲科大企管）	中國醫+義守+慈濟 3榜
程瀠萱	（高醫職治）	中國醫+義守 雙榜
鄭妍鈴	（中國醫運醫）	中國醫+義守 雙榜
吳晉廷	（中正化工）	中國醫/後中醫
官芳如	（輔大法文）	中國醫/後中醫
陳慧軒	（中興環工）	中國醫/後中醫
謝0倫	（中央化工）	中國醫/後中醫 口試
郭書宏	（雲科電機）	義守/後中醫
林躍洲	（警大鑑識）	義守/後中醫
鄭又禎	（東海日文）	義守/後中醫
劉宇真	（中正傳播）	義守/後中醫
陳育嫻	（雲科大文化）	義守/後中醫
趙芷涵	（輔大公衛）	義守/後中醫
紀一真	（中山材料所）	義守/後中醫
林羿佑	（台大數學所）	義守/後中醫
柳欣妤	（北醫口衛）	義守/後中醫
施佳呈	（中山醫視光）	義守/後中醫
許尤菁	（台大資管）	義守+慈濟 雙榜
賴雋儒	（台大心理）	義守+慈濟 雙榜
韓承恩	（哥倫比亞心理）	義守+慈濟 雙榜

最佳師資

全真模考

多平台雲端課程

口試輔導

考場服務

舒適補課教室

物理解題金戰力

著　　作：金戰 老師

企　　劃：楊思敏、陳庭鈺

電腦排版：陳如美

封面設計、內頁製圖：蔣育慈

出版者：高元進階智庫有限公司

地　　址：台南市中西區公正里民族路二段67號3樓

郵政劃撥：31600721

劃撥戶名：高元進階智庫有限公司

網　　址：http://www.gole.com.tw

電子信箱：gole.group@msa.hinet.net

電　　話：06-2225399

傳　　真：06-2226871

統一編號：53032678

法律顧問：錢政銘律師事務所

出版日期：2021 年 12 月	ISBN 978-626-95281-3-4
定價：480 元 (平裝)	